U1011230

高等职业教育机电类专业系列教材

机械设计基础

主　编　刘家伦　陈　琪
副主编　曾　欣
参　编　王海珠　王　强　管华超
　　　　王　信

中国轻工业出版社

图书在版编目（CIP）数据

机械设计基础/刘家伦，陈琪主编．—北京：中国轻工业出版社，2024.2

高等职业教育机电类专业系列教材

ISBN 978-7-5184-3255-4

Ⅰ.①机… Ⅱ.①刘…②陈… Ⅲ.①机械设计-高等职业教育-教材 Ⅳ.①TH122

中国版本图书馆 CIP 数据核字（2020）第 216053 号

责任编辑：张文佳　　文字编辑：宋　博

策划编辑：张文佳　　责任终审：李建华　　封面设计：锋尚设计

版式设计：霸　州　　责任校对：朱燕春　　责任监印：张　可

出版发行：中国轻工业出版社（北京鲁谷东街 5 号，邮编：100040）

印　　刷：三河市国英印务有限公司

经　　销：各地新华书店

版　　次：2024 年 2 月第 1 版第 3 次印刷

开　　本：787×1092　1/16　印张：14

字　　数：330 千字

书　　号：ISBN 978-7-5184-3255-4　定价：45.00 元

邮购电话：010-85119873

发行电话：010-85119832　　010-85119912

网　　址：http://www.chlip.com.cn

Email：club@chlip.com.cn

版权所有　侵权必究

如发现图书残缺请与我社邮购联系调换

240308J2C103ZBW

前言

本教材是为贯彻教育部职业教育改革实施方案精神，根据四川省教育厅《关于推进中高职衔接五年贯通培养工作的通知》要求，促进中等职业教育和高等职业教育衔接发展，同时配合职业院校教学改革和教材建设而编写的。

本教材致力于探索中高职衔接，贯通人才培养通道，尝试对中职阶段和高职阶段的学习内容进行优化整合，使两部分内容能够相互分工、相互独立、相互承接而不重复浪费。教材内容分为基础篇和项目篇，分别对应中职和高职两个阶段的学习内容。

结合课程的培养目标及衔接要求，基础篇以学习单元的形式组织教学内容。在教学环节中，将机构的工作原理、特点、应用场合、应用实例，以及机械零件的标准和结构分析作为重点，力图将学生引进机械行业的大门，教学内容力求实用、够用。项目篇按照“项目导向、任务驱动”原则，遵循“教学做合一”的教学理念组织教学内容，每个项目及其项目下的任务素材均取自工程实际。教材在图例上大量采用实物图和立体图，直观明了，使学生易于认知。

参加本书编写的有：刘家伦（第三章、项目六、项目七），陈琪（项目二、项目三），曾欣（项目四），王海珠（项目一、项目五），王强（第一章、第四章），管华超（项目八），王信（第二章）。本书由刘家伦、陈琪任主编，曾欣任副主编。

本教材主要面向中高职“三二分段”分段培养的机电类专业学生的机械设计基础课程的教学活动，也可作为相近专业或初步涉足机械行业的工作人员的参考图书。

由于编者水平有限，不足之处在所难免，恳请广大读者批评指正。

编者

目 录

基础篇

项目篇

基础篇

第一章

机械的概述

机械是现代社会生产劳动的主要工具之一，是社会生产力发展水平的重要标志。回顾机械发展的历史，从杠杆、滚子、绞盘等简单工具，到内燃机、汽车、数控机床等现代化设备，机械在人们日常生活和生产中都起到了十分重要的作用。对于现代工程技术人员，学习和掌握一定的机械基础知识是极为必要的。

第一节　机械的组成

一、机械术语

1. 机器

机器贯穿在人类历史发展的全过程中，随着科学技术的发展，机器的概念也在不断地更新和变化。近代真正意义上的“机器”是在西方工业革命后才逐步被提出来的。所谓机器，是指由若干实体组成、能消耗能源、可以运转做功的装置，用来变换或传递能量、信息处理、代替或减轻人类的劳动。

尽管机器的类型繁多、功能各异，但它们都具有共同的特征：

（1）任何机器都是人为实体（构件）的组合。如图 1-1-1 所示的单缸内燃机是由缸体 1、活塞 2、连杆 3、曲轴 4、轴承 5 等组合而成。

（2）各实体之间具有确定的相对运动。如图 1-1-1 所示的活塞 2 相对缸体 1 做直线往复运动，曲轴 4 相对轴承 5 做回转运动等。

（3）能实现能量的转换、代替或减轻人类劳动。例如金属切削机床能改变工件的形状和尺寸，运输机器可以改变物料的空间位置等。

2. 机构

机构是指具有确定相对运动的实体（构件）的组合。与机器相比较，机构也是人为实体的组合，各实体之间也具有确定的相对运动，但机构不能做功，也不能实现能量转换。

机构的主要功用是传递或转变运动形式。如图 1-1-1 所示的单缸内燃机，其中的活塞 2、连杆 3、曲轴 4 和机架（固定不动的实体）组合形成一个曲柄连杆机构，用来把活塞的往复直线运动转变为曲轴的连续回转运动。

机器必包含一个或一个以上的机构。常用的机构有：齿轮传动机构、带传动机构、连杆机构、凸轮机构、链传动机构等。

3. 构件和零件

我们把机器和机构中具有独立运动的实体称之为构件。因此构件是相互之间能做相对运动的实体，是机构中的运动单元。如图 1-1-1 所示的单缸内燃机，是由活塞 2、连杆 3、曲轴 4 和机架（缸体 1 与轴承 5）等构件组成。

零件是机械制造的最小单元，如齿轮、螺栓等。零件与构件既有联系又有区别：构件可以是单一零件，也可以是由若干个零件连接而成的刚性结构。如单缸内燃机中的曲轴，既是构件，也是零件；而连杆构件则是由连杆体、连杆盖、轴瓦、螺栓等零件连接而成，如图 1-1-2 所示。属于同一构件的零件，相互之间没有相对运动。

机械零件可分为两大类：一类是在各种机器中经常都能用到的零件，称为通用零件，如齿轮、蜗杆、螺栓、轴等；另一类则是在特定类型的机器中才能用到的零件，称为专用零件，如内燃机的曲轴、汽轮机叶片等。

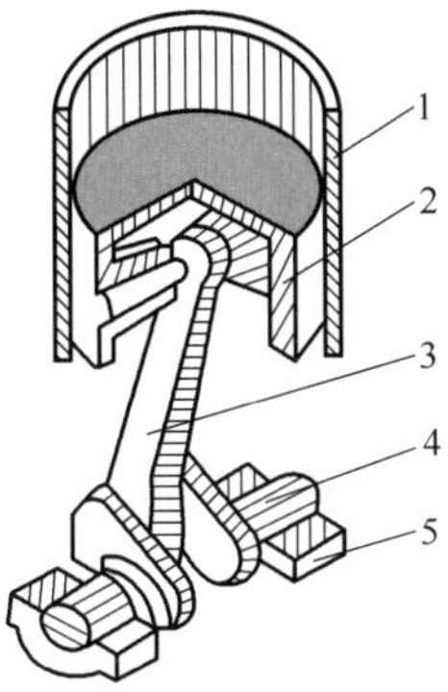

图 1-1-1　单缸内燃机

1—缸体　2—活塞　3—连杆

4—曲轴　5—轴承

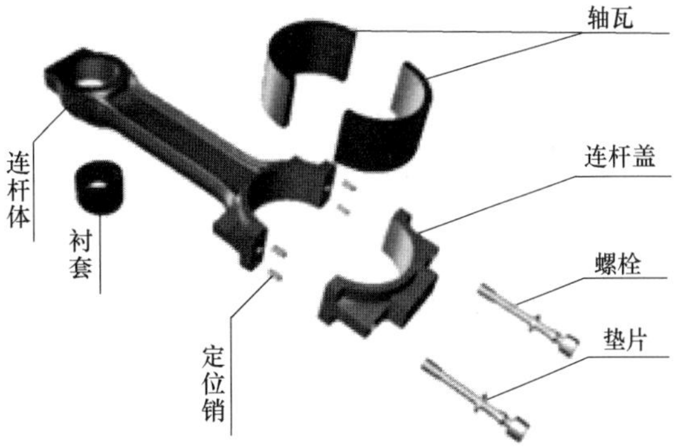

图 1-1-2　内燃机的连杆

4. 机械

仅从结构和运动的观点看，机器与机构并无区别，它们都是构件的组合。因此，通常我们把机器与机构统称为机械。

二、机械的组成

机械的种类很多，它们的用途、性能、构造、工作原理各不相同，通常一台完整的机器应包括 4 个基本部分。

1. 动力部分

动力部分是机器动力的来源，它是将其他各种形式的能量转换为机械能。常用的原动机（动力部分）有电动机、内燃机等。

2. 工作部分

工作部分也叫执行部分，是直接完成机器工作生产任务的部分，处于机器的终端，结构形式取决于机器的用途。例如冲床的冲头、汽车的车轮、车床的主轴及拖板等。

3. 传动部分

传动部分是将动力部分的运动和动力传递给工作部分的中间环节。利用传动部分可以实现变速、变向或改变运动形式，如汽车的变速箱，车床的主轴箱等。

4. 控制部分

用来控制机器的正常运行和工作，使操作者能随时实现或停止各项功能，如机器的开停、运动速度及运动方向的控制等。

第二节　机械的摩擦与磨损

摩擦现象是自然界中普遍存在的物理现象。对于机器来讲，摩擦会使其效率降低，温度升高，表面磨损。过大的磨损会使机器丧失应有的精度，进而产生振动和噪声，缩短使用寿命。据估计，世界工业领域的能源消耗中有 1/3～1/2 是由于摩擦造成的，机械产品的易损零件大部分是由于磨损超过极限而报废和更换的。所以，如果能够尽量减少无用的摩擦消耗，可以节约大量的能源，降低设备的维修次数和成本，节省制造零件及其所需材料的费用。

一、机械摩擦的机理与分类

机械摩擦的产生原因从机理上来说，一般存在两种假说。一是“机械说”，即摩擦的产生是物体表面微凸体的相互阻碍作用；二是“分子说”，即摩擦的产生是物体表面材料分子间的吸力作用。

机械摩擦的种类有很多，分类的方法各不相同。

(1) 根据摩擦发生的部位不同，可分为外摩擦和内摩擦。外摩擦是在相对运动的物体表面间发生的相互阻碍作用现象；而内摩擦是在物质的内部发生的阻碍分子之间相对运动的现象。

(2) 根据摩擦发生时物体的运动状态不同，可分为静摩擦和动摩擦。静摩擦是指仅有相对运动趋势时的摩擦；而动摩擦是在相对运动进行中的摩擦。

(3) 根据摩擦发生时物体的运动形式不同，可分为滑动摩擦和滚动摩擦。物体表面间的运动形式是相对滑动时产生的摩擦为滑动摩擦；而物体表面间的运动形式是相对滚动时产生的摩擦则为滚动摩擦。

按润滑状态的不同，滑动摩擦可分为干摩擦、边界摩擦、流体摩擦和混合摩擦。

二、机械磨损的机理

机械磨损是指两相互接触产生相对运动的摩擦表面之间由于摩擦而导致零件表面材料的逐渐丧失或迁移。摩擦是不可避免的自然现象，磨损是摩擦的必然结果，二者均发生于材料表面。磨损是一种微观和动态的过程，在这一过程中，零件不仅发生外形和尺寸的变化，而且会发生其他各种物理、化学和机械的变化，从而降低机器的强度，破坏了机械的正常工作条件，使机器丧失了原有的精度和功能，甚至促使机器提前报废。

磨损过程大致包括磨合、稳定磨损和剧烈磨损三个阶段，如图 1-1-3 所示。

(1) 磨合阶段：包括摩擦表面轮廓峰的形状变化和表面材料被加工硬化两个过程。

(2) 稳定磨损阶段：零件在平稳而缓慢的速度下磨损。

(3) 剧烈磨损阶段：在经过稳定磨损阶段后，零件表面遭到破坏，运动副间隙增大引起的动载荷和振动，零件即将进入报废阶段。

设计机器时，要求缩短磨合期、延长稳定期、推迟剧烈磨损期的到来。

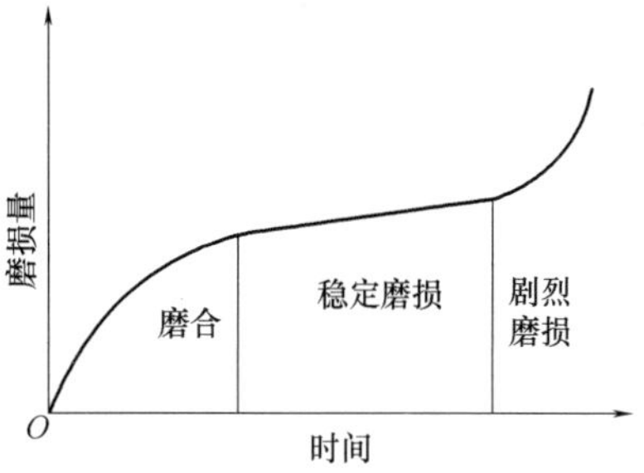

图 1-1-3　机械磨损曲线图

三、机械磨损的分类

根据机械磨损产生的机理不同，一般可把机械磨损分为磨粒磨损、黏附磨损、疲劳磨损、腐蚀磨损和微动磨损五种形式。

1. 磨粒磨损

外部进入摩擦面间的游离硬颗粒（如空气中的尘土或磨损造成的金属微粒）或硬的轮廓峰尖在软材料表面上犁刨出很多沟纹时被移去的材料，一部分流动到沟纹两旁，一部分则形成一连串的碎片脱落下来成为新的游离颗粒，这样的微粒切削过程就称为磨粒磨损，简称磨损，如图 1-1-4（a）所示。据统计，因磨料磨损而造成的损失，占整个工业范围内磨损损失的 50%左右。

2. 黏附磨损

当摩擦表面的轮廓峰在相互作用的各点处由于瞬时的温升和压力发生“冷焊”后，在相对运动时，材料从一个表面迁移到另一个表面，便形成黏附磨损，黏附磨损又称为胶合，如图 1-1-4（b）所示。严重的黏附磨损会导致表面金属软化或熔化，造成运动副的“咬死”。

3. 疲劳磨损

疲劳磨损也称为点蚀，由于摩擦表面材料微体积在交变的摩擦力作用下，反复变形所产生的材料疲劳所引起的机械磨损。点蚀过程：产生初始疲劳裂纹→扩展→微粒脱落，形成点蚀坑，如图 1-1-4（c）所示。如滚动轴承的滚动体表面、齿轮轮齿节圆附近、钢轨与轮箍接触表面等，常常出现小麻点或痘斑状凹坑，就是疲劳磨损所形成。

4. 腐蚀磨损

当摩擦表面材料在环境的化学或电化学作用下引起腐蚀，在摩擦副相对运动时所产生的磨损即为腐蚀磨损。腐蚀磨损可分为氧化磨损和腐蚀介质磨损。

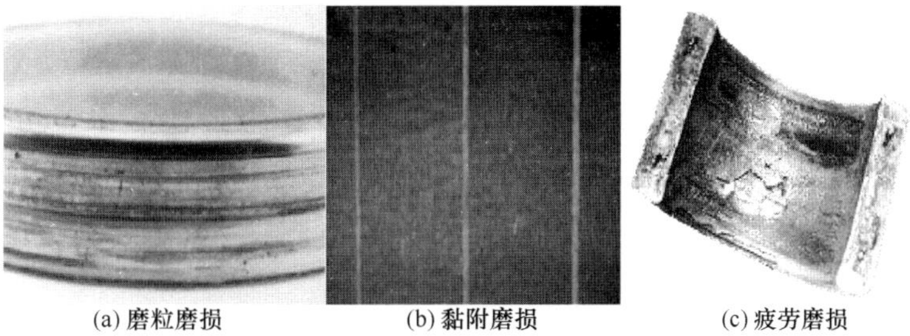
(a) 磨粒磨损　(b) 黏附磨损　(c) 疲劳磨损

图 1-1-4　几种常见的磨损

5. 微动磨损

微动磨损是指两个接触表面由于受相对低振幅振荡运动而产生的磨损。它产生于相对静止的接合零件上，因而易被忽视。例如在键连接处、过盈配合处、螺栓连接处、铆钉连接接头处等结合上产生的磨损。微动磨损使配合精度下降，使配合部件紧度下降甚至松动，连接件松动乃至分离，严重者引起事故。此外，也易引起应力集中，导致连接件疲劳断裂。

【思考与练习】

（1）机器和机构之间有什么区别和联系？试举例说明。

（2）什么是构件？什么是零件？构件与零件之间有何区别与联系？试举例说明。

（3）机器通常是由哪几部分组成？各部分起什么作用？

（4）磨损过程分几个阶段？各阶段的特点是什么？

（5）哪种磨损对传动件来说是有益的？为什么？

第二章

常用机构

机构是机器的重要组成部分，其主要作用是传递运动和转换运动形式。常用机构主要包括平面连杆机构、凸轮机构、间歇运动机构和螺旋机构等。

第一节　平面连杆机构

一、运动副

当由构件组成机构时，总是需要用一定的方式把各个构件彼此连接起来。不过这种连接必须保证所连接的两构件之间仍能产生某些相对运动，因此这种连接方式不能是刚性连接，而必须是一种可动连接。

我们把这种使两构件直接接触并能产生一定相对运动的连接称为运动副。如滑块与导轨的连接［图 1-2-1（a)］、内燃机中活塞与缸体的接触［图 1-2-1（b)］等，就都构成了运动副。

在平面机构中，构成运动副的各构件的运动均为平面运动，故其中的运动副称为平面运动副。根据运动副接触形式的不同，平面运动副又分为低副和高副。

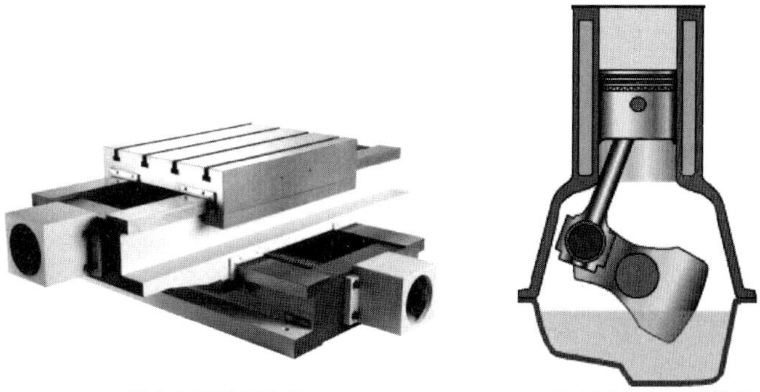

(a) 滑块与导轨的连接　　(b) 活塞与缸体的接触

图 1-2-1　运动副

1. 低副

两构件通过面接触构成的运动副称为低副。根据两构件之间的相对运动形式不同，低副可分为移动副和转动副。

（1）移动副。组成运动副的两构件只能产生相对移动的低副称为移动副，如图 1-2-2（a）所示。

（2）转动副。组成运动副的两构件只能产生相对转动的低副称为转动副，如图 1-2-2（b）所示。

(a) 移动副　　(b) 转动副

图 1-2-2　平面低副

2. 高副

两构件通过点或线接触构成的运动副称为高副。图 1-2-3（a）中凸轮与从动杆滚子之间、图 1-2-3（b）中两齿轮之间均是线接触而构成高副。

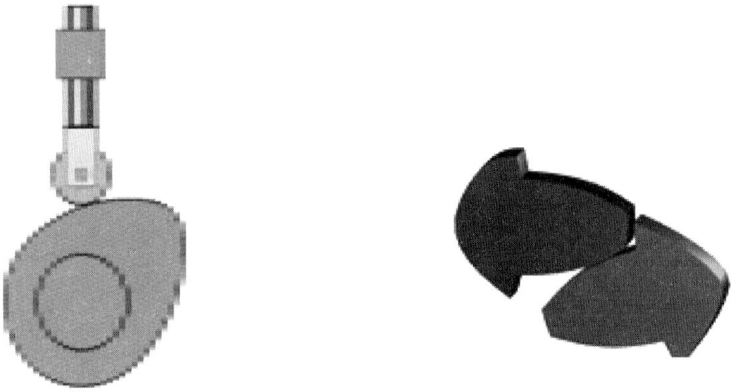

(a) 凸轮副　　(b) 齿轮副

图 1-2-3　平面高副

构成低副的两个构件接触处由于是面接触，通常接触面积较大，承受载荷时单位面积压力较低（故称低副），所以承载能力大，而且接触表面一般为平面或圆柱面，容易制造和维护；高副是点或线接触的运动副，受载时单位面积压力较大，两构件接触处容易磨损，但能传递较复杂的运动。

二、铰链四杆机构

由若干构件通过低副（移动副和转动副）连接，且所有构件都在同一平面或相互平行的平面内运动的机构称为平面连杆机构。由于低副为面接触，故传力时单位面积的受力较小，磨损较慢，而且两构件的接触表面一般为圆柱面或平面，制造方便。因此，平面连杆机构在各种机器设备中获得了广泛应用。

平面连杆机构的形式很多，其中结构最简单、应用最广泛的是由四个构件组成的平面四杆机构。

铰链四杆机构是指各构件之间都是以转动副连接的平面四杆机构，它是平面四杆机构的基本形式。

1. 铰链四杆机构的组成

如图 1-2-4（a）所示铰链四杆机构，其中固定不动的构件 4 称为机架；与机架直接相连的两个构件 1 和 3 称为连架杆，分别绕 A、D 做定轴转动；不与机架相连构件 2（连接两连架杆）称为连杆，通常做复杂的平面运动。在连架杆中，能绕机架做整周回转运动的称为曲柄，而只能在一定角度范围内摆动的称为摇杆。图 1-2-4（b）为铰链四杆机构的简图。

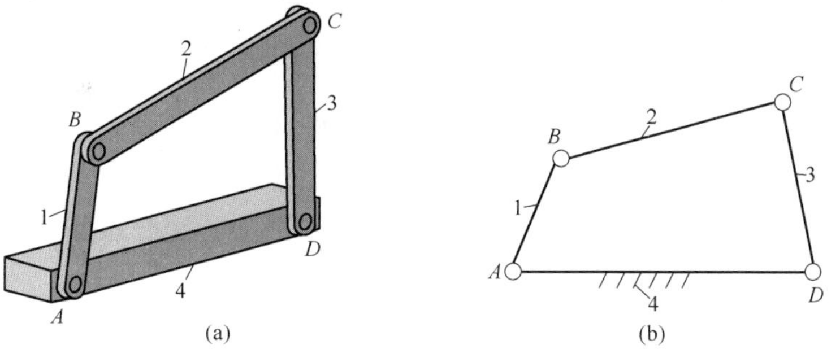

图 1-2-4　铰链四杆机构

1、3—连架杆　2—连杆　4—机架

2. 铰链四杆机构的基本形式

根据两连架杆运动形式的不同，铰链四杆机构可分为曲柄摇杆机构、双曲柄机构以及双摇杆机构三种基本形式。

（1）曲柄摇杆机构。两连架杆中一个为曲柄另一个为摇杆的铰链四杆机构，称为曲柄摇杆机构（图 1-2-5）。

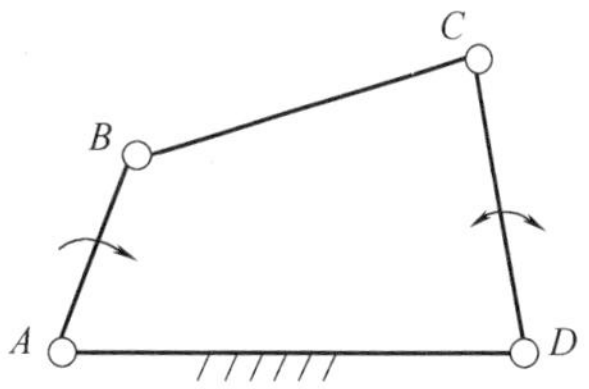

图 1-2-5　曲柄摇杆机构

在曲柄摇杆机构中，通常是以曲柄为主动件，可将主动件的匀速转动变成从动件的往复摆动，如图 1-2-6 所示的雷达天线俯仰角调整机构，当曲柄 1 缓慢转动时，通过连杆 2 使摇杆 3 固接的抛物面天线做一定角度的摆动，从而达到调整天线仰俯角的目的；或利用连杆的复杂运动实现所需的运动轨迹，如图 1-2-7 所示的搅拌器机构，就是利用连杆上 E 点的轨迹实现对液料的搅拌。

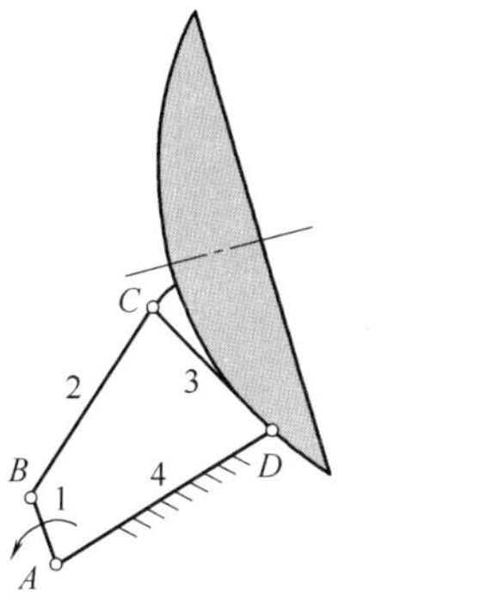

图 1-2-6　雷达天线俯仰角调整机构

1—曲杆　2—连杆　3—摇杆　4—机架

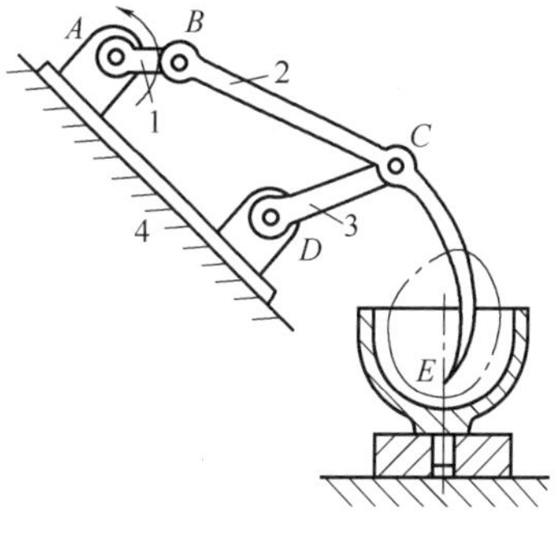

图 1-2-7　搅拌器机构

1～3—连杆　4—机架

实际应用中也有以摇杆为主动件，将摇杆的往复摆动变成曲柄的整周回转运动，如图 1-2-8 所示的缝纫机脚踏板机构，当踏动踏板（相当于摇杆）使其往复摆动时，通过连杆使曲柄（曲轴）做连续转动，再通过带轮带动机头进行缝纫工作。

（2）双曲柄机构。两连架杆均为曲柄的铰链四杆机构称为双曲柄机构（图 1-2-9）。在

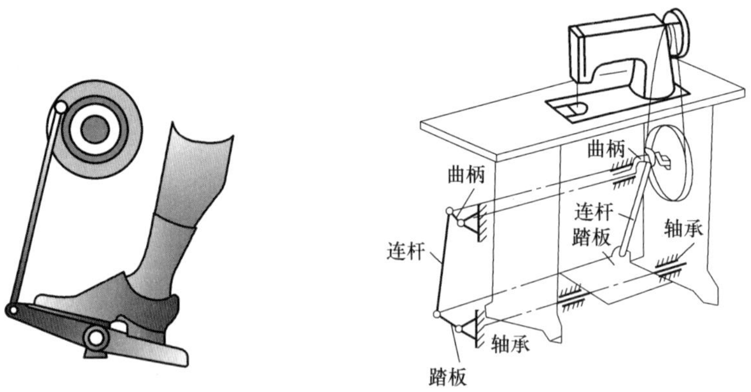

图 1-2-8 缝纫机脚踏板机构

一般双曲柄机构中，通常主动曲柄做匀速转动，从动曲柄做同向变速转动。如图 1-2-10 所示的惯性筛机构，当曲柄 1 做匀速转动时，曲柄 3 做变速转动，通过构件 5 使筛子 6 产生变速直线运动，筛子内的物料因惯性而来回抖动，从而达到筛分物料的目的。

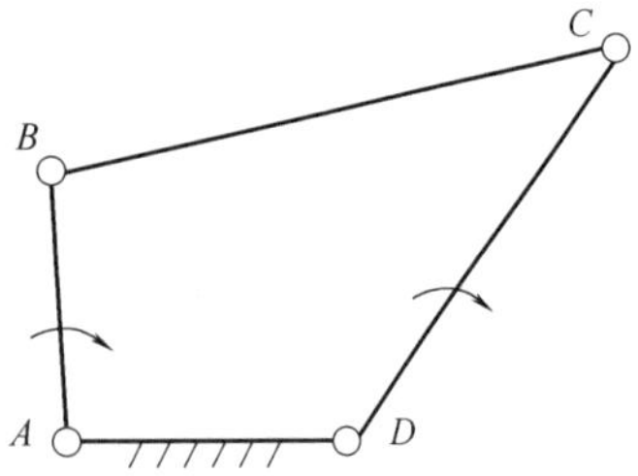

图 1-2-9 双曲柄机构

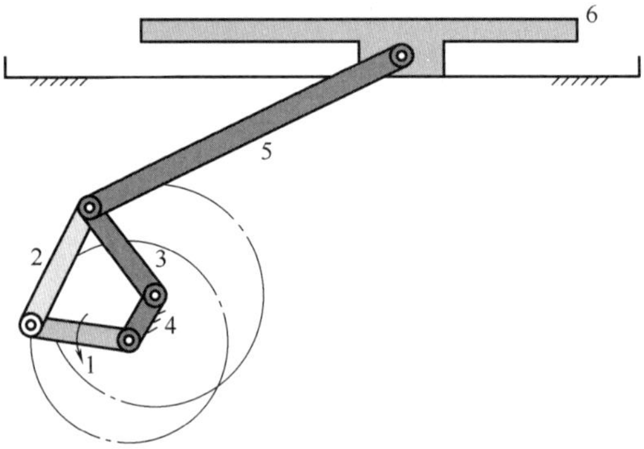

图 1-2-10 惯性筛机构

1～3—曲柄 4—机座 5—构件 6—筛子

实际应用中还存在两种特殊的双曲柄机构，即平行双曲柄机构和反平行双曲柄机构。

在双曲柄机构中，若相对的两杆长度分别相等且平行，则称为平行双曲柄机构（图 1-2-11）。平行双曲柄机构运动中，两曲柄的转向相同，角速度也相等，连架杆也始终与机架平行。图 1-2-12 所示的天平机构就是利用平行双曲柄机构主、从动曲柄运动方向

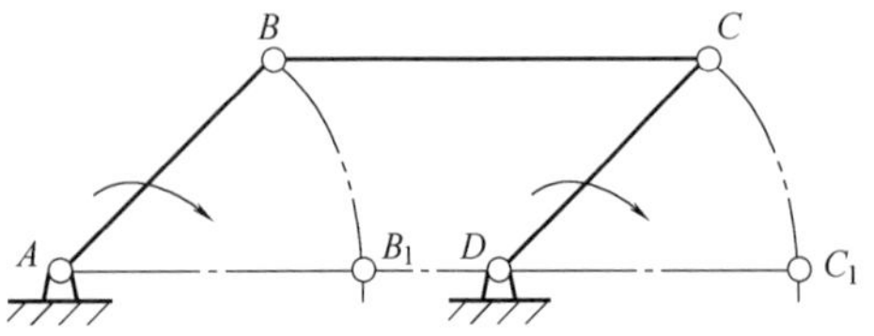

图 1-2-11 平行双曲柄机构

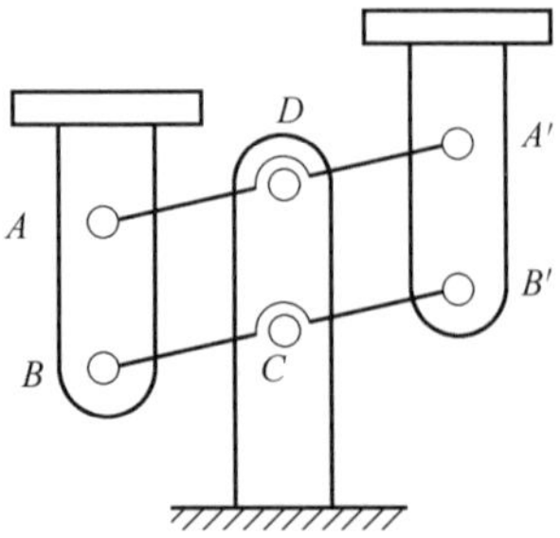

图 1-2-12 天平机构

相同和对边始终平行的特点，保证当机构处于平衡时，砝码和称量一样来完成称量工作。

平行双曲柄机构中，当各构件共线时，会出现从动曲柄运动不确定现象。如图 1-2-11 所示，当机构运动到 AB_1C_1D 位置时，主动曲柄 AB 继续顺时针转动，从动曲柄 CD 可能顺时针转，也可能逆时针反转。为避免这种现象发生，可增设辅助机构（图 1-2-13）或两组机构错排（图 1-2-14）等措施来解决。

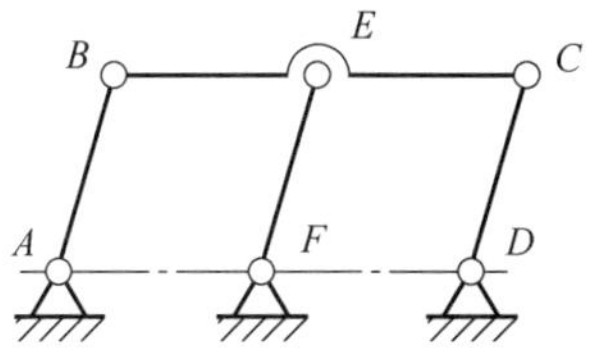

图 1-2-13　增设辅助曲柄

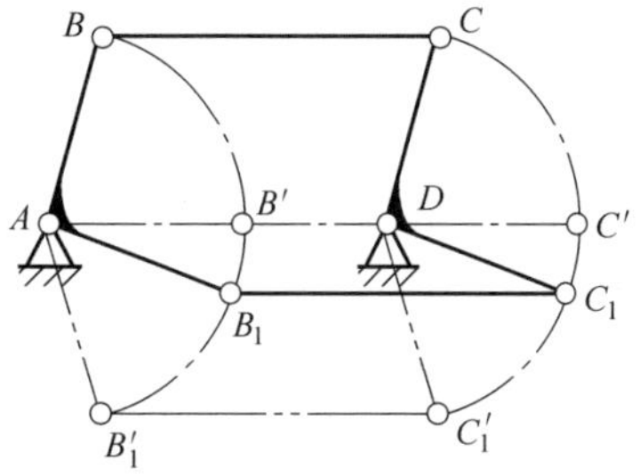

图 1-2-14　两组机构错排

在双曲柄机构中，若相对的两杆长度分别相等但互不平行，则称为反平行双曲柄机构（图 1-2-15），机构两曲柄的转向相反且角速度不等。图 1-2-16 所示为一种公共汽车车门的启闭机构，当主动曲柄 AB 转动时，通过连杆 BC 使从动曲柄 CD 反向转动，从而保证两扇门能同时开启或关闭。

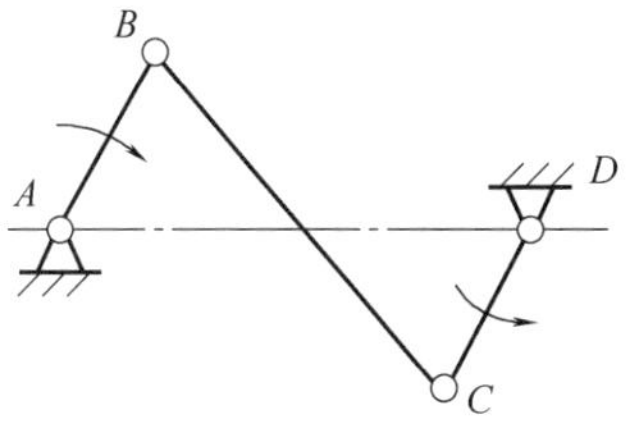

图 1-2-15　反平行双曲柄机构

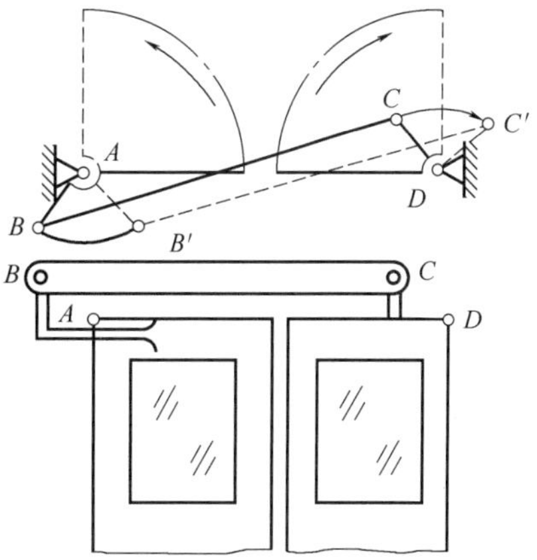

图 1-2-16　车门启闭机构

（3）双摇杆机构。两连架杆均为摇杆的铰链四杆机构称为双摇杆机构（图 1-2-17）。图 1-2-18 所示的港口起重机构，当摇杆 CD 摇动时，连杆 BC 上悬挂的重物的 E 点做近似水平直线移动，从而避免了重物平移时不必要的升降而发生事故和损耗能量。

3. 铰链四杆机构类型的判别

（1）曲柄存在的条件。铰接四杆机构中是否有曲柄存在，这个问题主要取决于机构中各构件之间的相对长度以及最短杆在机构中的位置。通过机构运动的几何关系可以证明，铰链四杆机构存在曲柄的条件是：

① 最短杆与最长杆长度之和小于或等于其余两杆长度之和，即：$l_{min}+l_{max}\leqslant l'+l''$——杆长和条件。

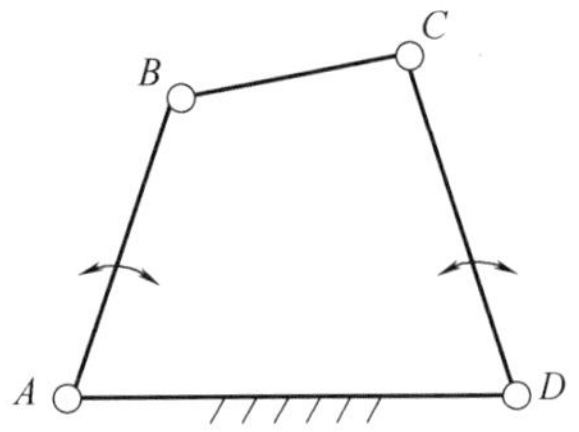

图 1-2-17　双摇杆机构

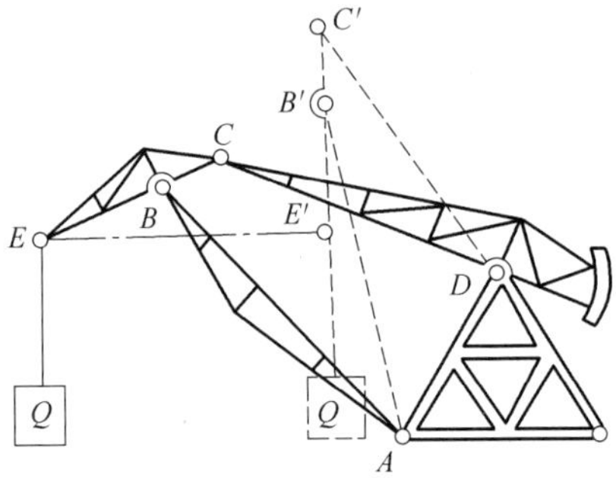

图 1-2-18　港口起重机构

② 连架杆与机架中必有一杆为最短杆。

（2）推论。根据曲柄存在的条件，可按下述方法判别铰连四杆机构的类型：

① 当最短杆与最长杆长度之和大于其余两杆长度之和时，则不论取何杆为机架，机构均为双摇杆机构。

② 当最短杆与最长杆长度之和小于或等于其余两杆长度之和时：

a. 若其中一连架杆为最短杆，则机构为曲柄摇杆机构；

b. 若机架为最短杆，则机构为双曲柄机构；

c. 若连杆为最短杆，则机构为双摇杆机构。

【例 1-2-1】 图 1-2-19 所示铰链四杆机构，已知各杆的长度，试判断其类型。

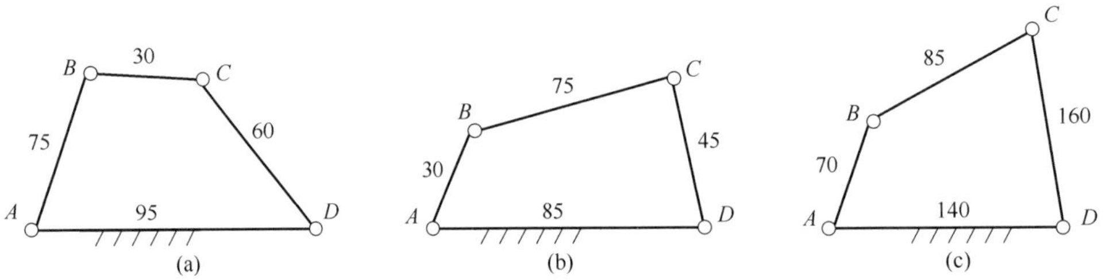

图 1-2-19　【例 1-2-1】图

解：（a）30＋95＜60＋75，但连杆 BC 为最短杆，所以为双摇杆机构；

（b）30＋85＜45＋75，且连架杆 AB 为最短杆，所以为曲柄摇杆机构；

（c）70＋160＞85＋140，不满足杆长和条件，所以为双摇杆机构。

三、铰链四杆机构的运动特性

1. 急回特性

图 1-2-20 所示曲柄摇杆机构，以曲柄 1 为主动件做等速回转，从动件摇杆 3 做往复摆动，下面简单讨论摇杆往复摆动的速度是否相等。

曲柄 1 在转动一周的过程中，与连杆 2 有两次共线（即 B_1AC_1、AB_2C_2）。此时摇杆 3 分别处于 C_1D 和 C_2D 两个极限位置，摇杆的两个极限位置间的夹角称为摇杆的摆角 φ；而摇杆位于两次极限位置，曲柄所夹的锐角称为极位夹角 θ。

曲柄由 AB_1 转动到 AB_2，转过的角度 $\varphi_1=180°+\theta$，摇杆由 C_1D 摆动到 C_2D，设所

需时间为 t_1，摇杆 C 点的平均速度为 v_1；曲柄继续转动，由 AB_2 转动到 AB_1，转过的角度 $\varphi_2=180°-\theta$，摇杆由 C_2D 返回到 C_1D，设所需时间为 t_2，摇杆 C 点的平均速度为 v_2。

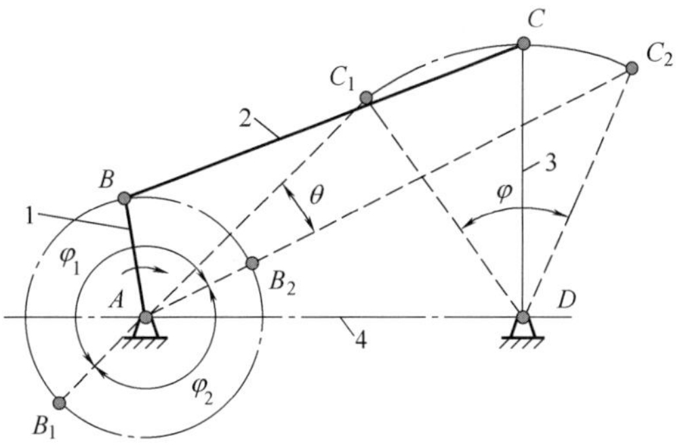

图 1-2-20 曲柄摇杆机构的急回特性

1—曲柄 2—连杆 3—摇杆 4—机座

显然，C 点往返运动的位移都是一样的，即为 $\overset{\frown}{C_1C_2}$，但曲柄所转过的角度不一样，即 $\varphi_1>\varphi_2$，而曲柄又是做等速转动的，所以有 $t_1>t_2$，$v_1<v_2$，摇杆往返运动速度不相等。

实际应用中通常将速度较慢的过程作为机器的工作行程，速度较快的作为空回行程。当原动件做等速回转时，从动件往复摆动速度不相等，即空回行程速度大于工作行程速度的特性，称为机构的急回特性。

利用急回特性可很好地满足某些机械的工作要求，如牛头刨床和插床，工作行程要求速度慢而均匀以提高加工质量，空回行程要求速度快以缩短非生产时间，提高生产效率。

机构急回特性的程度可以用行程速比系数 K 来表示：

$$K=\frac{v_2}{v_1}=\frac{C_1C_2/t_2}{C_1C_2/t_1}=\frac{t_1}{t_2}=\frac{180°+\theta}{180°-\theta} \tag{1-2-1}$$

式中 K——行程速比系数；

θ——极位夹角。

机构急回特性的程度取决于行程速比系数 K，而 K 值与极位夹角 θ 的大小有关。显然，$\theta\neq0$，$K>1$，机构有急回特性，且 θ 越大，K 值越大，机构的急回特性越明显；$\theta=0$，$K=1$，机构无急回特性，这是判断机构有无急回特性的依据。

由公式（1-2-1）可得极位夹角的计算公式：

$$\theta=180°\frac{K-1}{K+1} \tag{1-2-2}$$

2. 死点位置

如图 1-2-21 所示曲柄摇杆机构，如果以摇杆 CD 为主动件，当摇杆摆动到极限位置 C_1D 和 C_2D 时，曲柄 AB 与连杆 BC 共线。这时，通过连杆施加在曲柄的力恰好通过其回转中心 A，此力对 A 点不产生力矩，因此不能使构件 AB 转动而出现卡死现象。还有在前面提到的平行双曲柄机构中（图 1-2-11），当运动到各构件共线时，会出现从动曲柄运动不确定现象。

这种使从动件出现卡死或运动不确定现象的位置，称为机构的死点位置。

对于传动机构而言，存在死点位置是不利的。为了使机构能够顺利通过死点而正常运转，可采用加大惯性或添加辅助机构的办法，如缝纫机就是利用皮带轮的惯性作用使机构能通过死点位置；如平行双曲柄机构常通过添加辅助机构（图 1-2-13）或采用机构错排（图 1-2-14）的方法通过死点位置。

在工程实践中，有时也常利用机构的死点位置来实现一定的工作要求。如图 1-2-22 所示的工件夹紧装置，当工件被夹紧后，无论反力 T 有多大，因夹具连杆 BC 和摇杆 CD

共线，机构（夹具）处于死点位置，不会使夹具自动松脱，从而保证了夹紧工件的牢固性。

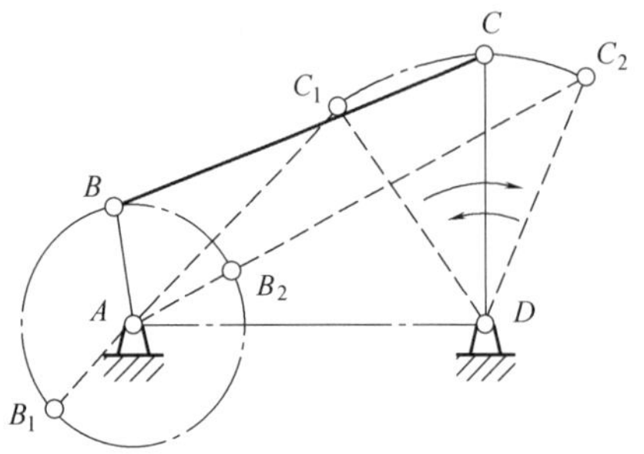

图 1-2-21 曲柄摇杆机构的死点位置

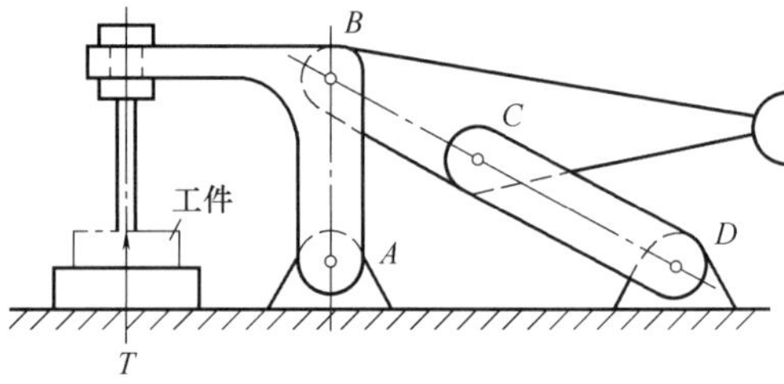

图 1-2-22 利用死点夹紧的夹具

四、其他平面四杆机构

在实际应用中还广泛采用其他平面四杆机构，常用的有曲柄滑块机构、导杆机构、摇块机构和定块机构等几种形式。

1. 曲柄滑块机构

如图 1-2-23 所示，曲柄滑块机构由曲柄 1、连杆 2、滑块 3 和机架 4 组成，曲柄相对机架做整周回转运动，滑块相对机架做直线往复运动。

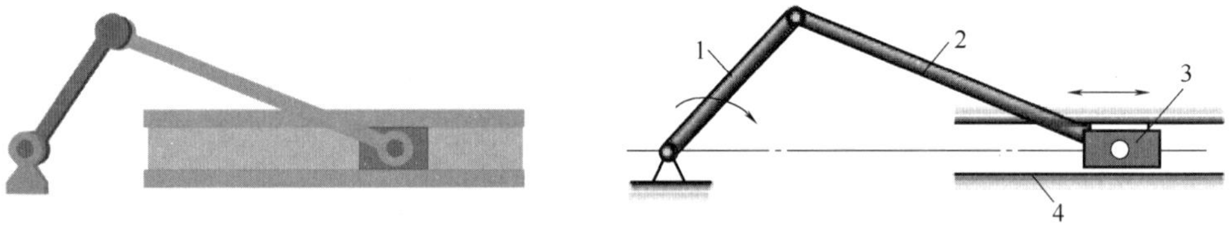

图 1-2-23 曲柄滑块机构

1—曲柄 2—连杆 3—滑块 4—机架

曲柄滑块机构可看成是由曲柄摇杆机构演化而来。由图 1-2-5 所示曲柄摇杆机构可知，当摇杆 CD 的长度趋向于无穷大，原来沿圆弧往复运动的 C 点变成沿直线的往复运动，也就是摇杆变成了沿导轨往复运动的滑块。

若滑块移动导路中心通过曲柄的回转中心，则称为对心曲柄滑块机构，如图 1-2-24

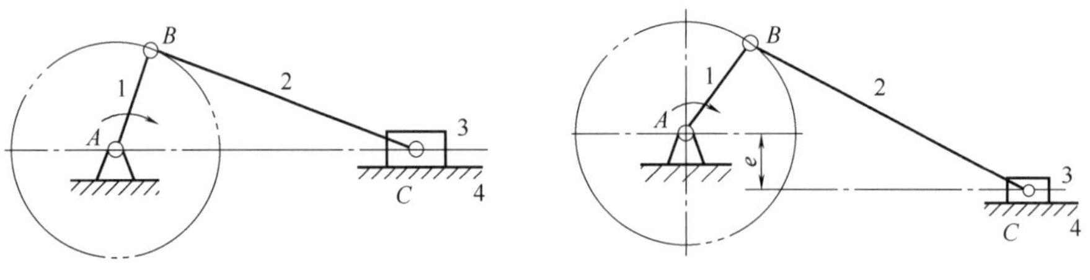

(a) 对心曲柄滑块机构　(b) 偏置曲柄滑块机构

图 1-2-24 曲柄滑块机构的简图

1—曲柄 2—连杆 3—滑块 4—机架

（a）所示；若不通过曲柄回转中心，而是存在偏距 e，则称为偏置曲柄滑块机构，如图 1-2-24（b）所示。

曲柄滑块机构的用途很广，通常是以曲柄为主动件，如图 1-2-25 所示自动送料机构，当曲柄转动时，通过连杆使滑块做往复直线运动，曲柄每转动一周，滑块则往复运动一次，即推出一个工件，实现自动送料。实际应用中也有以滑块为主动件的情况，如图 1-2-26 所示内燃机，燃料燃烧所产生的高压气体推动活塞 1 沿缸筒 4 做直线移动，再通过连杆 2 带动曲轴（曲柄）3 做回转运动。

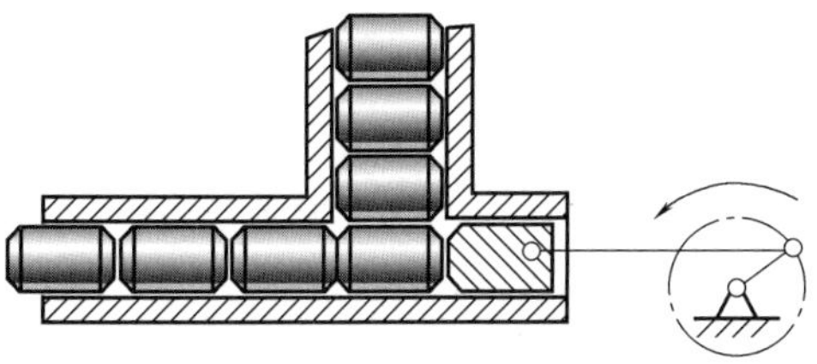

图 1-2-25　自动送料机构图

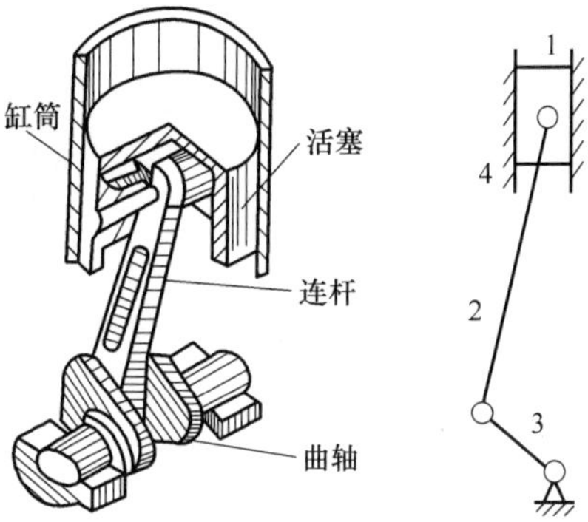

图 1-2-26　内燃机

1—活塞　2—连杆　3—曲柄　4—缸筒

2. 导杆机构

如图 1-2-27 所示导杆机构，是由曲柄 1、滑块 2、导杆 3 和机架 4 组成，一般曲柄 1 为主动件做整周回转。当杆长 $l_1 < l_4$ 时，导杆 3 只能在某一角度内摆动，形成摆动导杆机构，如图 1-2-27（a）所示；当杆长 $l_1 > l_4$ 时，导杆 3 能绕机架做整周转动，形成转动导杆机构，如图 1-2-27（b）所示。

导杆机构具有很好的传力性能，常用于插床、刨床等机器中。图 1-2-28 所示的牛头刨床主运动机构、简易刨床主运动机构分别为摆动导杆机构和转动导杆机构的应用。

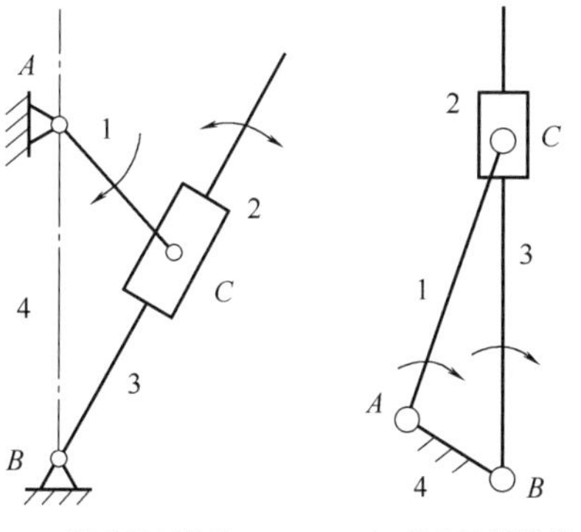

(a) 摆动导杆机构　　(b) 转动导杆机构

图 1-2-27　导杆机构

1—曲柄　2—滑块　3—导杆　4—机架

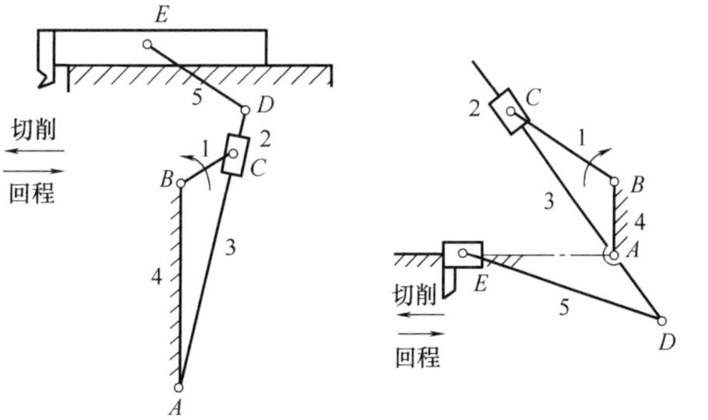

(a) 简易刨床主运动机构　　(b) 牛头刨床主运动机构

图 1-2-28　导杆机构的应用

1—曲柄　2—滑块　3—导杆　4—机架　5—连杆

3. 摇块机构

如图 1-2-29（a）所示的摇块机构，是以滑块的相邻杆 4 为机架，当曲柄 1 做绕 A 点转动时，导杆 3 只能绕机架 C 点做往复摆动，因此滑块 2 通常被称为摇块。图 1-2-29（b）所示卡车自动卸料机构就是摇块机构的应用，车厢 1 相当于曲柄，液压缸缸筒相当于摇块，活塞 2 及活塞杆 3 相当于导杆。当液压缸中的压力油推动活塞和活塞杆运动时，迫使车厢绕 C 点摆动，自动卸料。

(a) 摇块机构　　(b) 卡车自动卸料机构

图 1-2-29　摇块机构及应用

1—曲杆　2—滑块（活塞）　3—导杆（活塞杆）　4—机架（底盘）

4. 定块机构

如图 1-2-30（a）所示的定块机构，是以滑块 2 为机架固定不动，通常称之为定块，导杆 3 可沿机架（定块）做往复直线运动。图 1-2-30（b）所示抽水机筒就是定块机构的应用，缸筒 2 相当于定块，活塞及活塞杆 3 相当于导杆。通过摆动手柄 1，使活塞及活塞杆 3 上下运动，实现抽水。

(a) 定块机构　　(b) 抽水机筒机构

图 1-2-30　定块机构及应用

1—曲柄（手柄）　2—定块（缸筒）　3—导杆（活塞杆）　4—连杆

导杆机构、摇块机构、定块机构可看成是由曲柄滑块机构通过选取不同构件作机架演化而成。

第二节　凸轮机构

在机械装置中，尤其是在自动控制机械中，为实现某些复杂或特殊的运动规律，广泛地应用着各种凸轮机构。

一、凸轮机构的组成、特点

如图 1-2-31 所示，凸轮机构主要由凸轮 1、从动件 2 和机架 3 组成。凸轮是一个具有曲线轮廓的构件，一般为主动件，做等速回转运动或往复移动，从动件随之做往复直线运动或摆动，从动件的运动规律取决于凸轮轮廓曲线。

凸轮机构的特点是：结构简单、工作可靠，只要设计出适当的凸轮轮廓，即可使从动件实现各种预期的运动规律；但凸轮轮廓与从动件之间为高副接触，易于磨损，因此只适用于传递动力不大的场合。

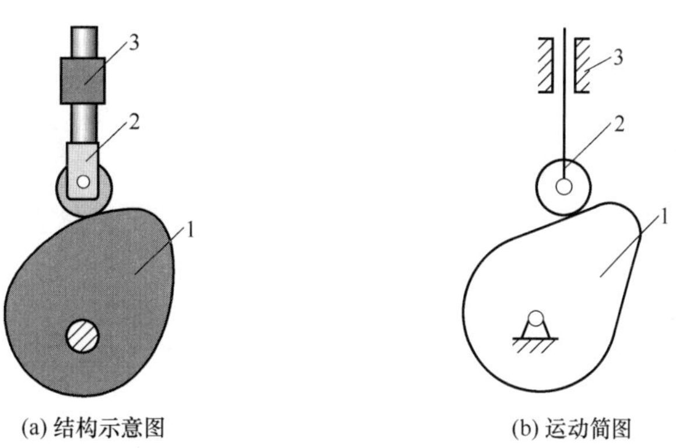

图 1-2-31 凸轮机构

1—凸轮 2—从动件 3—机架

二、凸轮机构的分类

凸轮机构类型很多，通常按如下方法分类。

1. 按凸轮形状分

(1) 盘形凸轮。如图 1-2-32 (a) 所示，盘形凸轮是一个绕固定轴转动且具有变化向径的盘形构件，它是凸轮最基本的形式。

(2) 移动凸轮。如图 1-2-32 (b) 所示，移动凸轮又称为板状凸轮，它相对机架做往复直线运动。

(3) 圆柱凸轮。如图 1-2-32 (c) 所示，圆柱凸轮是一种在圆柱端面上制出曲线轮廓或在圆柱面上开有曲线凹槽的构件。

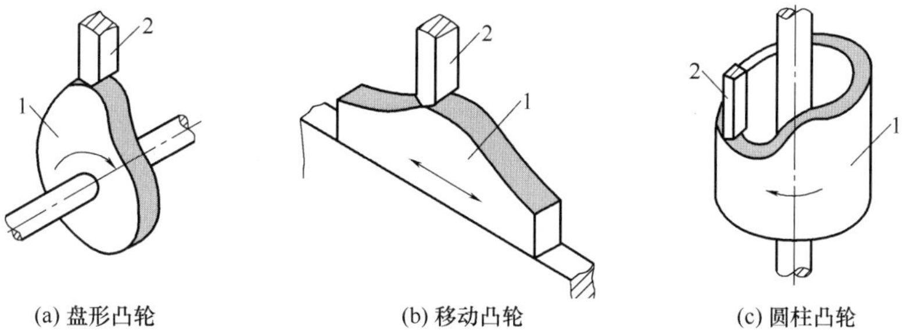

图 1-2-32 凸轮的分类

1—凸轮 2—从动件

2. 按从动件端部形状分

(1) 尖顶从动件。如图 1-2-33 (a) 所示，这种从动件结构简单，尖顶能与任意复杂的凸轮轮廓保持接触，因而能实现复杂的运动规律。但尖顶易磨损，只适用于受力不大、低速运动的场合。

(2) 滚子从动件。如图 1-2-33 (b) 所示，在从动件端部安装有一个滚子，使滚子和凸轮轮廓之间为滚动摩擦，因此磨损较小，可以承受较大载荷，是最常用的一种形式。

(3) 平底从动件。如图 1-2-33 (c) 所示，从动件的端部为平底，因此凸轮对从动件的作用力方向始终与平底垂直，传动效率高，工作平稳，且平底与凸轮轮廓间的楔形空间易形成油膜，利于润滑，故常用于高速传动中，但这种从动件不能与具有内凹陷轮廓的凸轮配对使用。

(a) 尖顶从动件　(b) 滚子从动件　(c) 平底从动件

图 1-2-33　从动件的端部形状

以上三种从动件均可做往复直线运动和往复摆动，前者称为直动从动件，后者称为摆动从动件。

3. 按锁合方式分

使从动件与凸轮轮廓始终保持接触的方式，称为锁合。

（1）力锁合。利用弹簧力或从动件自身重力使从动件与凸轮轮廓始终保持接触。图 1-2-34 所示为利用弹簧力实现力锁合的实例。

（2）形锁合。利用凸轮与从动件的特殊几何结构使两者始终保持接触。图 1-2-35 所示的沟槽凸轮机构、图 1-2-36 所示的等宽凸轮机构均为形锁合。

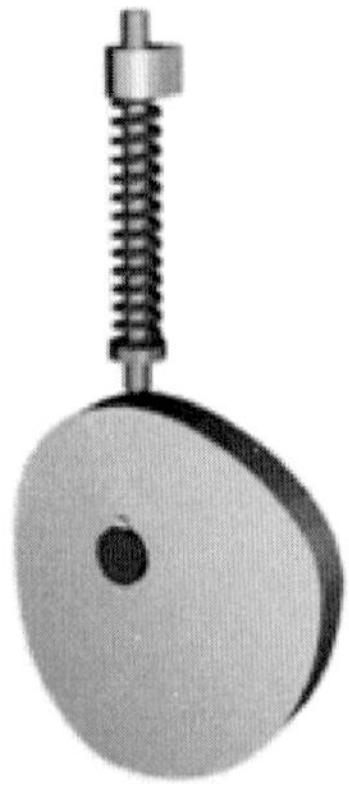

图 1-2-34　力锁合

图 1-2-35　沟槽凸轮机构

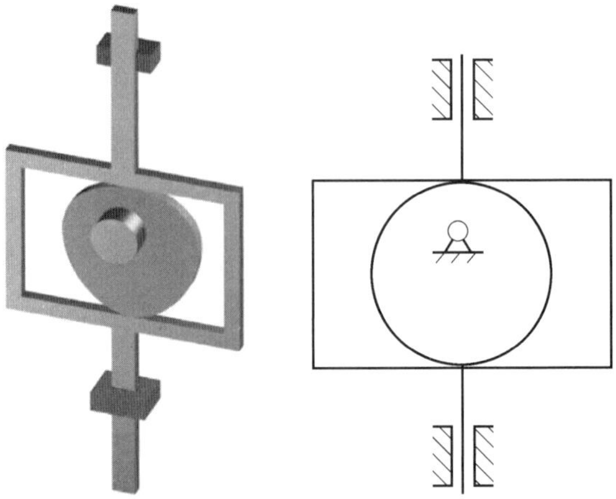

图 1-2-36　等宽凸轮机构

三、凸轮机构的应用

如图 1-2-37 所示为内燃机配气凸轮机构。凸轮 1 以等速度回转时，由于其轮廓向径不同，迫使从动件 2（气门挺杆）上、下移动，使气阀按内燃机工作循环的要求有规律地开启和闭合。

如图 1-2-38 所示为靠模法车削机构。移动凸轮 1 用作靠模板，在机床上固定，当从动件 2（刀架）水平移动时，凸轮轮廓会驱使刀架同时做横向进给，从而加工出与凸轮轮廓相同的旋转曲面 3。

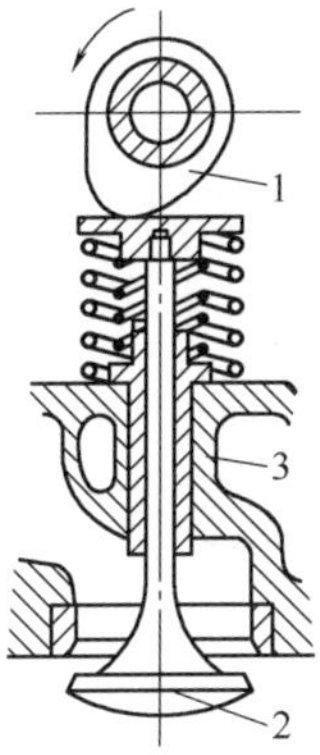

图 1-2-37　内燃机配气机构

1—凸轮　2—从动件　3—旋转曲面

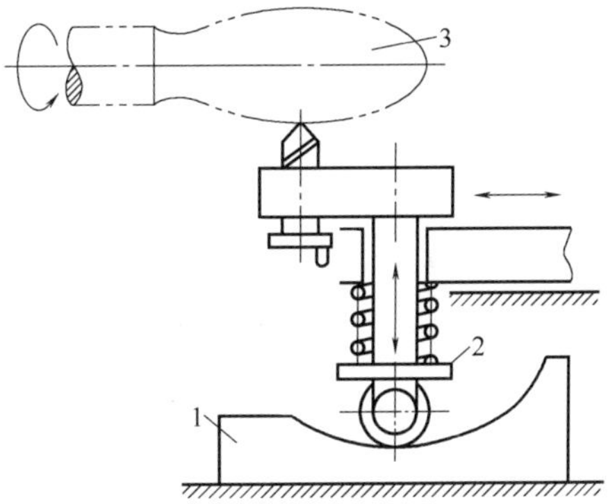

图 1-2-38　靠模法车削机构

1—凸轮　2—从动件　3—旋转曲面

如图 1-2-39 所示为机床自动进刀机构。当圆柱凸轮 1 等速转动时，其上的沟槽使从动件 2（扇形齿轮）摆动，通过扇形齿轮和固定在刀架 3 上的齿条，使刀架做进刀和退刀运动。

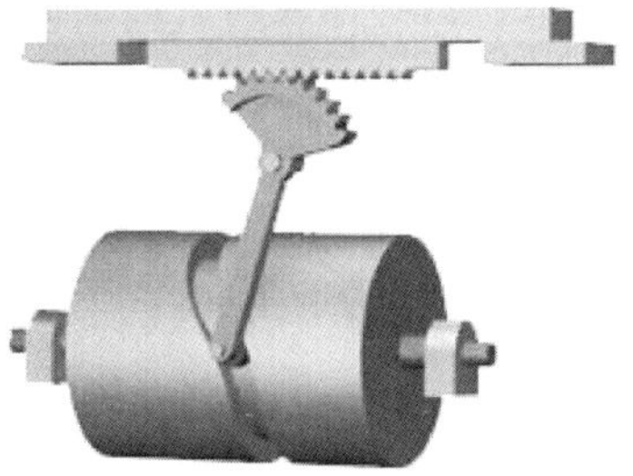

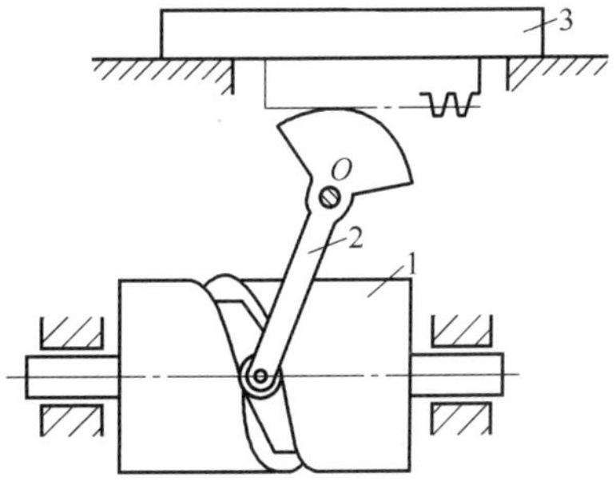

图 1-2-39　机床自动进刀机构

1—凸轮　2—从动件　3—刀架

四、凸轮机构的有关术语

1. 基圆

如图 1-2-40（a）所示为一尖顶直动从动件盘形凸轮机构，该凸轮轮廓由圆弧曲线 AD、BC 以及非圆弧曲线 AB、CD 组成。

以凸轮轮廓的最小向径 r_0 为半径所作的圆称为凸轮的基圆，r_0 称为基圆半径。

2. 行程

A 点为基圆与凸轮开始上升轮廓曲线的交点，显然，当凸轮与从动件在 A 点接触时，从动件处于最低位置［图 1-2-40（a）］；当凸轮以角速度 ω 逆时针转动一个角度，与从动件在 $1''$点相接触，从动件将上升一段距离，即产生一段位移 s_1［图 1-2-40（b）］，同样，凸轮继续转动到与从动件在 $2''$点相接触时，从动件的位移则为 s_2［图 1-2-40（c）］。

当凸轮转动到与从动件在 B 点相接触时，从动件将上升到最高位置。我们把从动件最低位置到最高位置间移动的距离称为行程 h。

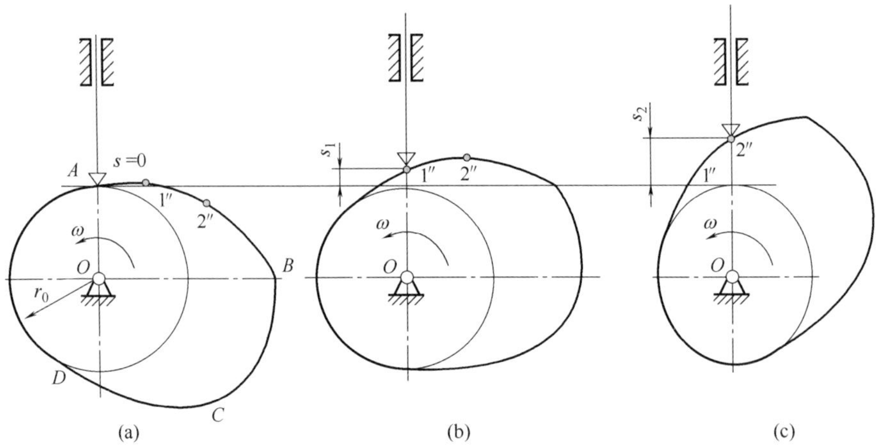

图 1-2-40　凸轮的运动分析

第三节　间歇运动机构

在机器工作时，当主动件做连续运动时，常需要从动件实现周期性的运动和停歇。能将主动件的连续运动转换成从动件有规律的运动和停歇的机构称为间歇运动机构。常见的间歇运动机构有棘轮机构、槽轮机构和不完全齿轮机构等。

一、棘轮机构

1. 棘轮机构的组成

图 1-2-41 所示为棘轮机构，它主要由摇杆 1、棘爪 2 和 4、棘轮 3、机架等组成。摇杆及铰接于其上的棘爪为主动件做往复摆动，棘轮为从动件。

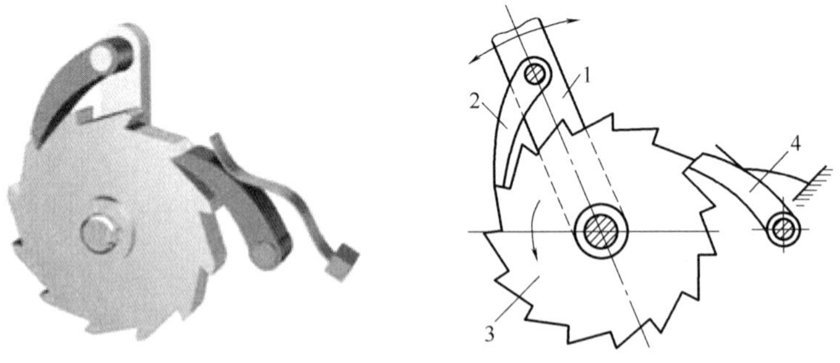

图 1-2-41　棘轮机构

1—摇杆　2、4—棘爪　3—棘轮

当摇杆逆时针摆动时，棘爪 2 嵌入棘轮 3 的齿槽内，推动棘轮沿逆时针方向转过一个角度；当摇杆顺时针摆动时，棘爪 2 在棘轮齿背上滑过，棘轮静止不动。为了使棘轮的静止可靠和防止棘轮反转，在机架上安装止回棘爪 4。这样，当摇杆做连续的往复摆动时，棘轮做单向的间歇转动。

2. 棘轮机构的类型

根据棘轮机构的结构和工作原理，棘轮机构可做如下分类。

(1) 单动式和双动式棘轮机构。图 1-2-41 所示棘轮机构，摇杆 1 往复摆动一次，棘轮只间歇运动一次，故称为单动式棘轮机构。

图 1-2-42 所示为双动式棘轮机构，它同时使用两个棘爪 3，可分别与棘轮 2 接触。当摇杆 1 做往复摆动时，两个棘爪将先后使棘轮朝同一个方向运动。这样，摇杆往复摆动一次，棘轮会转动两次，故称为双动式。

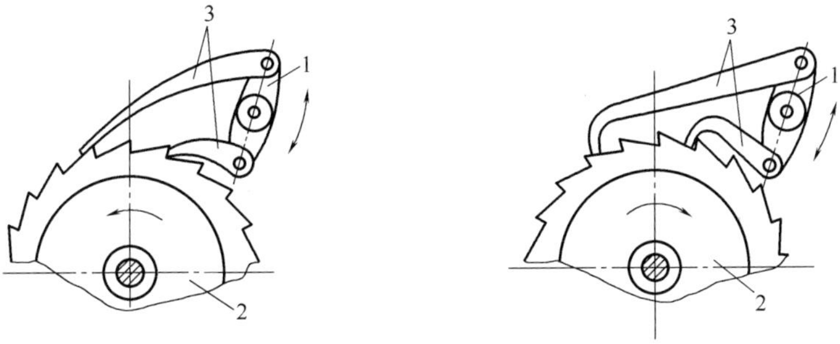

图 1-2-42 双动式棘轮机构

1—摇杆 2—棘轮 3—棘爪

(2) 单向式和双向式棘轮机构。在前述的棘轮机构中，当摇杆做往复摆动时，棘轮只能做单向间歇运动，为单向式；图 1-2-43 (a) 为一种双向式棘轮机构，它的棘爪 3 可绕其自身轴线翻转，使用时，如果将棘爪翻过来放到图示的虚线位置，则棘轮可做与原来方向相反的转动，所以这种棘轮机构可方便地实现两个方向的间歇运动。图 1-2-43 (b) 为另一种可变向棘轮机构，当棘爪提起并绕自身轴线转 180°后再放下，则可依靠棘爪端部结构两面不同的特点，实现棘轮沿相反方向单向间歇转动。

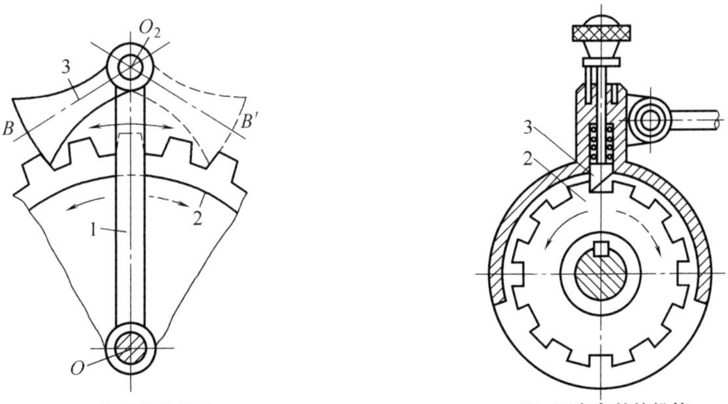

(a) 双向式棘轮机构　(b) 可变向棘轮机构

图 1-2-43 双向式棘轮机构

1—摇杆 2—棘轮 3—棘爪

(3) 齿式和摩擦式棘轮机构。前面所介绍的为齿式棘轮机构，图 1-2-44 所示为摩擦式棘轮机构。它是一种无棘齿的棘轮机构，棘轮 3 是通过与棘爪 2 之间的摩擦来传递运动。因此传动平稳，噪声小，但它不能承受较大的载荷，否则容易出现打滑现象。

3. 棘轮机构的特点与应用

棘轮机构结构简单、制造方便，棘轮的转角在一定范围内可调。但在运转时有较大的冲击与噪声，运动精度不高，所以常用于低速和转角不大的场合。

棘轮机构还常用作防止机构逆转的停止器。这类停止器广泛用于卷扬机、提升机以及运输机中。图 1-2-45 所示为提升机中的棘轮停止器，它能使提升的重物停止在某一位置时，防止因停电等原因使重物下降造成事故。

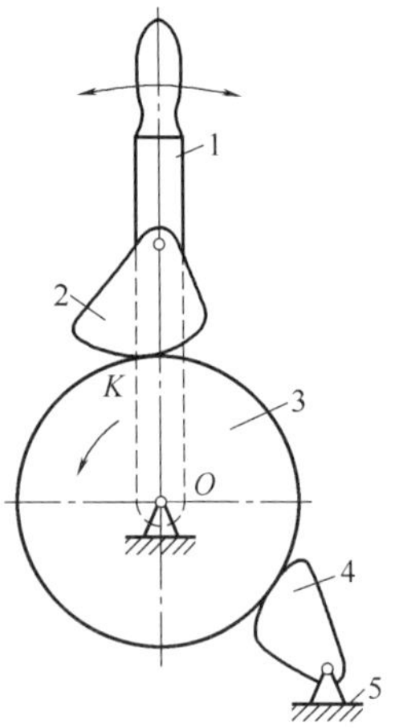

图 1-2-44　摩擦式棘轮机构

1—摇杆　2、4—棘爪　3—棘轮　5—机座

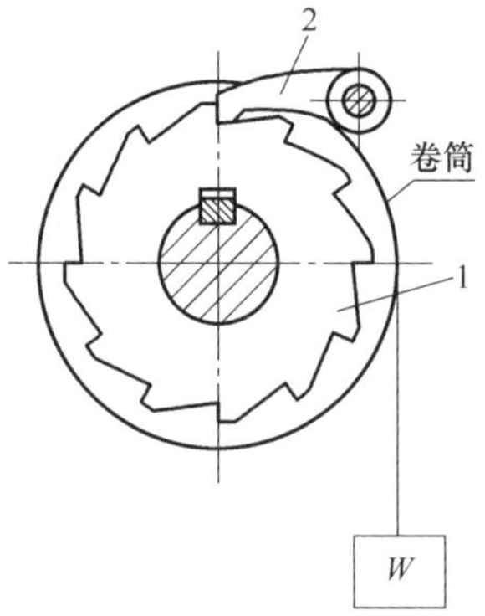

图 1-2-45　提升机的棘轮停止器

1—棘轮　2—棘爪

二、槽轮机构

1. 槽轮机构的组成和工作原理

槽轮机构又称马氏机构，如图 1-2-46 所示，它由具有径向圆销的主动拨盘 1、具有径向槽的槽轮 2 和机架组成。

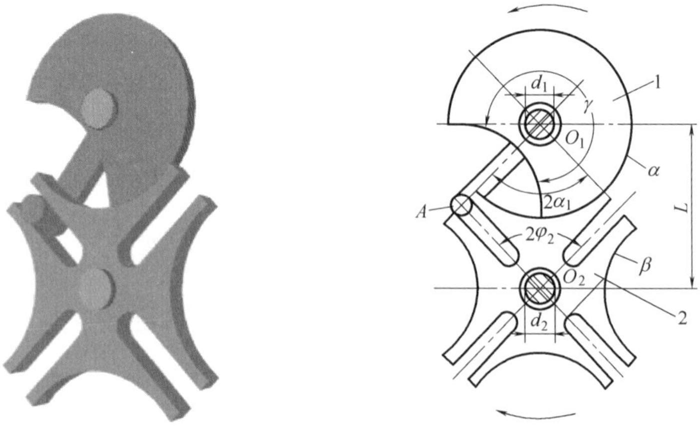

图 1-2-46　槽轮机构

1—主动拨盘　2—外槽轮

当主动拨盘 1 做均匀连续转动时，槽轮做间歇转动。在主动拨盘 1 的圆销 A 尚未进入槽轮的径向槽时，槽轮内凹锁止弧 β 被主动拨盘 1 的外凸圆弧 α 卡住，因而槽轮静止不动。

图 1-2-46 所示是主动拨盘 1 的圆销开始进入槽轮径向槽的位置，这时锁止弧被松开，因此圆销便驱使槽轮转动。当圆销开始脱出径向槽时，槽轮的另一内凹锁止弧又被主动拨盘 1 的外凸锁止弧卡住，致使槽轮静止不动，直到圆销在进入另一径向槽时，又重复上述的运动循环。图 1-2-46 所示的具有四个槽的槽轮机构，当原动件回转一周时，从动件只转 1/4 周。同理，具有 n 个槽的槽轮机构，当原动件回转一周时，槽轮转过 $1/n$ 周。

槽轮机构又分为外槽轮机构（图 1-2-46）和内槽轮机构（图 1-2-47）。前者拨盘与槽轮的转向相反，后者拨盘与槽轮的转向相同。与外槽轮机构相比，内槽轮机构传动较平稳、停歇时间短、所占空间小。

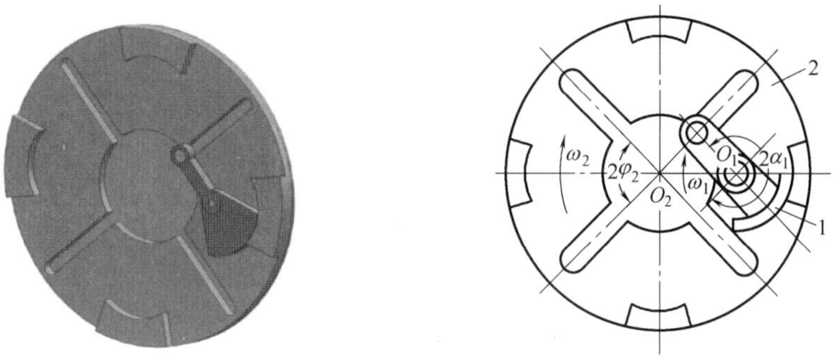

图 1-2-47 内槽轮机构

1—拨盘 2—内槽轮

2. 槽轮机构的特点和应用

槽轮机构结构简单、制造容易、能间歇地进行转位，但转位角度受槽数 z 的限制，不能调节。槽轮机构在圆柱销突然进入与脱离径向槽时，存在较大冲击，因此只能用于低速自动机的转位和分度机构。

图 1-2-48 所示为槽轮机构用于转塔车床刀架转位。刀架装有 6 把刀具，与刀具一体的是六槽槽轮 2，拨盘 1 回转一周，槽轮转过 60°，将下一工步所需刀具转换到工作位置。

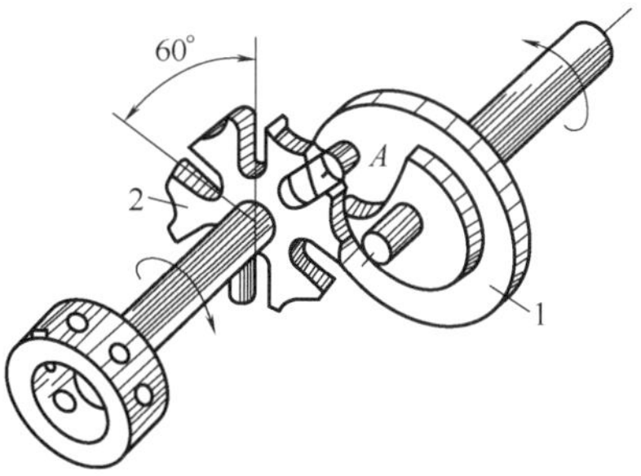

图 1-2-48 刀架的转位机构

1—拨盘 2—槽轮

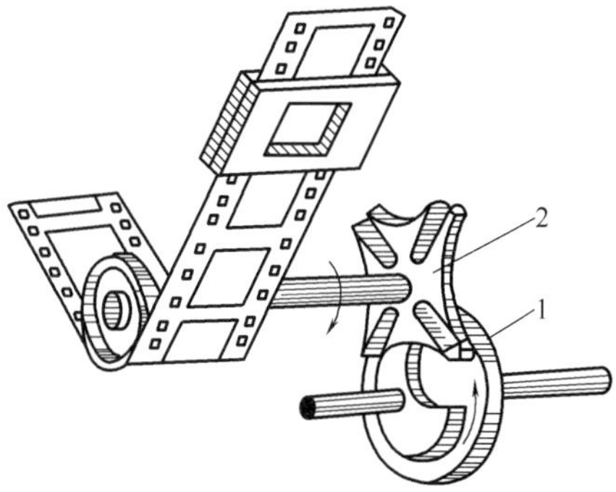

图 1-2-49 放映机的卷片机构

1—拨盘 2—（外）槽轮

图 1-2-49 所示为电影放映机中的卷片机构。当拨盘 1 转动一周，四槽槽轮 2 转动 1/4 周，卷过一张底片并停留一段时间，拨盘继续转动。重复上述过程，利用人眼视觉停留的特性，可使观众看到连续的动作画面。

【思考与练习】

(1) 铰链四杆机构的基本形式有哪几种？各有何特点？

(2) 什么是连架杆、连杆、曲柄、摇杆？

(3) 铰链四杆机构曲柄存在的条件是什么？怎样判断铰链四杆机构的类型？

(4) 判断下图所示各铰链四杆机构的类型，并说明理由。

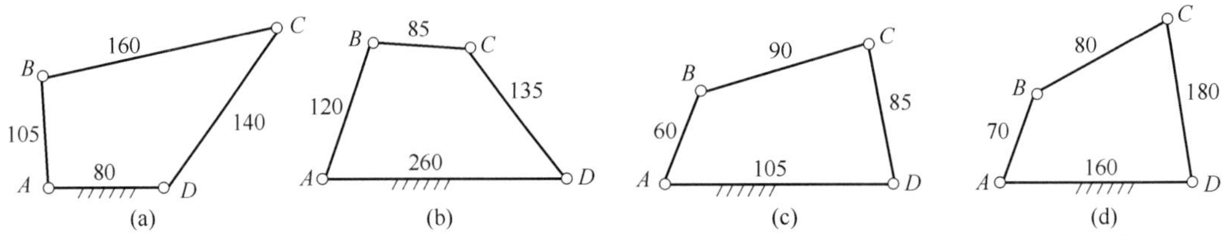

题（4）图

(5) 什么是机构的急回特性？在生产中怎样利用这种特性？

(6) 什么是机构的死点位置，用什么方法可以使机构通过死点位置？

(7) 曲柄滑块机构可以演化成哪些机构？画出它们的机构简图。

(8) 凸轮机构的从动件端部结构有哪几种形式？分别有什么特点？

(9) 什么是凸轮的基圆？什么又是凸轮机构的行程？

(10) 棘轮机构有何工作特点？通常应用于哪些工作场合？

(11) 槽轮机构有何工作特点？它被广泛应用于何种机械中？

第三章

3

机械传动

机械传动通常是指做回转运动的摩擦传动和啮合传动，它是通过改变机器工作部分与原动机的速度关系，从而实现变速要求。常用的机械传动主要包括带传动、链传动、齿轮传动等。

第一节　带传动

一、带传动的组成与原理

带传动是一种应用很广泛的机械传动，一般是由主动带轮 1、从动带轮 2 和紧套在两带轮上的环形带 3 所组成，如图 1-3-1 所示。

带传动按工作原理可分为摩擦式带传动和啮合式带传动，其中摩擦式带传动是依靠带与带轮接触面间产生的摩擦力来传递运动和动力，这种带传动应用最为广泛。

通常用传动比来反映两带轮之间的转速大小关系。机构的传动比是指机构中瞬时输入角速度与输出角速度的比值。

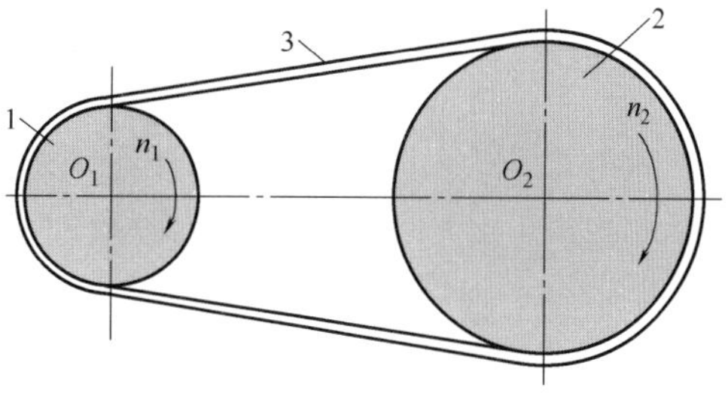

图 1-3-1　带传动简图

1—主动带轮　2—从动带轮　3—环形带

对于带传动的传动比就是主动轮转速 n_1 与从动轮转速 n_2 之比，通常用 i_{12} 表示。若不考虑弹性滑动的影响，摩擦带传动的传动比可按公式（1-3-1）计算：

$$i_{12}=\frac{n_1}{n_2}=\frac{d_2}{d_1} \tag{1-3-1}$$

式中　n_1——主动轮的转速，r/min；

n_2——从动轮的转速，r/min；

d_1——主动轮的直径，mm；

d_2——从动轮的直径，mm。

二、带传动类型及特点

1. 带传动的类型

带传动按带的截面形状，可分为平带传动、V 带传动、圆带传动、多楔带传动和同步带传动等类型，如图 1-3-2 所示。

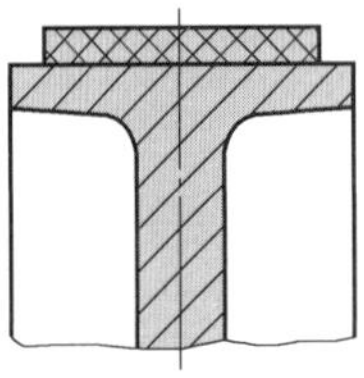

(a) 平带

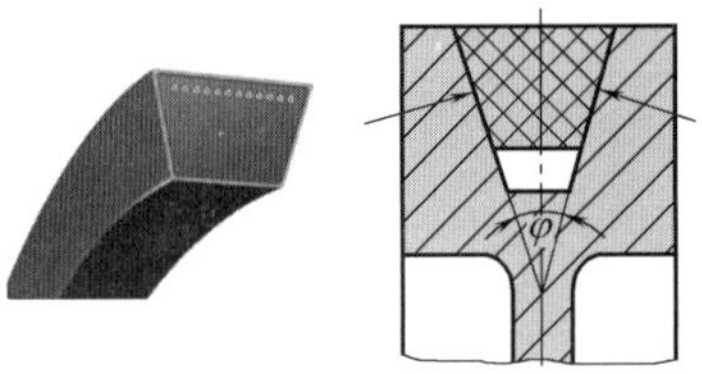

(b) V带

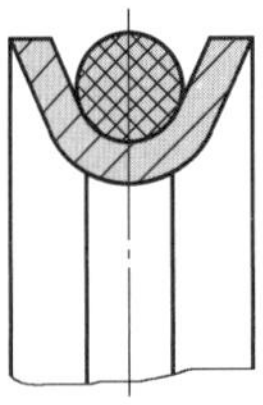

(c) 圆带

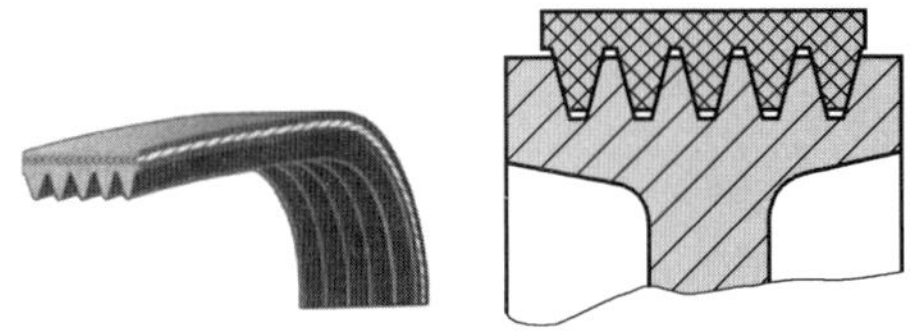

(d) 多楔带

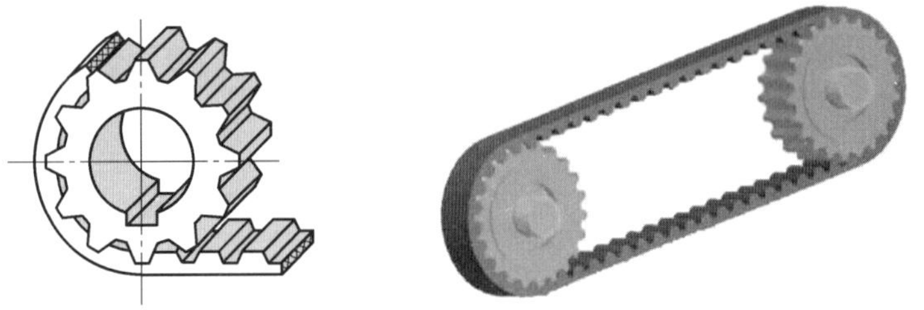

(e) 同步带

图 1-3-2　带传动类型

平带的截面为扁平矩形，其工作面是与带轮面相接触的内表面。平带传动结构简单，带质轻挠性好，多用于高速、较远距离传动。

V 带的截面为梯形，其工作面是与带轮轮槽相接触的两侧面。在初拉力相同的情况下，V 带传动较平带传动能产生更大的摩擦力，所以 V 带传动能力强，结构紧凑，应用最为广泛。

圆带截面呈圆形，其传动能力小，常用于小功率传动，如缝纫机、磁带盘等。

多楔带是以平带为基体，内表面有若干纵向楔，带轮也有相应的环形轮槽，其工作面为楔带的侧面，常用于传递功率较大且要求结构紧凑的场合。

平带、V 带、圆带和多楔带传动同属摩擦带传动，而同步带传动则是典型的啮合带传动，它是依靠带的齿与带轮上的齿相啮合来传递运动和动力的。它具有传递功率大，传动比准确等优点，多用于要求传动平稳、传动精度较高的场合，如数控机床、机车发动机等。

2. 带传动的特点

本节主要讨论摩擦带传动，它主要有以下特点：

（1）带具有弹性，可以缓和冲击，吸收振动，因而传动平稳，无噪声。

（2）结构简单，制造成本低，维护方便，适用于较大中心距的场合。

（3）过载时，带会在带轮上打滑，可防止其他零件受损，具有过载保护作用。

（4）由于带与带轮间总是存在滑动（弹性滑动），不能保证恒定的传动比。

（5）传动效率低，带的寿命较短，不适宜在高温、易燃及有油水的场合。

三、 V 带的结构与标准

普通 V 带的截面形状为等腰梯形，两侧面的夹角 θ 称为楔角，$\theta=40°$，其截面结构如图 1-3-3 所示，主要由顶胶、抗拉体、底胶和包布四部分构成。抗拉体是带工作时的主要承载部分，有帘布和线绳两种结构形式。帘布结构的 V 带抗拉强度较高，制造方便，应用较广；线绳结构的 V 带柔韧性好，抗弯强度高，适用于带轮直径较小、速度较高的场合。顶胶和底胶均由橡胶材料制成，分别承受弯曲时的拉伸和压缩。包布是 V 带的外层，由橡胶帆布制成，主要起保护作用。

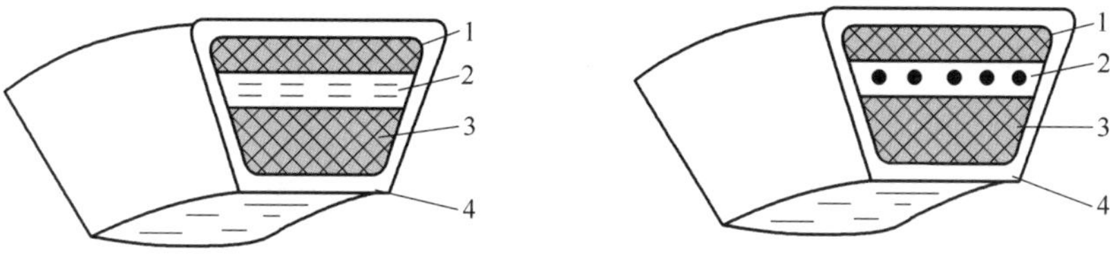

(a) 帘布结构　　(b) 线绳结构

图 1-3-3　V 带结构

1—顶胶　2—抗拉体　3—底胶　4—包布

普通 V 带已标准化，按截面尺寸由小到大，可分为 Y、Z、A、B、C、D、E 七种型号，如图 1-3-4 所示，其尺寸见表 1-3-1。

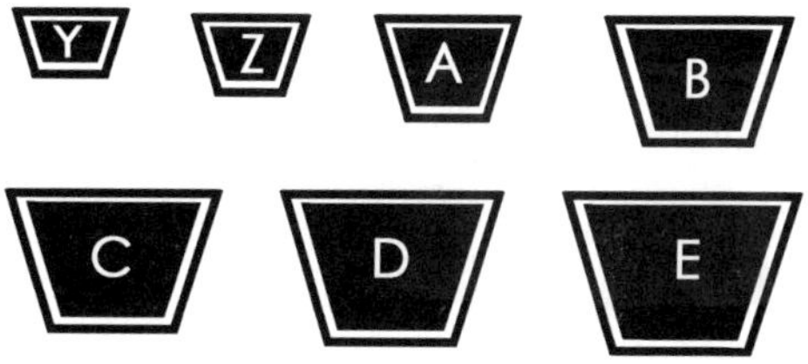

图 1-3-4　V 带的型号

V 带绕在带轮上产生弯曲，外层受拉而伸长，称为伸张层；里层受压而缩短，称为压缩层；而在两者之间存在着一层既不伸长也不缩短，称为中性层，或称节面。V 带节面的宽度称为节宽 b_p（表 1-3-1）；V 带节面位置对应带轮的直径称为带轮的基准直径 d_d。

表 1-3-1　　V 带截面的基本尺寸　　单位：mm

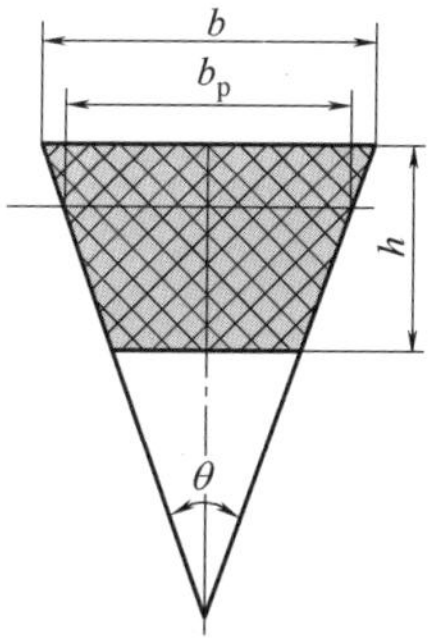

截　型	Y	Z	A	B	C	D	E
节宽 b_p	5.3	8.5	11.0	14.0	19.0	27.0	32.0
顶宽 b	6.0	10.0	13.0	17.0	22.0	32.0	38.0
高度 h	4.0	6.0	8.0	11.0	14.0	19.0	25.0
楔角 θ	40°						

在规定的张紧力下，沿 V 带中性层量得的周线长度称为基准长度，用 L_d 表示。标准 V 带都是制成无接头的环形带，其长度已标准化。普通 V 带的基准长度见表 1-3-2。

表 1-3-2　　普通 V 带的基准长度 L_d　　单位：mm

截面型号	Y	Z	A	B	C	D	E
基准长度	200	406	630	930	1565	2740	4660
	224	475	700	1000	1760	3100	5040
	250	530	790	1100	1950	3330	5420
	280	625	890	1210	2195	3730	6100
	315	700	990	1370	2420	4080	6850
	355	780	1100	1560	2715	4620	7650
	400	920	1250	1760	2880	5400	9150
	450	1080	1430	1950	3080	6100	12230
	500	1330	1550	2180	3520	6840	13750
		1420	1640	2300	4060	7620	15280
		1540	1750	2500	4600	9140	16800
			1940	2700	5380	10700	
			2050	2870	6100	12200	
			2200	3200	6815	13700	
			2300	3600	7600	15200	
			2480	4060	9100		
			2700	4430	10700		
				4820			
				5370			
				6070			

带的型号和基准长度都压印在带的外表面上，以供识别和选用。例如：C2715　GB/T 11544—2012，表示 C 型 V 带，带的基准长度是 2715mm。

四、 V 带轮的结构

普通 V 带轮一般由轮缘（带轮外缘安装 V 带的部分），轮毂（带轮与轴配合的部分）和轮辐（轮缘与轮辐的连接部分）组成。

轮缘截面上轮槽的尺寸见表 1-3-3，因当绕过带轮弯曲时会产生横向变形，使其楔角减小，为使带和带轮轮槽保持良好接触，一般带轮轮槽角 φ 都小于 40°。

表 1-3-3　　轮槽截面及截面尺寸

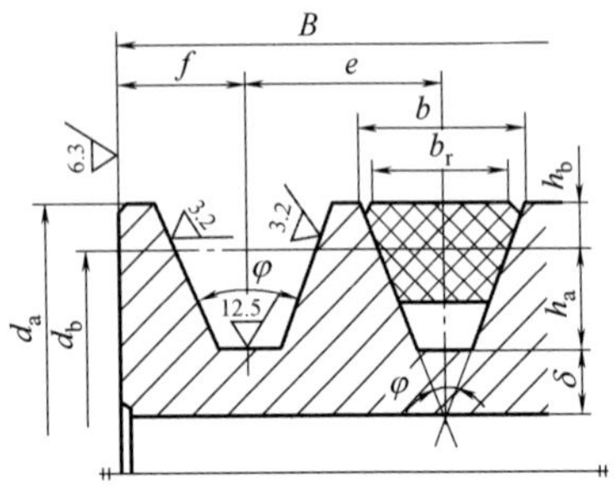

槽形尺寸			型号 Y	Z	A	B	C	D	E
h_a/mm			1.6	2.0	2.75	3.5	4.8	8.1	9.6
h_{fmin}/mm			4.7	7.0	8.7	10.8	14.3	19.9	23.4
b_d/mm			5.3	8.5	11	14	19	27	32
e/mm			8	12	15	19	25.5	37	44.5
f/mm			6	7	9	11.5	16	23	28
δ/mm			5	5.5	6	7.5	10	12	15
B			$B=(z-1)e+2f$，z 为带根数						
φ	32°	d_d/mm	≤60						
	34°			≤80	≤118	≤190	≤315		
	36°		>60					≤475	≤600
	38°			>80	>118	>190	>315	>475	>600

按轮辐结构的不同，V 带轮分为实心式、腹板式、孔板式和轮辐式四种结构形式，如图 1-3-5 所示。V 带轮结构形式及结构尺寸可根据带轮的基准直径、V 带型号和轴孔直

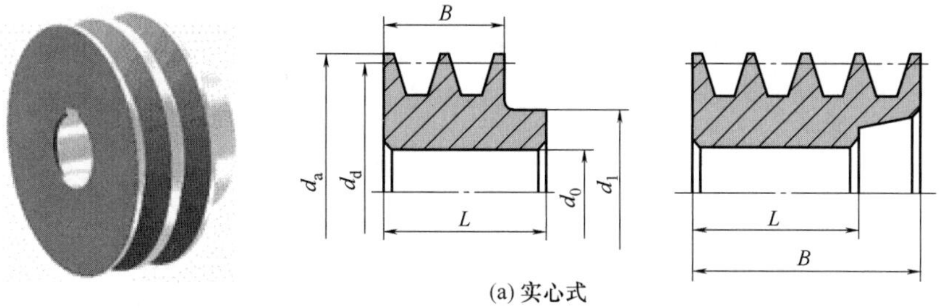

(a) 实心式

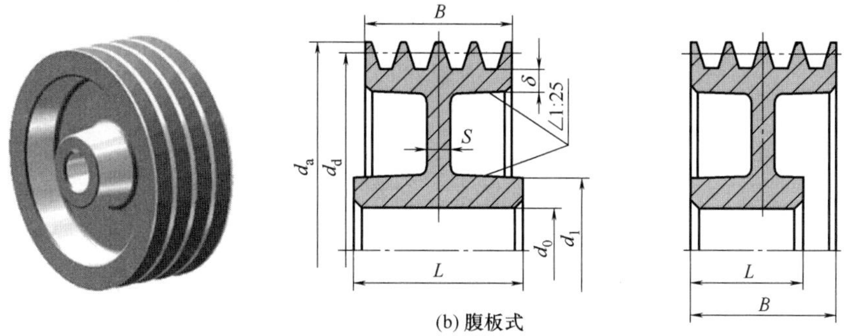

(b) 腹板式

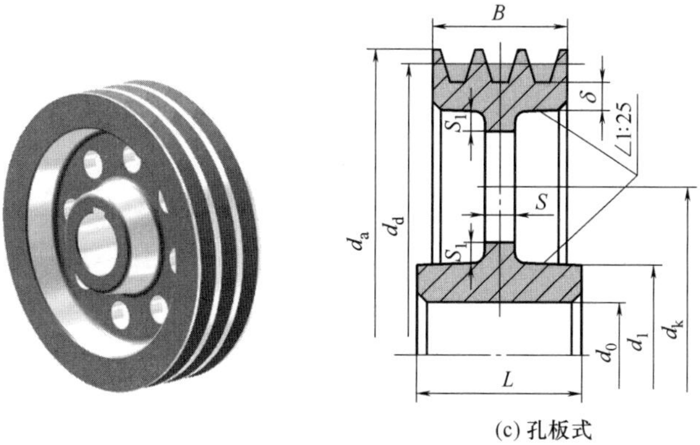

(c) 孔板式

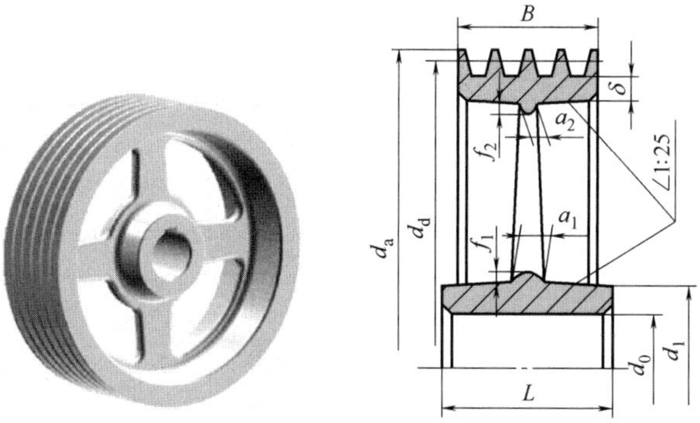

(d) 轮辐式

图 1-3-5　V 带轮结构

径，查相关技术手册确定。

V 带轮的材料常采用 HT150、HT200 等灰铸铁；传动速度较高时宜采用铸钢；小功率传动常采用铸铝或塑料。

五、带传动的张紧、使用与维护

1. 带传动的张紧

带传动在工作一段时间后，会因塑性变形而发生松弛，导致初拉力减小而降低带传动的传动能力，因此，必须采用适当的张紧装置，使其保持必要的初拉力。常用的张紧方法有以下两种：

(1) 调整中心距。图 1-3-6 (a) 所示是通过调节螺钉使带轮在滑轨上移动，增大中心距而实现张紧；图 1-3-6 (b) 所示是通过调节螺杆调节摆动架的摆动位置而增大中心距，以达到张紧的目的；图 1-3-6 (c) 是利用带轮的自重，使带轮与摆动架一起绕固定轴转动，自动调整中心距而实现张紧。

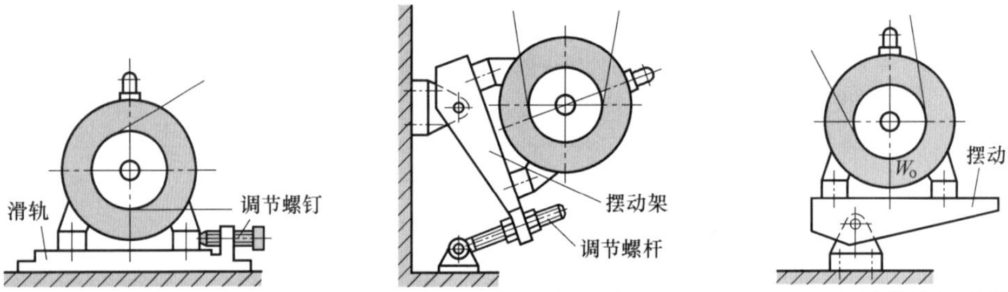

(a) 通过调节螺钉调整　(b) 通过调节螺杆调整　(c) 利用带轮的自重调整

图 1-3-6　调整中心距

(2) 使用张紧轮。当中心距不可调节时，可采用张紧轮将带张紧。对于 V 带传动张紧轮一般安装在松边内侧，使带只受到单向弯曲，同时张紧轮应靠近大带轮，以免小带轮包角减小过多，如图 1-3-7 所示。而对于平带传动，张紧轮一般是安装在松边外侧，同时张紧轮靠近小带轮，这样可以增大小带轮包角，提高其传动能力。

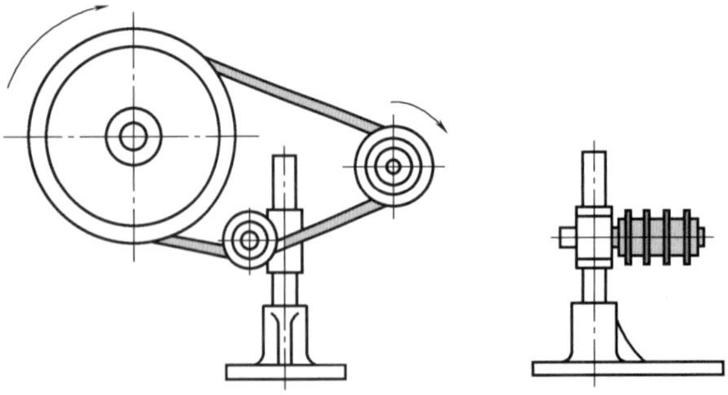

图 1-3-7　使用张紧轮

2. 带传动的使用与维护

正常的使用和维护是保证带传动正常工作、延长带使用寿命的有效措施，一般应注意以下几点：

(1) 选用 V 带时要注意型号和长度，要与带轮轮槽尺寸相符合，使 V 带在轮槽中有正确的位置，如图 1-3-8 所示。带的顶面与带轮外缘平齐，底面与槽底要有一定的间隙，以保证带两侧工作面与轮槽全部贴合。

(2) V 带的张紧程度要适当。过松，不能保证足够的张紧力，传动时易打滑，传动

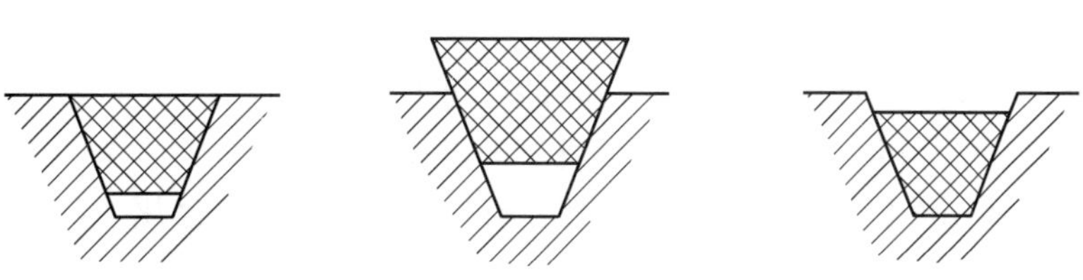

图 1-3-8 V 带在轮槽中的位置

能力不能充分发挥；过紧，带的张紧力过大，传动时磨损加剧，寿命缩短。实践证明，在中等中心距情况下，用大拇指能够将带按下15mm左右为宜，如图 1-3-9 所示。

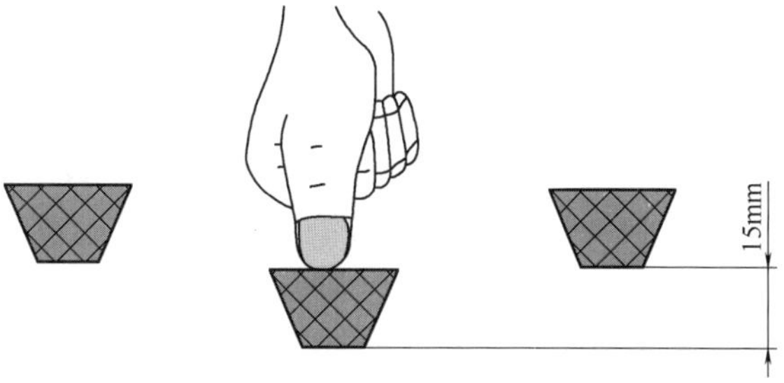

图 1-3-9 V 带的张紧程度

（3）使用中应对带做定期检查，发现有一根带松弛或损坏应全组更换新带，新旧带不能混用。旧带可通过测量，实际长度相同的，可组合在一起重新使用，以免造成浪费。

（4）带传动必须安装防护罩，以保证生产安全，同时也防止酸、碱、油等飞溅到带上影响传动。

第二节 链传动

一、链传动组成和特点

链传动是由主动链轮 1、从动链轮 3、绕在链轮上的链条 2 和机架组成（图 1-3-10），它是靠链条与链轮轮齿的啮合来传递运动和动力的。

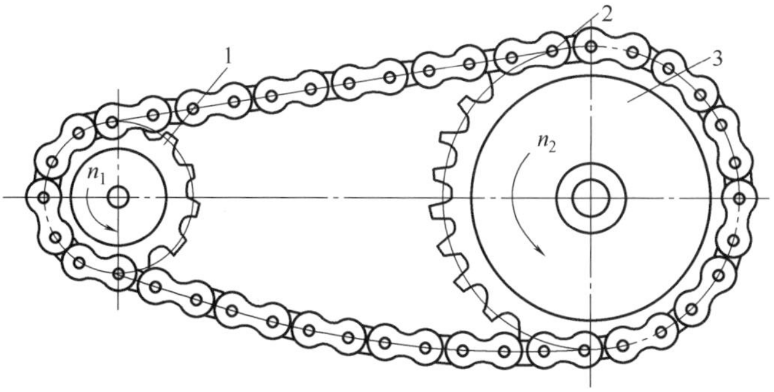

图 1-3-10 链传动

1—主动链轮 2—链条 3—从动链轮

链传动与其他传动相比，主要有以下特点：

（1）与带传动相比，无弹性滑动和打滑现象，故能保持准确的平均传动比、工作可靠。

（2）链传动不需要初拉力，工作时对轴的作用力较小。

（3）能在高温、多尘、油污等恶劣环境下工作。

（4）瞬时传动比不恒定，传动平稳性差，有冲击和噪声，不宜用于高速和急速反向的场合。

链传动适用于两轴线平行且中心距较大、瞬时传动比无严格要求以及工作环境恶劣的场合，广泛用于农业、矿山、石油化工及运输等各种机械中。

二、传动链的类型

用于传递运动和力的传动链，主要有滚子链和齿形链两种类型。

（1）滚子链。滚子链是由内链板 1、外链板 2、销轴 3、套筒 4 和滚子 5 组成，如图 1-3-11 所示。内链板、外链板与销轴分别通过过盈配合连接；而套筒与销轴、滚子与套筒之间为间隙配合。当链屈伸时，通过套筒绕销轴自由转动，可使内、外链节做相对转动；当链条与链轮啮合时，滚子与链轮齿面之间形成滚动摩擦，可减少链与轮齿的磨损。为了减轻链的重量，并使链板各截面的抗拉强度大致相等，内、外链板均制成“∞”字形。

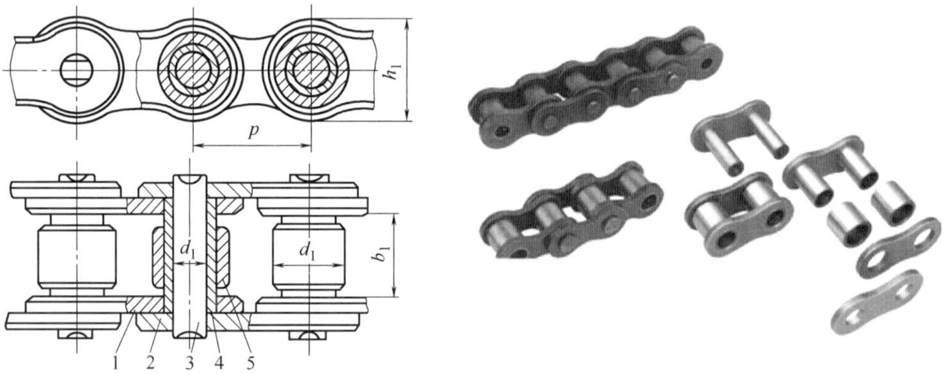

图 1-3-11 滚子链的结构

1—内链板 2—外链板 3—销轴 4—套筒 5—滚子

滚子链上相邻两销轴中心的距离称为链的节距，以 p 表示，是链条的主要参数。节距越大，链条各零件尺寸也就越大，所能传递的功率也越大，但其重量也随之增加。因此在传递较大动力时，若要求链传动的外廓尺寸较小，可采用多排链，如图 1-3-12 所示。多排链是由几排普通单排链用销轴联成，由于受制造精度的影响，各排链受载难以均匀，

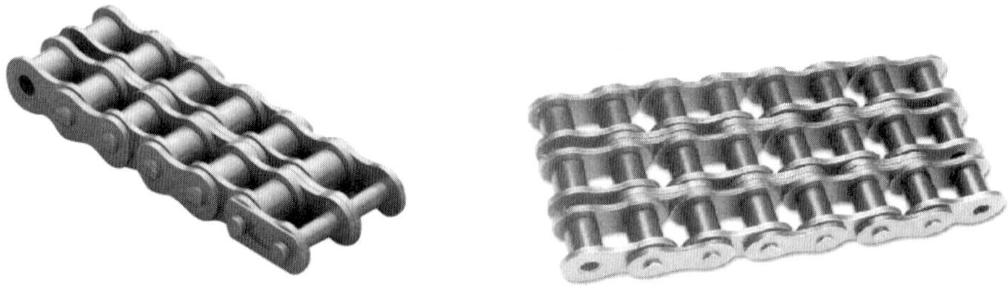

(a) 双排链 (b) 三排链

图 1-3-12 多排链

故排数不宜过多，一般不超过 4 排。

链条长度用链节数来表示。链节数最好为偶数，以便使接头处正好是内、外链板相接，接头处可用开口销［图 1-3-13（a）］或弹簧夹锁紧［图 1-3-13（b）］。若链节数为奇数，则必须采用过渡链节［图 1-3-13（c）］，过渡链节在链条工作时，其链板会产生附加弯曲应力，故应避免采用奇数链节。

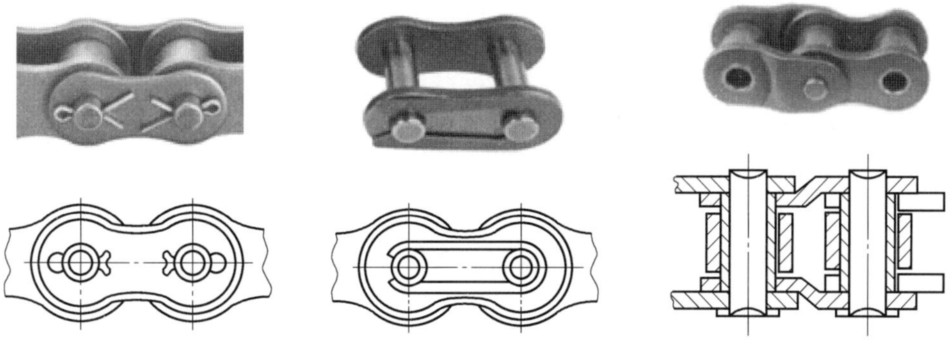

(a) 开口销　　(b) 弹簧夹　　(c) 过渡链节

图 1-3-13　滚子链的接头形式

（2）齿形链。如图 1-3-14 所示，齿形链由许多齿形链板铰接而成，与滚子链相比，齿形链具有传动平稳、噪声小，承受冲击载荷能力好等优点，但结构复杂、质量大、价格贵，故多用于高速（链速可达 40m/s）或运动精度较高的传动中。

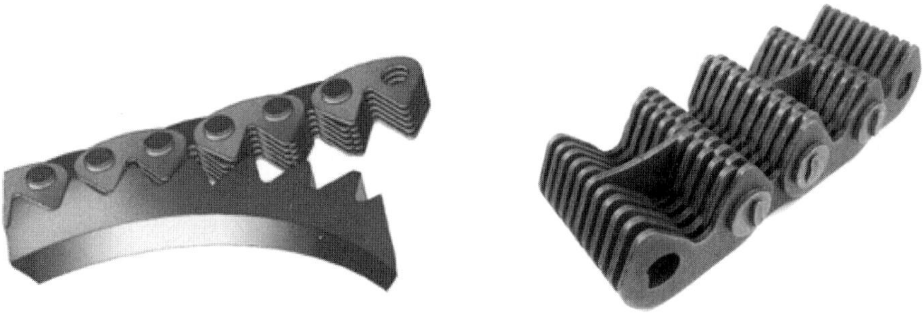

图 1-3-14　齿形链

第三节　齿轮传动

齿轮传动是依靠主、从动轮轮齿直接啮合来传递运动和动力的装置，它是现代机械中应用最广泛的一种机械传动。

一、齿轮传动的特点及分类

1. 齿轮传动的特点

与带传动、链传动等机械传动相比，齿轮传动主要有以下特点：

（1）适用的功率、速度和尺寸范围大。传递功率可以从很小至十几万 kW，速度最高可达 300m/s；齿轮直径可以从 1mm 至 150m 以上。

（2）可传递空间任意两轴之间的运动和动力。

（3）工作可靠、效率高、寿命长。

（4）瞬时传动比恒定，传动平稳。

齿轮传动的传动比可按公式（1-3-2）计算：

$$i_{12}=\frac{n_1}{n_2}=\frac{z_2}{z_1} \tag{1-3-2}$$

式中 n_1——主动轮的转速，r/min；

n_2——从动轮的转速，r/min；

z_1——主动轮的齿数；

z_2——从动轮的齿数。

（5）齿轮成批生产需要专用设备，制造成本高。

2. 齿轮传动的类型

齿轮传动的类型很多，按齿轮轴线间的位置关系和齿向不同，齿轮传动的分类如下：

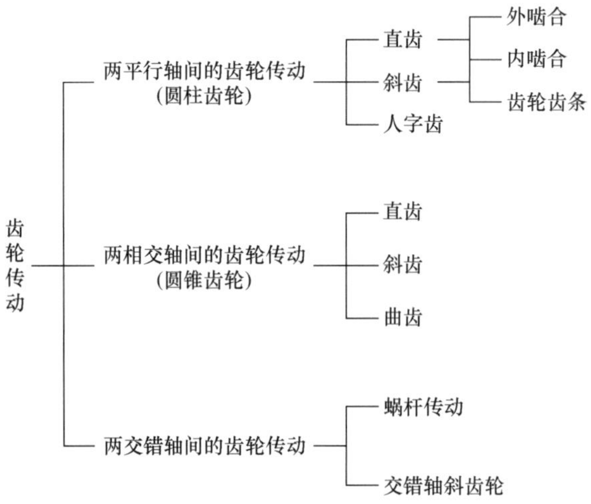

各种类型的齿轮传动的结构见图 1-3-15。

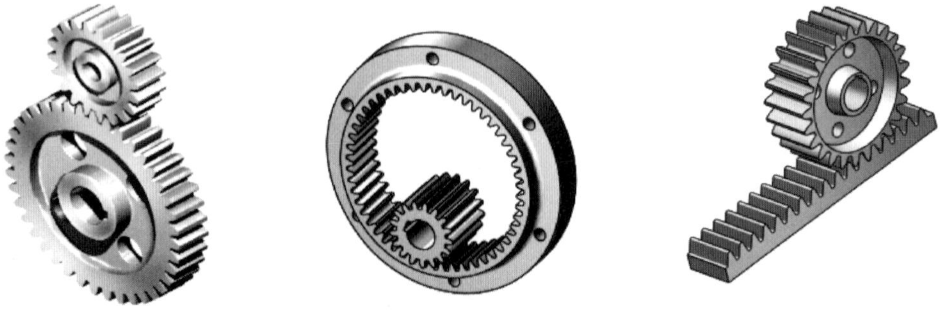

(a) 外啮合直齿圆柱齿轮传动　(b) 内啮合直齿圆柱齿轮传动　(c) 齿轮齿条传动

(d) 外啮合斜齿圆柱齿轮传动

(e) 人字齿轮传动

(f) 直齿圆锥齿轮传动

(g) 斜齿圆锥齿轮传动

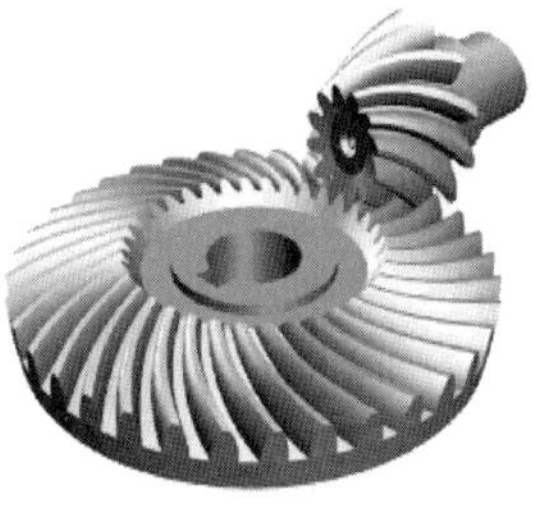

(h) 曲齿圆锥齿轮传动

(i) 交错轴斜齿轮传动

(j) 蜗杆传动

图 1-3-15　齿轮传动的类型

二、标准直齿圆柱齿轮的主要参数和尺寸计算

1. 齿轮各部分的名称

如图 1-3-16 所示为渐开线标准直齿圆柱齿轮的一部分，其各部分的名称与符号如下：

（1）齿顶圆。过齿轮各轮齿顶端的圆，其直径用 d_a 表示。

（2）齿根圆。过齿轮各轮齿根底部的圆，其直径用 d_f 表示。

（3）分度圆。为了设计、制造方便，在齿顶圆和齿根圆之间规定了一个圆，作为计算齿轮各部分尺寸的基准，分度圆直径用 d 表示。

（4）基圆。形成渐开线齿廓的圆，其直径用 d_b 表示。

（5）齿厚。在分度圆周上轮齿的两侧齿廓之间的弧长，用 s 表示。

（6）齿槽宽。在分度圆周上齿槽的两侧齿廓之间的弧长，用 e 表示。

（7）齿距。在分度圆周上相邻两轮齿同侧齿廓之间的弧长，用 p 表示；显然有

$$p=s+e \tag{1-3-3}$$

对于标准齿轮，齿厚 s 与齿槽宽 e 相等，因此有

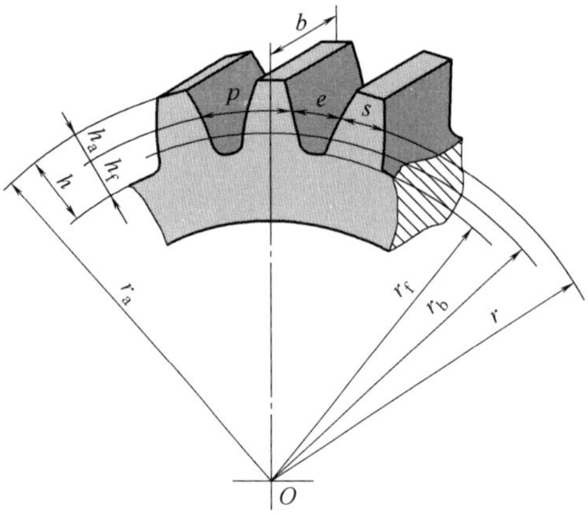

图 1-3-16 齿轮各部分名称

$$s=e=\frac{p}{2} \tag{1-3-4}$$

（8）齿顶高。齿顶圆与分度圆之间的径向距离，用 h_a 表示。

（9）齿根高。齿根圆与分度圆之间的径向距离，用 h_f 表示。

（10）全齿高。齿顶圆与齿根圆之间的径向距离，用 h 表示。显然有

$$h=h_a+h_f \tag{1-3-5}$$

2. 主要参数

（1）齿数 z。在齿轮整个圆周上轮齿的总数称为齿数，以 z 表示。在齿轮的模数一定时，齿数 z 越多，齿轮的几何尺寸越大。

（2）模数 m。将齿轮齿距 p 与 π 的比值称为模数，用 m 表示，即

$$m=\frac{p}{\pi} \tag{1-3-6}$$

为了计算和测量方便，规定模数为标准值，标准模数系列见表 1-3-4。

表 1-3-4　　渐开线齿轮的模数　　单位：mm

第一系列	1　1.25　1.5　2　2.5　3　4　5　6　8　10　12　16　20　25　32　40　50
第二系列	1.75　2.25　2.75　(3.25)　3.5　(3.75)　4.5　5.5　(6.5)　7　9　(11)　14　18　22　28　(30)　36　45

注：优先采用第一系列，括号内的模数尽可能不用。

模数是齿轮的重要参数，模数 m 越大，齿轮轮齿尺寸越大，承载能力也越强。不同模数的齿轮轮齿大小比较如图 1-3-17 所示。

（3）压力角 α。压力角是齿轮受力方向和运动方向的夹角。通常所说的齿轮压力角是指其分度圆上的压力角，用 α 表示。压力角已标准化，我国现行规定的标准压力角 $\alpha=20°$，其他国家常用的压力角除 20°外，还有 15°、14.5°等。

3. 几何尺寸计算

标准直齿圆柱齿轮的几何尺寸计算公式列于表 1-3-5。

表 1-3-5　　标准直齿圆柱齿轮几何尺寸计算公式

名称	符号	计算公式	
		外齿轮	内齿轮
齿距	p	$p=\pi m$	
齿厚	s	$s=p/2=\pi m/2$	
齿槽宽	e	$e=p/2=\pi m/2$	
顶隙	c	$c=c^{*}m$	
齿顶高	h_a	$h_a=h_a^{*}m$	
齿根高	h_f	$h_f=h_a+c=m(h_a^{*}+c^{*})$	

续表

名称	符号	计算公式	
		外齿轮	内齿轮
全齿高	h	$h=h_a+h_f=m(2h_a^*+c^*)$	
分度圆直径	d	$d=mz$	
齿顶圆直径	d_a	$d_a=d+2h_a=m(z+2h_a^*)$	$d_a=d-2h_a=m(z-2h_a^*)$
齿根圆直径	d_f	$d_f=d-2h_f=m(z-2h_a^*-2c^*)$	$d_f=d+2h_f=m(z+2h_a^*+2c^*)$
基圆直径	d_b	$d_b=mz\cos\alpha$	
标准中心距	a	$a=\frac{d_1}{2}+\frac{d_2}{2}=\frac{m}{2}(z_1+z_2)$	$a=\frac{d_2}{2}-\frac{d_1}{2}=\frac{m}{2}(z_2-z_1)$

注：标准齿轮是指模数、压力角、齿顶高系数、顶隙系数都是标准值，且分度圆上的齿厚等于齿槽宽的齿轮。

表 1-3-5 中的顶隙 c，是指一对齿轮啮合时一齿轮顶与另一齿轮根之间的径向距离，如图 1-3-18 所示。顶隙可防止齿轮在传动过程中一齿轮的齿顶与另一齿轮的齿根发生顶撞，并能储存润滑油以利于齿轮传动。

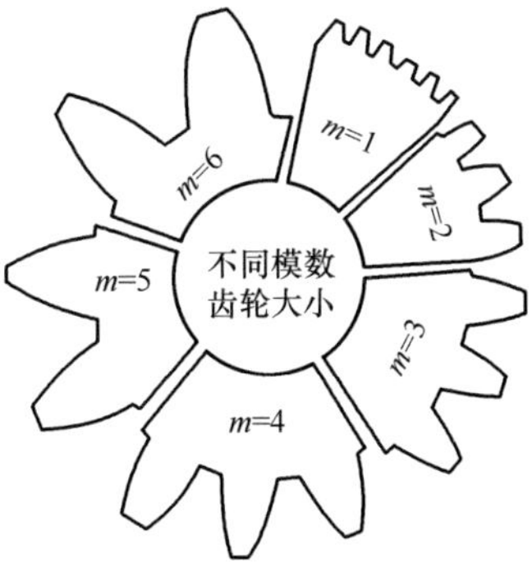

图 1-3-17　不同模数的齿轮轮齿比较

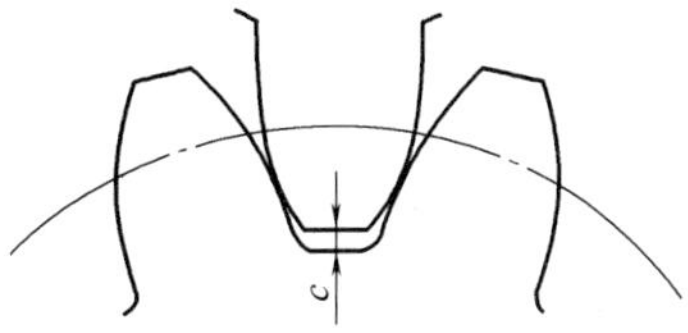

图 1-3-18　齿轮顶隙

按标准规定，顶隙 c 以及齿顶高 h_a 分别按式（1-3-7）、式（1-3-8）确定：

$$c=c^*m \tag{1-3-7}$$

$$h_a=h_a^*m \tag{1-3-8}$$

式中　c^*——顶隙系数；

h_a^*——齿顶高系数。

齿顶高系数和顶隙系数在国标中已规定了标准值：

标准正常齿：$h_a^*=1$，$c^*=0.25$

标准短齿：$h_a^*=0.8$，$c^*=0.3$

另外，一对齿轮按标准安装时，两齿轮的分度圆是相切的，如图 1-3-19 所示，因此对于外啮合传动，其标准中心距：

$$a=\frac{d_1}{2}+\frac{d_2}{2}=\frac{m}{2}(z_1+z_2) \tag{1-3-9}$$

【例 1-3-1】 某汽车变速箱中的一标准直齿圆柱齿轮（正常齿制、外齿轮），测得其齿顶高 $h_a=2.492$mm，齿轮齿数 $z=28$，试确定齿轮的模数 m，并计算齿轮的齿距 p、分

度圆直径 d、齿顶圆直径 d_a、齿根圆直径 d_f 和全齿高 h。

解：由 $h_a = h_a^* m$ 得：

$$m = \frac{h_a}{h_a^*} = \frac{2.492}{1} = 2.492\ (\text{mm})$$

查表 1-3-4，确定齿轮模数：$m = 2.5$（mm）

齿距：$p = \pi \cdot m = 3.14 \times 2.5 \approx 7.85$（mm）

分度圆直径：$d = m \cdot z = 2.5 \times 28 = 70$（mm）

齿顶圆直径：$d_a = m(z + 2h_a^*) = 2.5 \times (28 + 2 \times 1) = 75$（mm）

齿根圆直径：$d_f = m(z - 2h_a^* - 2c^*) = 2.5 \times (28 - 2 \times 1 - 2 \times 0.25) = 63.75$（mm）

全齿高：$h = m(2h_a^* + c^*) = 2.5 \times (2 \times 1 + 0.25) = 5.625$（mm）

4. 标准直齿圆柱齿轮正确啮合的条件

如图 1-3-20 所示，一对渐开线直齿轮在传动时，每一对轮齿啮合一段时间便要分开，由后一对齿轮接替。为了保证每对齿轮都能正确地进入啮合，要求前一对齿轮在 K' 点接触时，后一对齿轮要在 K 点正常接触。由图看出，只有当两轮相邻两齿的同侧齿廓法向齿距相等，即 $K_1K_1' = K_2K_2'$，才能保证两齿轮正确啮合。

由渐开线的性质可知 KK' 等于齿轮的基圆齿距 p_b，因此必须满足：

$$p_{b1} = p_{b2}$$

且

$$p_b = p\cos\alpha = \pi m\cos\alpha$$

由于齿轮模数和压力角已标准化，所以得到正确啮合条件为：

$$\begin{cases} m_1 = m_2 = m \\ \alpha_1 = \alpha_2 = \alpha \end{cases}$$

即渐开线标准直齿圆柱齿轮正确啮合的条件是两齿轮的模数压力角分别相等。

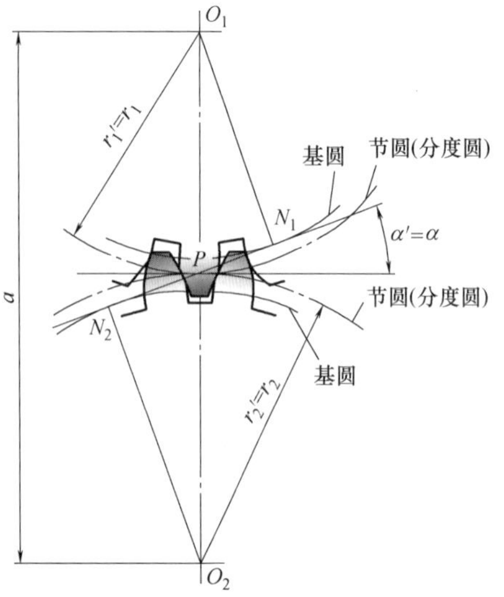

图 1-3-19 标准中心距

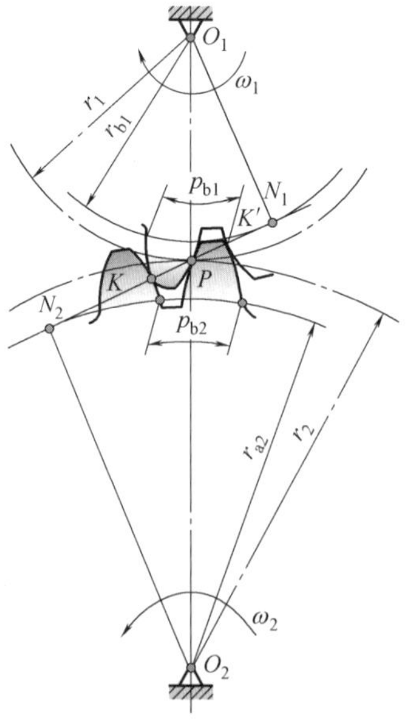

图 1-3-20 齿轮正确啮合条件

三、斜齿圆柱齿轮和圆锥齿轮简介

1. 斜齿圆柱齿轮传动

（1）斜齿圆柱齿轮传动的特点。从图 1-3-20 可以看出，圆柱齿轮传动轮齿间是以点相接触，而且在啮合过程中，接触点的位置会沿齿廓不断改变，当然齿轮都有一定的宽度，因此实际上轮齿间的接触是一系列直线。

直齿圆柱齿轮的齿线方向与轴线平行，齿面接触线是与轴线平行的直线，如图 1-3-21（a）所示。接触线的长度在任意位置都是相等的，在啮合开始或终了的瞬间时，一对齿轮突然地沿整个齿宽同时进入啮合或同时脱离啮合，即轮齿上的力是突然加上、突然卸掉，从而在高速传动中会引起冲击、振动，传动不够平稳。

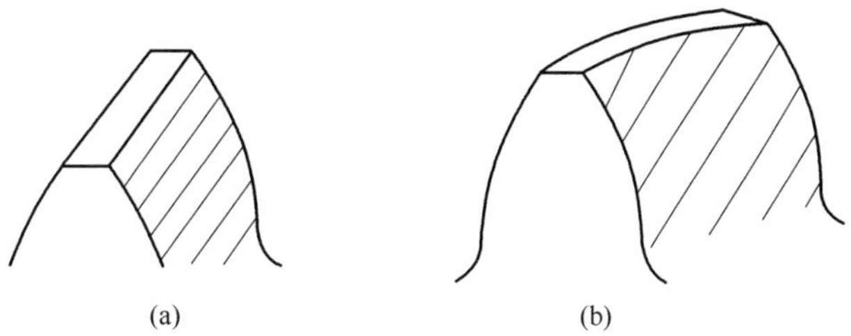

图 1-3-21　圆柱齿轮传动的接触线

斜齿圆柱齿轮的轮齿是倾斜的，因此齿面接触线与轴线不平行，如图 1-3-21（b）所示。齿面接触线长度随啮合位置而变化，即接触长度由短变长，然后又由长变短，直至脱离啮合，所以斜齿圆柱齿轮是逐渐进入和逐渐脱离啮合的，齿轮上所受的力不具有突变性，传动平稳。

因此与直齿圆柱齿轮传动相比，斜齿圆柱齿轮传动有如下特点：

① 传动平稳，冲击和噪声小，适于高速传动。

② 承载能力强，适于在重载情况下工作。

③ 传动时会产生轴向力。

（2）斜齿圆柱齿轮的主要参数。

① 螺旋角。螺旋角反映轮齿的倾斜程度。将斜齿轮沿分度圆柱面展开，如图 1-3-22 所示，图中阴影部分表示分度圆齿厚，空白处表示齿槽宽，轮齿的齿向线与轴线所夹的锐角称为螺旋角 β。β 越大，传动越平稳，但轴向力会越大，通常取 $\beta=8°\sim20°$。

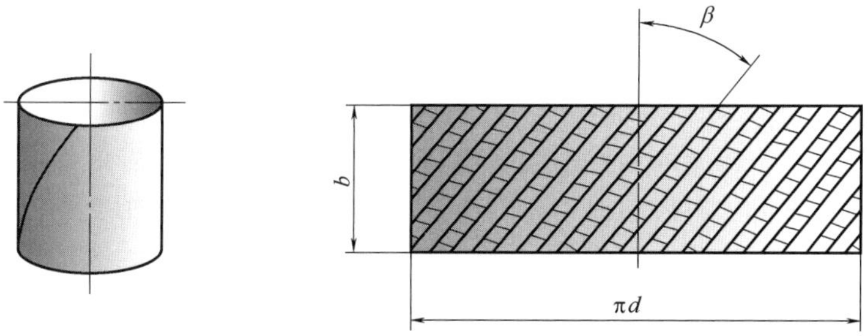

图 1-3-22　斜齿圆柱齿轮展开图

斜齿圆柱齿轮按轮齿的旋向不同可分为左旋和右旋两种，如图 1-3-23 所示。旋向的判别方法：齿轮竖直放置，若轮齿螺旋线右高左低为右旋，反之左高右低则为左旋。

② 模数和压力角。由于轮齿的倾斜，斜齿圆柱齿轮端面上的齿形与垂直于轮齿方向

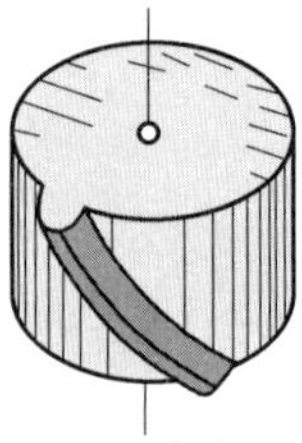

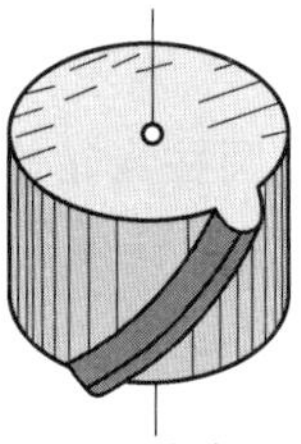

图 1-3-23 斜齿圆柱齿轮的旋向

的齿形不同。如图 1-3-24 所示，垂直于轴线的平面，称为端平面（t-t）；垂直于轮齿的平面，称为法平面（n-n）。

斜齿圆柱齿轮的参数有端面参数和法面参数之分，即有法面模数 m_n 和端面模数 m_t、法面压力角 α_n 和端面压力角 α_t。用铣刀或滚刀加工斜齿轮时，是沿着螺旋齿槽方向进刀，即进刀方向垂直于法面，因此标准规定法面参数为标准值。

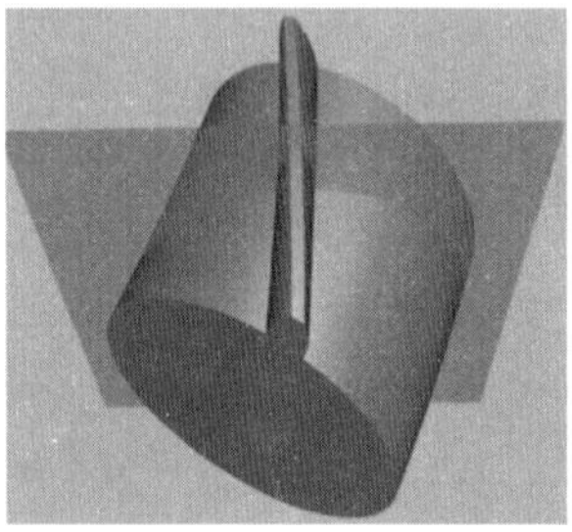

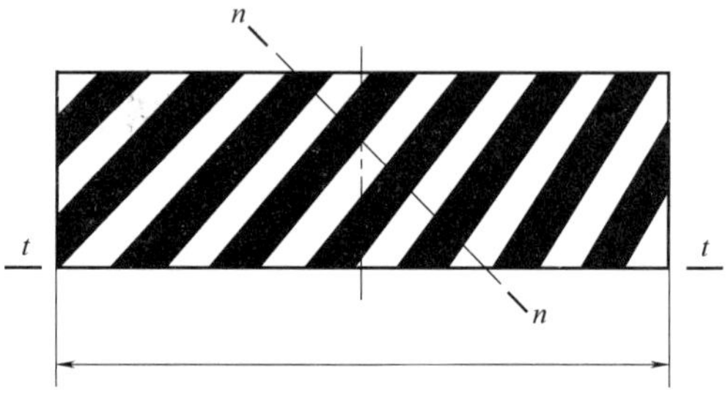

图 1-3-24 斜齿轮的端面和法面

（3）斜齿圆柱齿轮正确啮合的条件。为保证斜齿圆柱齿轮正确啮合传动，除像直齿圆柱齿轮那样保证两齿轮的模数、压力角相等外，两齿轮的螺旋角还应匹配，对于外啮合传动，两齿轮的螺旋角应大小相等，方向相反。因此，外啮合斜齿圆柱齿轮传动的正确啮合条件为：

$$\begin{cases} m_{n1}=m_{n2}=m_n & \text{法面模数相等} \\ \alpha_{n1}=\alpha_{n2}=\alpha_n & \text{法面压力角相等} \\ \beta_1=-\beta_2 & \text{螺旋角大小相等,旋向相反} \end{cases}$$

2. 直齿圆锥齿轮传动

圆锥齿轮传动用于传递两相交轴之间的运动和动力。两轴的夹角可由传动要求确定。圆锥齿轮的轮齿分直齿、斜齿和曲齿，在生产中广泛应用的是两轴交角 $\Sigma=90°$ 的直齿圆锥齿轮传动，如图 1-3-25 所示，其轮齿均匀分布在锥面上，齿形一端大一端小。为计算和测量方便，圆锥齿轮的尺寸和参数以大端为标准，即规定大端的模数和压力角为标准值。

对于标准直齿圆锥齿轮传动，正确啮合的条件为两齿轮大端的模数和压力角分别相等，即

$$\begin{cases} m_1=m_2=m \\ \alpha_1=\alpha_2=20° \end{cases}$$

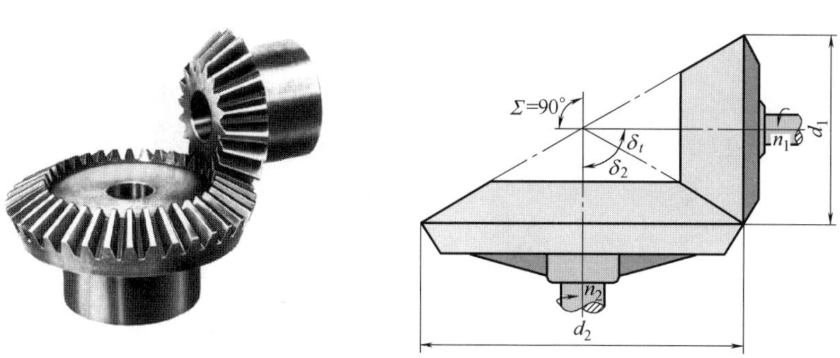

图 1-3-25　直齿圆锥齿轮传动

第四节　蜗杆传动

一、蜗杆传动的组成和特点

蜗杆传动通常由蜗杆 1、蜗轮 2 和机架组成，如图 1-3-26 所示，蜗杆的齿形为连续的螺旋线，蜗轮在齿宽方向呈凹曲状且轮齿方向与轴线不平行。蜗杆传动一般以蜗杆为主动件，用来传递两交错轴之间的运动和动力，通常两轴垂直交错，即轴交角 $\Sigma=90°$。

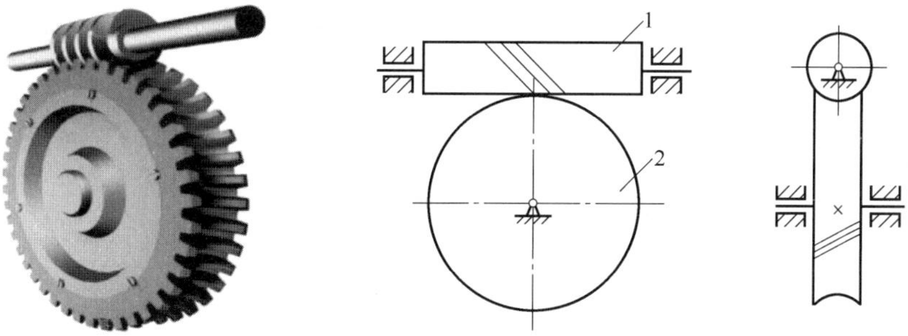

(a) 实物图　　(b) 简图

图 1-3-26　蜗杆传动

1—蜗杆　2—蜗轮

根据蜗杆的形状不同，蜗杆传动可分为圆柱蜗杆传动、环面蜗杆传动和圆锥蜗杆传动，如图 1-3-27 所示，其中圆柱蜗杆传动制造简单，应用最广。

与其他类型的齿轮传动相比，蜗杆传动的主要特点是：

(1) 传动比大，结构紧凑。用于传递动力时，一般传动比 $i=10\sim100$，用于传递运动时 i 可达 1000。

(2) 传动平稳，噪声低。由于蜗杆齿是连续的螺旋齿，所以蜗杆传动连续、平稳。

(3) 具有自锁性。当蜗杆的导程角小于轮齿间的当量摩擦角时，蜗杆传动具有自锁性，即只能由蜗杆带动蜗轮，而无法由蜗轮作为主动件带动蜗杆。

(4) 传动效率较低。在啮合传动时，蜗杆与蜗轮的轮齿间存在较大的相对滑动速度，因此摩擦损耗大、传动效率低且易发热，蜗杆传动效率一般为 0.7～0.8，具有自锁性能

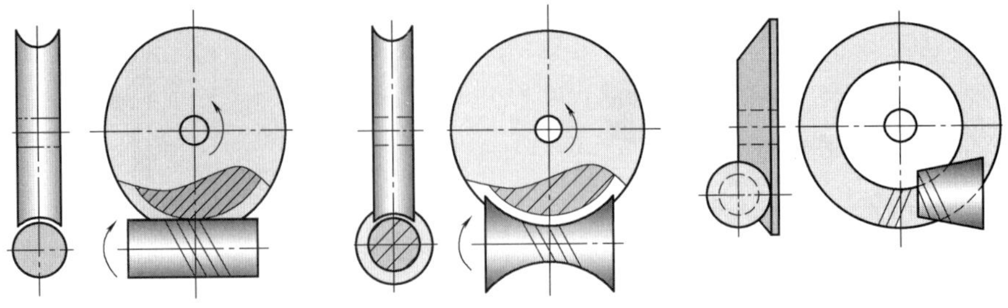

(a) 圆柱蜗杆传动　　(b) 环面蜗杆传动　　(c) 锥面蜗杆传动

图 1-3-27　蜗杆传动的类型

时，效率低于 0.5。所以，蜗杆传动不适于传递大功率的场合。

（5）制造成本较高。为了减少摩擦，蜗轮常采用贵重的减摩材料（如青铜）制造，成本较高。

二、蜗杆传动的基本参数

1. 模数和压力角

如图 1-3-28 所示，将垂直蜗轮轴线且通过蜗杆轴线的平面称为蜗杆传动的中间平面。在中间平面内，蜗杆与蜗轮的啮合相当于齿轮与齿条的啮合，因此蜗杆传动的设计计算都是以中间平面的参数和尺寸为依据，标准规定蜗杆、蜗轮在中间平面的模数和压力角为标准值。

显然，蜗杆与蜗轮要正确啮合，在中间平面内两者的模数、压力角应分别相等，即蜗杆的轴向模数 m_{a1} 应等于蜗轮的端面模数 m_{t2}，蜗杆的轴向压力角 α_{a1} 应等于蜗轮的端面压力角 α_{t2}。当两轴交错角 $\Sigma=90°$时，蜗杆的导程角 γ_1 还应等于蜗轮的螺旋角 β_2。

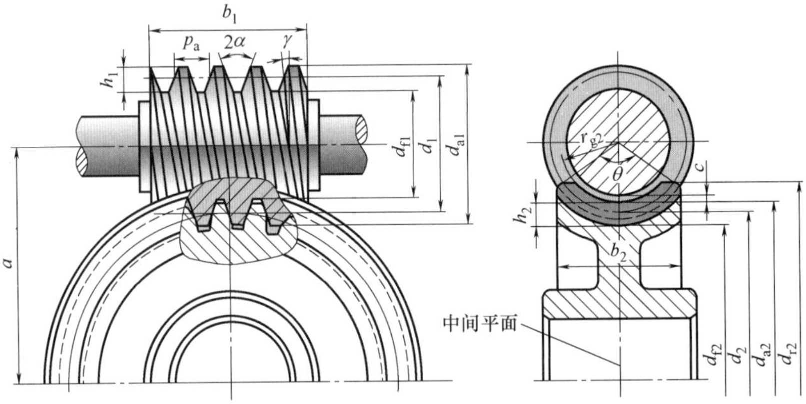

图 1-3-28　蜗杆传动的主要参数

2. 蜗杆头数 z_1 和传动比 i_{12}

蜗杆头数 z_1 即蜗杆螺旋线数目。单头蜗杆（$z_1=1$）传动比较大，并有利于实现反程自锁；而多头蜗杆则效率更高，但加工难度增加，因此 z_1 通常为 1、2、4、6。

蜗杆传动的传动比 i_{12} 等于蜗轮齿数与蜗杆头数之比，即

$$i_{12}=\frac{n_1}{n_2}=\frac{z_2}{z_1} \tag{1-3-10}$$

式中 n_1——蜗杆的转速，r/min；

n_2——蜗轮的转速，r/min；

z_1——蜗杆的头数；

z_2——蜗轮的齿数。

3. 蜗杆导程角 γ

蜗杆导程角 γ 是蜗杆分度圆柱上螺旋线的切线与蜗杆端面之间的夹角。如图 1-3-29 所示，将蜗杆沿其分度圆柱面展开，蜗杆分度圆柱导程角 γ 可按图示几何关系推导而得：

$$\tan\gamma=\frac{z_1 p_{a1}}{\pi d_1}=\frac{z_1 \pi m}{\pi d_1}=\frac{z_1 m}{d_1} \tag{1-3-11}$$

式中 z_1——蜗杆头数；

p_{a1}——蜗杆轴向齿距，mm；

m——蜗杆的模数，mm；

d_1——蜗杆的分度圆直径，mm。

导程角 γ 越大，传动效率越高，但 γ 过大则蜗杆制造困难，因此通常取 $\gamma<30°$。

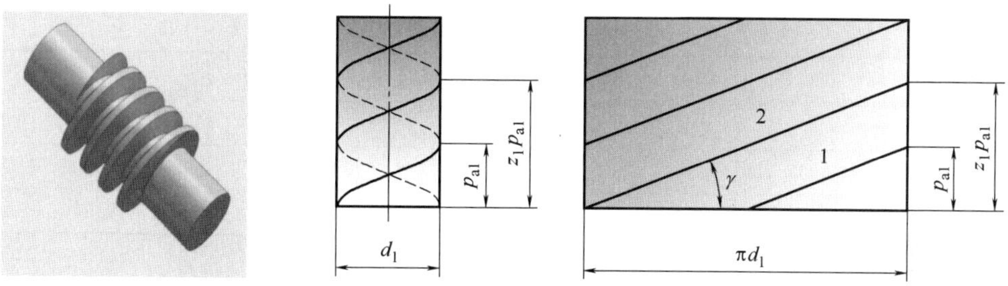

图 1-3-29 蜗杆导程角

同螺杆一样，按螺旋线方向不同，蜗杆也有左旋和右旋之分，旋向的判别方法与螺杆和斜齿轮相同，也可采用右手定则，即：伸右手，手心面向自己，四指沿着蜗杆的轴线方向，若螺旋线方向与拇指指向一致则为右旋，反之则为左旋，如图 1-3-30 所示。

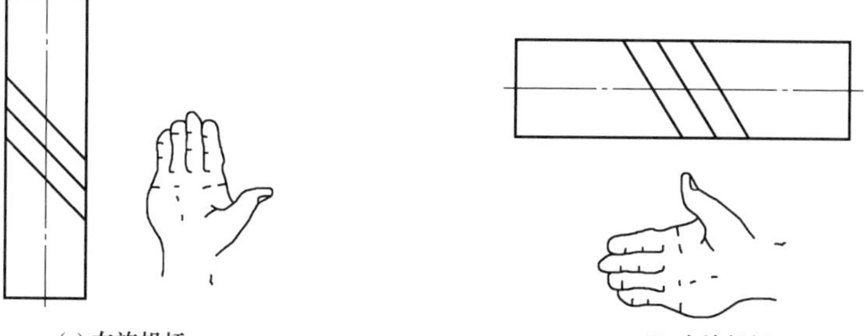

(a) 左旋蜗杆 (b) 右旋蜗杆

图 1-3-30 右手定则判断蜗杆的旋向

4. 蜗杆直径系数

由式 1-3-11 可得，蜗杆的分度圆直径

$$d_1=\frac{z_1}{\tan\gamma}m \tag{1-3-12}$$

为了保证蜗杆蜗轮的正确啮合，加工蜗轮的滚刀的尺寸应与相啮合的蜗杆尺寸相同。从式 1-3-12 可看出，加工同一模数的蜗轮，蜗杆的头数 z_1、导程角 γ 不同，刀具的尺寸就要不一样，就需要配备很多把滚刀。为了减少刀具数目，便于刀具标准化，规定除了蜗杆分度圆直径 d_1 必须取标准值外，还引入了蜗杆直径系数 q，它等于蜗杆头数与蜗杆导程角正切值的比值，即

$$q=\frac{z_1}{\tan\gamma} \tag{1-3-13}$$

由此蜗杆的分度圆直径计算公式为：

$$d_1=mq \tag{1-3-14}$$

规定蜗杆直径系数 q 必须取标准值，蜗杆模数 m、直径系数 q 和分度圆直径 d_1 的部分值见表 1-3-6。

表 1-3-6　　普通圆柱蜗杆的模数、直径系数和分度圆直径值（部分）

m/mm	1	1.25		1.6		2		2.5		3.15	
q	18	16.0	17.92	12.5	17.5	11.2	17.75	11.2	18	11.27	17.778
d_1/mm	18	20	22.4	20	28	22.4	35.5	28	45	35.5	56
m/mm	4		5		6.3		8		10		12.5
q	10	17.75	10	18	10	17.778	10	17.5	9	16	8.96
d_1/mm	40	71	50	90	63	112	80	140	90	160	112

三、蜗杆、蜗轮的材料

由于蜗杆传动中齿面存在较大的滑动，摩擦损耗大，选择蜗杆和蜗轮材料组合时，不但要求有足够的强度，而且要有良好的减摩、耐磨和抗胶合的能力。实践表明，较理想的蜗杆副材料是青铜蜗轮齿圈匹配淬硬磨削的钢制蜗杆。

1. 蜗杆材料

蜗杆一般用优质碳素钢或合金钢制造。对高速重载的传动，蜗杆常用 20Cr、20CrMnTi 等低碳合金钢，经渗碳淬火后表面硬度至 HRC56～62；对中速中载传动，蜗杆常用 45 钢、40Cr 等中碳钢，表面经淬火后硬度至 HRC45～55；对一般低速轻载蜗杆可采用 45 钢调质处理。

2. 蜗轮材料

常用的蜗轮材料为锡青铜（ZCuSn10Pb1、ZCuSn5Pb5Zn5）、铝青铜 ZCuAl10Fe3 及灰铸铁 HT150、HT200 等。锡青铜的抗胶合、减摩及耐磨性能最好，但价格较高，常用于滑动速度较大（$v_s \geqslant 5$m/s）的重要传动；铝青铜机械强度高，价格便宜，但抗胶合及耐磨性能不如锡青铜，一般用于中等滑动速度（2m/s$<v_s<$5m/s）的传动；灰铸铁机械强度低、抗冲击能力差，常用于低速轻载传动（$v_s \leqslant 2$m/s）。

第五节　轮　　系

前面讨论了一对齿轮啮合传动，它是齿轮传动中最简单的形式。在实际应用中，为了获得大的传动比、实现变速与换向、实现运动的合成与分解等，单对齿轮传动无法满足使用的要求，这就需采用多对齿轮传动。这种由一系列相互啮合的齿轮所组成的传动系统，称为齿轮系，简称轮系。

一、轮系的分类

按轮系各齿轮轴线的位置是否固定，可分为定轴轮系和周转轮系两大类。

1. 定轴轮系

所有齿轮轴线的位置都是固定的轮系，如图 1-3-31 所示，齿轮 1 与齿轮 2 的轴线Ⅰ、齿轮 3 与齿轮 4 的轴线Ⅱ的位置都是固定不动的。

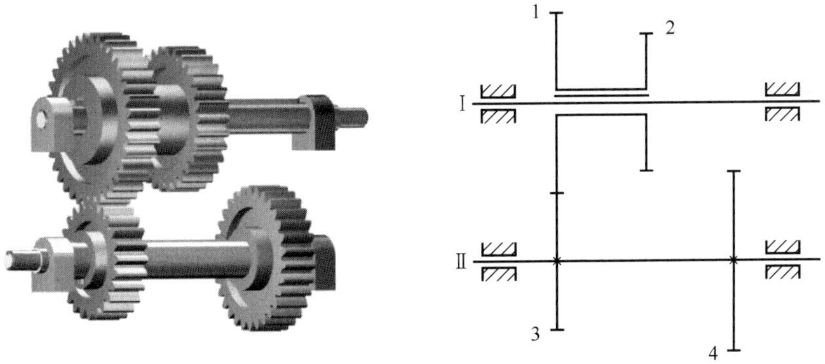

图 1-3-31　定轴轮系

2. 周转轮系

轮系中至少有一个齿轮轴线的位置不固定，而是绕其中一个齿轮的固定轴线转动的轮系，如图 1-3-32 所示。齿轮 2 的几何轴线 O_1 不固定，它要绕几何轴线 O 转动。齿轮 2 既要绕自身几何轴线 O_1 转动，又绕固定几何轴线 O 转动，如同自然界的行星一样，既有自转又有公转，所以称为行星轮；支承行星轮做自转和公转的构件 H 称为行星架；齿轮 1 与齿轮 3 的轴线固定不动，称为太阳轮。

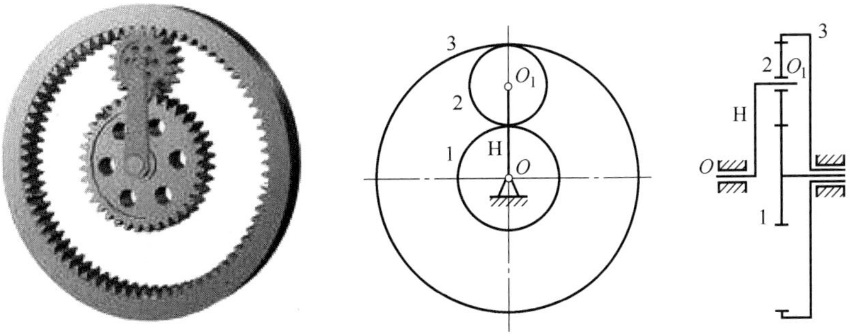

图 1-3-32　周转轮系

二、定轴轮系的运动分析

1. 单对齿轮传动的转向关系

（1）外啮合圆柱齿轮传动。外啮合圆柱齿轮传动中两齿轮转向相反，在图中通常用直线箭头来标示，箭头指向表示齿轮可见侧的圆周速度方向，如图 1-3-33 所示。

（2）内啮合圆柱齿轮传动。内啮合圆柱齿轮传动中两齿轮转向相同，如图 1-3-34 所示。

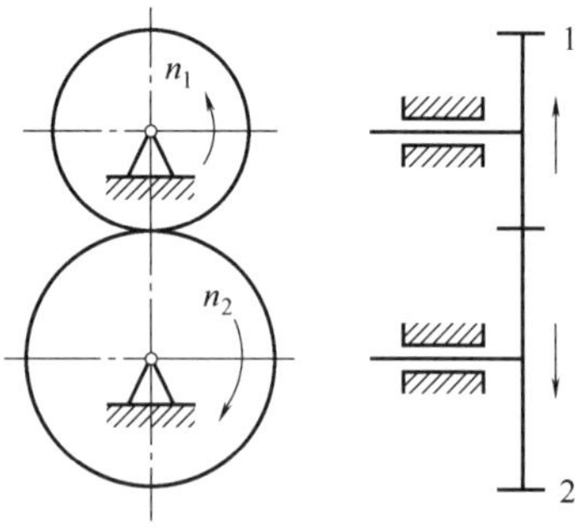

图 1-3-33　外啮合圆柱齿轮传动

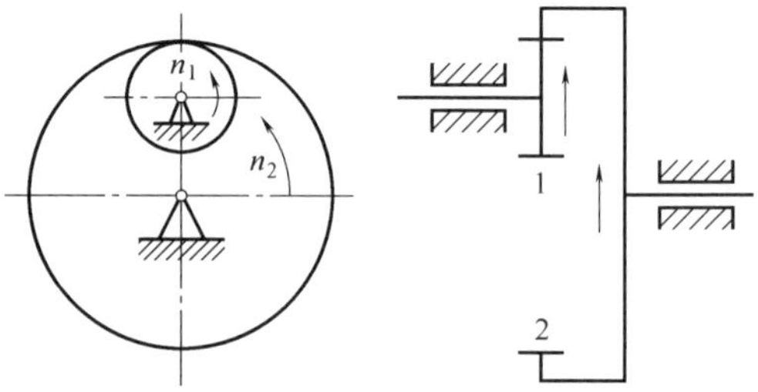

图 1-3-34　内啮合圆柱齿轮传动

（3）圆锥齿轮传动。圆锥齿轮传动中两齿轮的转向关系：转向箭头同时指向或同时背离节点，如图 1-3-35 所示。

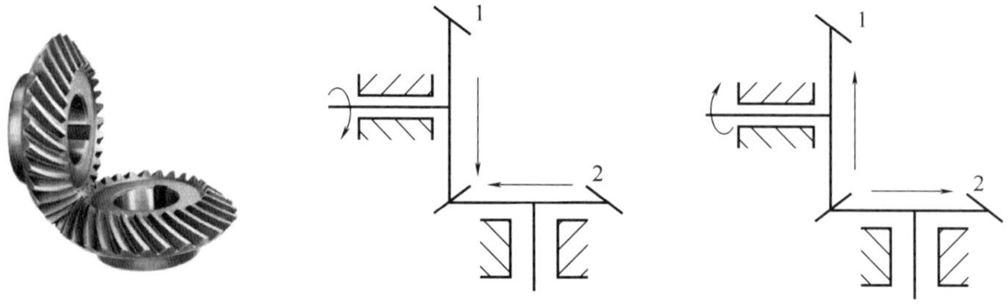

图 1-3-35　圆锥齿轮传动

（4）蜗杆传动。蜗杆与蜗轮的转向关系用左右手定则判断，如图 1-3-36 所示：左旋伸左手，右旋伸右手，半握拳，四指顺着蜗杆回转方向，与大拇指指向相反方向即为蜗轮节点的速度方向。

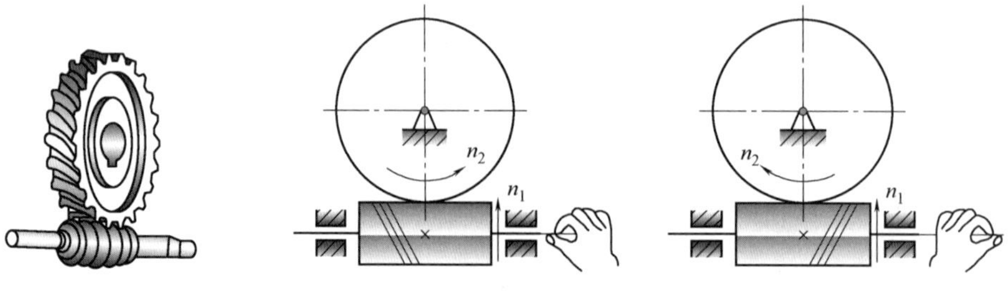

图 1-3-36　蜗杆传动的转向判断

蜗杆、蜗轮的旋向可用右手定则判别（图 1-3-30）。

2. 定轴轮系的传动比

轮系中首末两轮的转速之比，称为轮系传动比。

如图 1-3-37（a）所示定轴轮系，齿轮 1 为首轮、齿轮 5 为末轮，现分析该轮系传动比 i_{15} 的计算方法。齿轮 1 的运动是通过轮系中各对齿轮传递至齿轮 5 的，i_{15} 应该与这些齿轮传动的传动比有关，这里先写出各对齿轮的传动比

$$i_{12}=\frac{n_1}{n_2}=\frac{z_2}{z_1}$$

$$i_{2'3}=\frac{n_{2'}}{n_3}=\frac{z_3}{z_{2'}}$$

$$i_{34}=\frac{n_3}{n_4}=\frac{z_4}{z_3}$$

$$i_{4'5}=\frac{n_{4'}}{n_5}=\frac{z_5}{z_{4'}}$$

因齿轮 2 和 2′、齿轮 4 和 4′是同轴关系，则有：$n_2=n_{2'}$、$n_4=n_{4'}$。我们将以上四式连乘，可得：

$$i_{12}i_{2'3}i_{34}i_{4'5}=\frac{n_1}{n_2}\cdot\frac{n_{2'}}{n_3}\cdot\frac{n_3}{n_4}\cdot\frac{n_{4'}}{n_5}=\frac{z_2}{z_1}\cdot\frac{z_3}{z_{2'}}\cdot\frac{z_4}{z_3}\cdot\frac{z_5}{z_{4'}}$$

$$=\frac{n_1}{n_5}=i_{15}$$

从上式可以看出，轮系传动比 i_{15} 等于轮系中各级齿轮传动比的乘积，也等于各对啮合齿轮从动齿数的连乘积与各主动齿数的连乘积之比。另外式中分子、分母均有齿轮 3 的齿数 z_3，这是因数齿轮 3 在与齿轮 2′啮合时是从动轮，而在与齿轮 4 啮合时又为主动轮。显然齿轮 3 的齿数不影响轮系传动比的大小，而只是改变末端齿轮的转向，这种齿轮称为惰轮。

把上式推广至一般定轴轮系：若轮系首、末两轮分别为齿轮 1 和齿轮 k，则轮系传动比大小的计算式为

$$i_{1k}=\frac{n_1}{n_k}=\frac{\text{从齿轮1到齿轮}k\text{之间所有从动齿数的连乘积}}{\text{从齿轮1到齿轮}k\text{之间所有主动齿数的连乘积}} \tag{1-3-15}$$

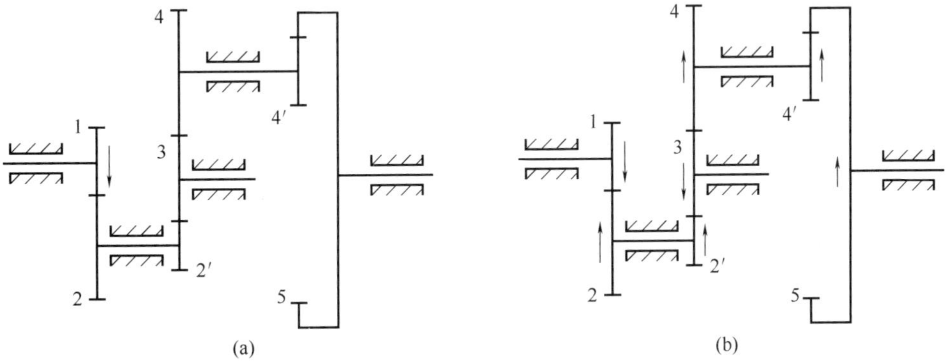

图 1-3-37　定轴轮系的运动分析

3. 齿轮转向的确定

首末轮转向可用标注箭头法确定，即从首端齿轮开始逐个判断、逐个标注。如图 1-3-37（b）

所示，根据齿轮 1 的转向箭头，可逐个判断出，齿轮 5 的转向箭头向上。

对于所有轴线都平行的轮系，即所有齿轮均为圆柱齿轮的轮系，还可采用 $(-1)^m$ 判断，m 为外啮合齿轮的对数。若 m 为奇数对，$(-1)^m$ 为负值，则首末轮转向相反；若 m 为偶数对，$(-1)^m$ 为正值，则首末轮转向相同。

【例 1-3-2】 如图 1-3-38（a）所示轮系，已知各齿轮齿数 $z_1=16$，$z_2=24$，$z_2'=30$，$z_3=30$，$z_4=32$，蜗杆为双头，齿轮 1 转速 $n_1=1200\text{r/min}$，试求蜗轮 4 的转速和转动方向。

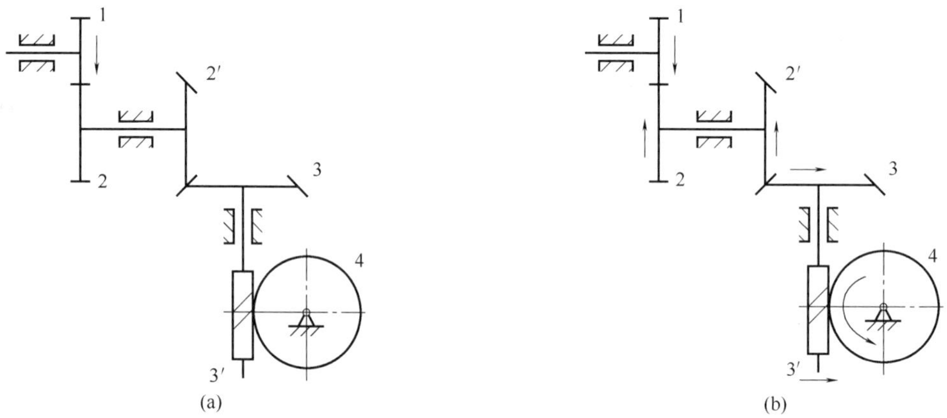

图 1-3-38 【例 1-3-2】图

解：（1）计算轮系传动比

$$i_{14}=\frac{n_1}{n_4}=\frac{z_2}{z_1}\cdot\frac{z_3}{z_{2'}}\cdot\frac{z_4}{z_{3'}}=\frac{24\times30\times32}{16\times30\times2}=24$$

（2）计算蜗轮转速

$$n_4=\frac{n_1}{i_{14}}=\frac{1200}{24}=50\ (\text{r/min})$$

（3）判断蜗轮转向

用标注箭头法判断，如图 1-3-38（b）所示，蜗轮转向为逆时针转动。

【思考与练习】

（1）带传动常用的类型有哪几种？各有什么特点？

（2）普通 V 带有哪几种型号？压印在 V 带上的标记“B1950”是什么意思？

（3）在多根 V 带传动中，当一根带疲劳断裂时，应如何更换？为什么？

（4）带传动张紧的目的是什么？若采用张紧轮张紧，张紧轮布置在什么位置较为合理？

（5）与带传动相比，链传动有哪些特点？主要用于何种场合？

（6）按齿轮轴线的位置关系和齿形的不同，齿轮传动可分为哪些类型？

（7）与直齿圆柱齿轮相比，斜齿圆柱齿轮有何特点？常用于哪种场合？

（8）直齿圆柱齿轮、斜齿圆柱齿轮、圆锥齿轮传动的正确啮合条件分别是什么？

（9）与其他类型的齿轮传动相比，蜗杆传动有哪些特点？

(10) 一齿轮传动，主动齿轮齿数 $z_1=30$，从动齿轮齿数 $z_2=75$，试计算传动比 i_{12}。若主动轮的转速 $n_1=1500\text{r/min}$，试计算从动齿轮转速 n_2。若齿轮模数 $m=2.5\text{mm}$，试计算小齿轮的分度圆直径 d_1、齿距 p 和全齿高 h。

(11) 已知一标准直齿圆柱齿轮的齿数 $z=30$，测得齿根圆直径 $d_f=194\text{mm}$，试确定齿轮模数 m，并计算分度圆直径 d、齿顶圆直径 d_a、齿距 p 和齿厚 s。

(12) 已知一标准直齿圆柱齿轮传动，其中心距 $a=250\text{mm}$，主动轮的齿数 $z_1=20$，模数 $m=5\text{mm}$，转速 $n_1=750\text{r/min}$，试求从动轮的齿数 z_2，传动比 i_{12}，转速 n_2，分度圆的直径 d_2，齿根圆直径 d_{f2} 和齿距 p。

(13) 如图所示轮系中，已知 $z_1=22$，$z_2=21$，$z_3=66$，$z_{3'}=26$，$z_4=30$，$z_{4'}=20$，$z_5=76$，$n_1=1440\text{r/min}$，试计算齿轮 5 转速 n_5，并判断其转向。

(14) 如图所示轮系中，已知 $z_1=20$，$z_2=48$，$z_3=20$，$z_4=23$，$z_5=25$，$z_6=24$，$z_7=32$，齿轮 1 转速 $n_1=1400\text{r/min}$，试计算齿轮 7 的转速，并判断其转向。

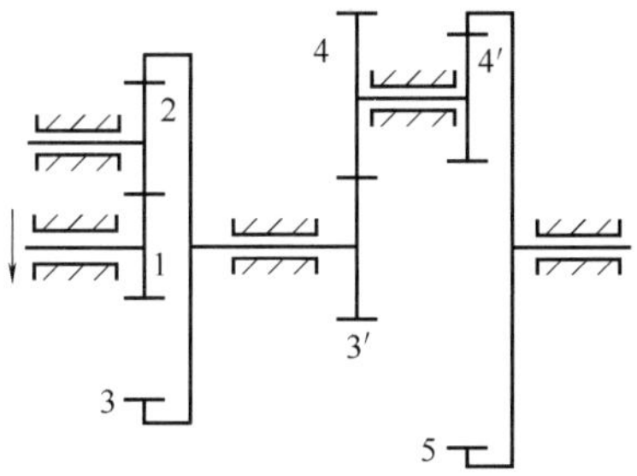

题（13）图

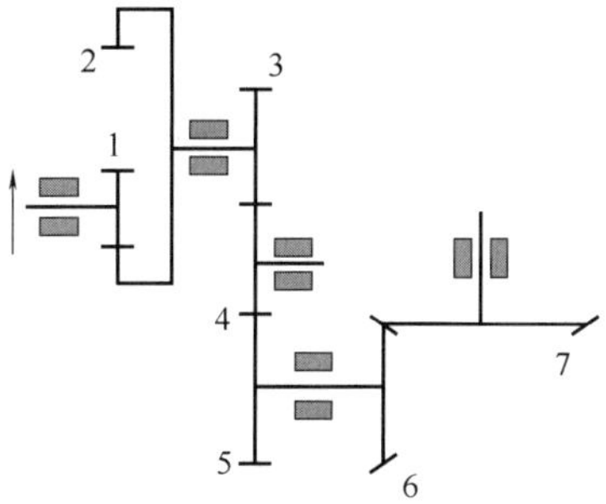

题（14）图

(15) 如图所示轮系中，已知 $z_1=20$，$z_2=36$，$z_{2'}=24$，$z_3=48$，$z_{3'}=20$，$z_4=24$，$z_6=20$，单头蜗杆，$n_1=950\text{r/min}$，试计算蜗轮 6 的转速，并判断其转向。

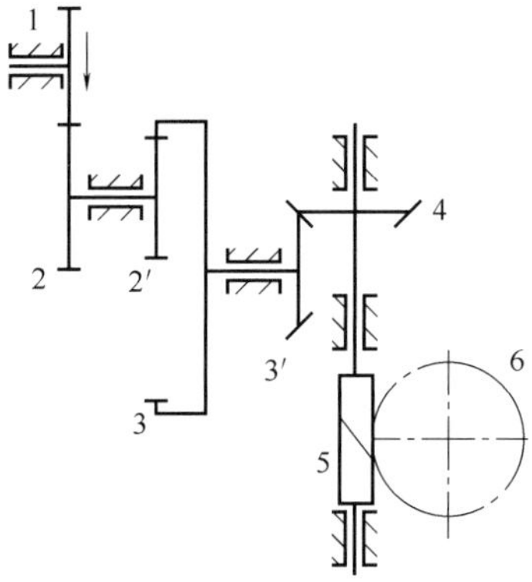

题（15）图

第四章

4

机械零件

自从出现机械，就有了相应的机械零件。机械零件又称机械元件，是机器的基本组成要素，是组成机械和机器的不可分拆的单个制件，也是机械制造过程中的基本单元。零件的种类很多，结构形状也千差万别，本章主要就一些常用的通用零件进行介绍。

第一节　轴

轴是机械设备中的重要零件之一，它的主要功用是用来支承做回转运动的传动零件（如齿轮、带轮、链轮等），以传递运动和转矩。轴上各个零件需要彼此连接，它们的性能相互影响，所以轴及轴上零部件统称为轴系零部件。

一、轴的分类

根据轴的承载性质不同可将轴分为转轴、心轴、传动轴三类。工作时既承受弯矩又承受转矩的轴称为转轴，如图 1-4-1 所示的一级圆柱齿轮减速器的低速轴。转轴是机器中最常用的轴，通常简称为轴。用来支承转动零件，只承受弯矩而不传递转矩的轴称为心轴。心轴有固定心轴与旋转心轴两种。固定心轴工作时不转动，轴上承受的弯曲应力是不变的，如图 1-4-2 所示的自行车的前轮轴等。旋转心轴工作时随转动件一起转动，轴上承受的弯曲应力按对称循环的规律变化，如图 1-4-3 所示的铁路机车的轮轴。主要用于传递转矩而不承受弯矩，或所承受的弯矩很小的轴称为传动轴，如图 1-4-4 所示为汽车中连接变速箱与后桥之间的轴。

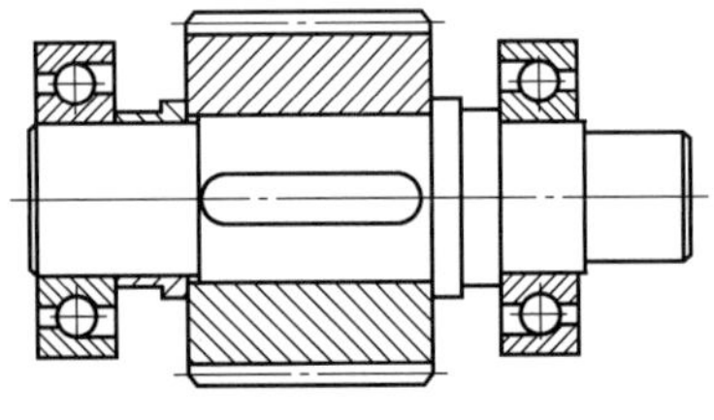

图 1-4-1　减速器低速轴

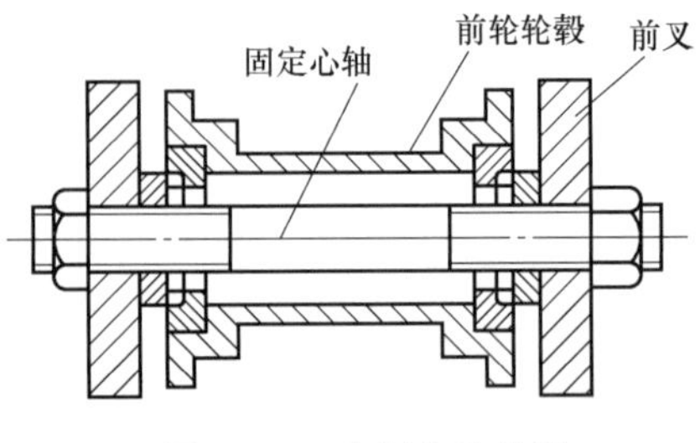

图 1-4-2　自行车前轮轴

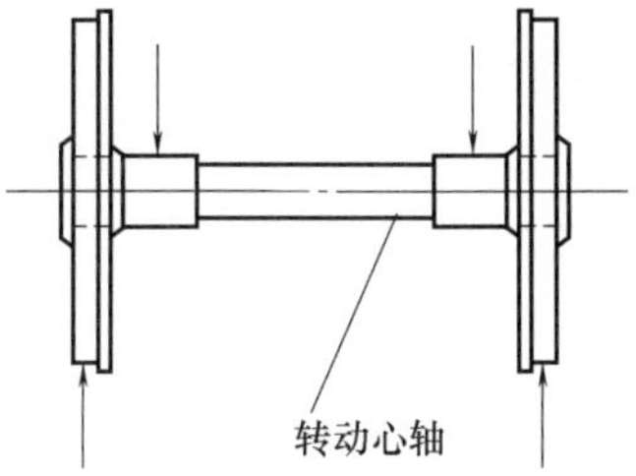

图 1-4-3　铁路机车轮轴

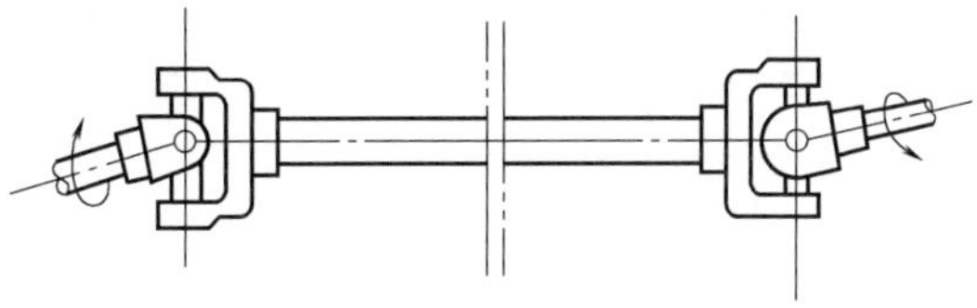

图 1-4-4　汽车传动轴

根据曲线的形态不同，轴又可分为直轴（图 1-4-5）、曲轴（图 1-4-6）和挠性钢丝轴（图 1-4-7），其中后两种轴属于专用零件。

直轴按其外形的不同又可分为光轴［图 1-4-5（a）］和阶梯轴［图 1-4-5（b）］两种。光轴形状简单、加工容易、应力集中源少，主要用于传动轴。阶梯轴各轴段截面的直径不同，这种设计使轴段的强度相近，而且便于轴上零件的装拆和固定，因此阶梯轴在机器中的应用最为广泛。

(a) 光轴　(b) 阶梯轴

图 1-4-5　直轴

图 1-4-6　曲轴

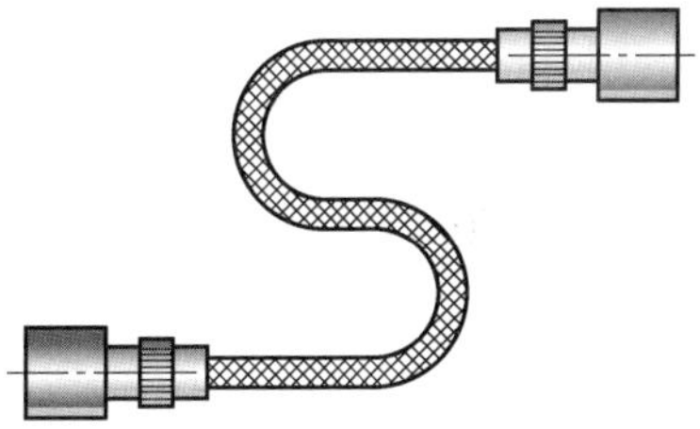

图 1-4-7　挠性钢丝轴

二、轴的材料及选择

轴的材料主要采用碳素钢和合金钢。轴的毛坯一般采用碾压件和锻件，很少采用铸件。由于碳素钢比合金钢成本低，且对于应力集中的敏感性较小，所以得到广泛的应用，常用材料见表 1-4-1。

常用的碳素钢有 30、35、40、45、50 钢等，其中最常用的为 45 钢。为保证轴材料的机械性能，应对轴材料进行调质或正火处理。轴受载荷较小或用于不重要的场合时，可采用普通碳素钢，如 Q235A、Q275 等作为轴的材料。

合金钢具有较高的机械性能，可淬火性也较好，可以在传递大功率、要求减轻轴的质量和提高轴颈耐磨性时采用，如 20Cr、40Cr 等。

轴也可以采用合金铸铁或球墨铸铁制造，其毛坯是铸造成型的，所以易于得到更合理的形状。合金铸件和球墨铸铁的吸振性高，可用热处理方法提高材料的耐磨性，材料对应力集中的敏感性也较低，但是铸造轴的质量不易控制，可靠性较差。

表 1-4-1　　轴的常用材料及其部分力学性能

材料牌号	热处理方法	毛坯直径 d/mm	硬度（HBS）	抗拉强度极限 σ_b/MPa	屈服极限 σ_s/MPa	弯曲疲劳极限 σ_{-1}/MPa	应用说明
Q235A				440	240	200	用于不重要或载荷较小的轴
Q275			190	520	280	220	用于不很重要的轴
35	正火		143～187	520	270	250	用于一般轴
45	正火	≤100	170～217	600	300	275	用于较重要的轴，应用最为广泛
45	调质	≤200	217～255	650	360	300	
40Cr	调质	≤100	241～286	750	550	350	用于载荷较大，而无很大冲击的轴
35SiMn 45SiMn	调质	≤100	229～286	800	520	400	性能接近于 40Cr，用于中、小型轴
40MnB	调质	≤200	241～286	750	500	335	性能接近 40Cr，用于重要的轴
35CrMo	调质	≤100	207～269	750	550	390	用于重载荷的轴
20Cr	渗碳淬火回火	≤60	表面硬度 HRC 56～62	650	400	280	用于要求强度、韧性及耐磨均较好的轴

三、轴的结构

如图 1-4-8（a）所示为某圆柱齿轮减速器的低速轴系，由齿轮 1、轴承 2、轴 3、联轴器 4 等零部件组成。轴通常由轴头、轴颈、轴身、轴肩和轴环等部分组成。安装轮毂（传动零件）的轴段称为轴头；与轴承配合处的轴段称为轴颈；其他的轴段统称为轴身；把轴颈的变化处称为轴肩或轴环，如图 1-4-8（b）所示。

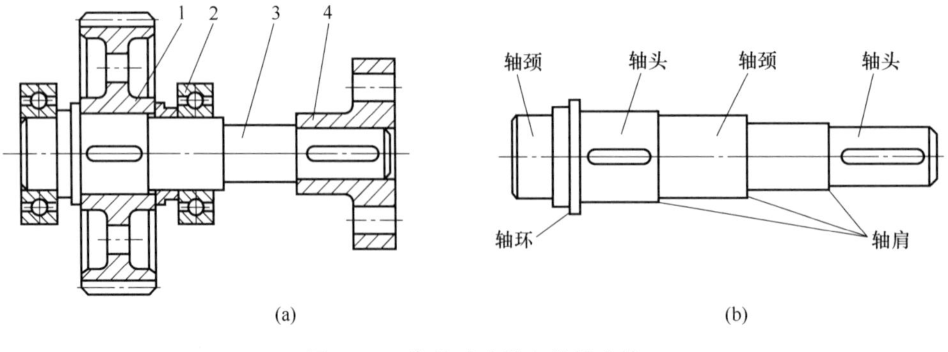

图 1-4-8　齿轮减速器中的低速轴

1—齿轮　2—轴承　3—轴　4—联轴器

轴的结构和形状取决于下面几个因素：轴的毛坯种类；轴上作用力的大小及其分布情

况；轴上零件的位置、配合性质以及连接固定的方法；轴承的类型、尺寸和位置；轴的加工方法、装配方法及其他特殊要求。

1. 零件在轴上的固定

零件在轴上的固定或连接方式随零件的作用而异。固定的方法不同，轴的结构也就不同。一般情况下，为了保证零件在轴上的工作位置固定，应在轴向和周向对零件加以固定。

(1) 轴上零件的轴向定位与固定。零件在轴上应沿轴向准确地定位和可靠地固定，以使其具有确定的安装位置并能承受轴向力而不产生轴向位移。

常用的轴向固定方法有利用轴肩、轴环、圆锥面，以及采用圆螺母、轴套及轴端挡圈等零件进行定位和固定。轴上零件的轴向定位和固定方法主要取决于轴向力的大小。当零件所受轴向力大时，常用轴肩、轴环、过盈配合等方式；受中等轴向力时，可用套筒、圆螺母、轴端挡圈、圆锥面和圆锥销钉等方式；所受的轴向力较小时，可用弹簧挡圈、挡环、紧定螺钉等方式。选择时还应考虑轴的制造及零件装拆的难易、所占位置的大小、对轴强度的影响等因素。

用轴肩或轴环轴向固定零件具有结构简单、定位可靠和能够承受较大轴向力的特点。为了保证轴上零件的端面能紧靠定位面，轴肩的内圆角半径 r 应小于零件上的外圆角半径 R 或倒角 C。R 和 C 的尺寸可查有关的设计手册。一般取轴肩高度 $h=R\ (C)+(0.5\sim2)$mm，轴环宽度 $b\approx1.4h$，如图 1-4-9 所示。

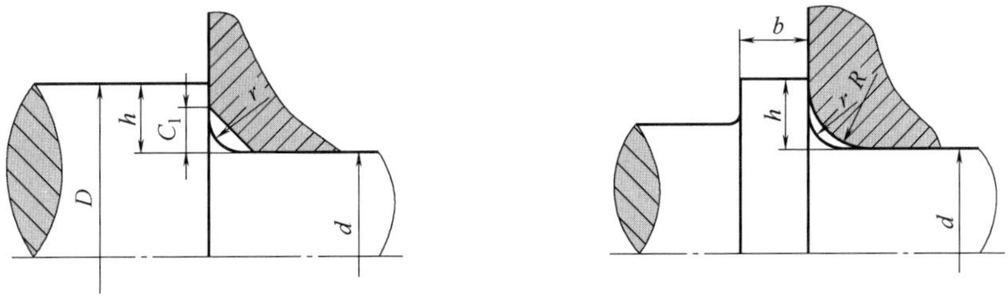

图 1-4-9　轴肩定位

用轴肩或轴环固定零件时，常需采用其他附件来防止零件向另一方向移动，如图 1-4-10 中轴承的内圈是采用圆螺母，图 1-4-11 中齿轮 1 是采用轴套 3 作为另一方向的轴向固定。

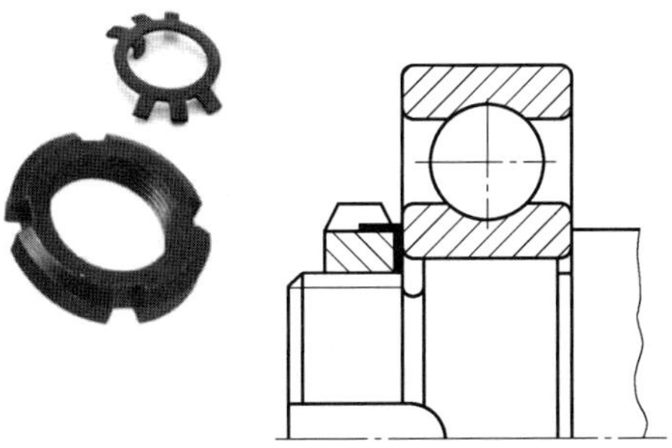

图 1-4-10　圆螺母固定

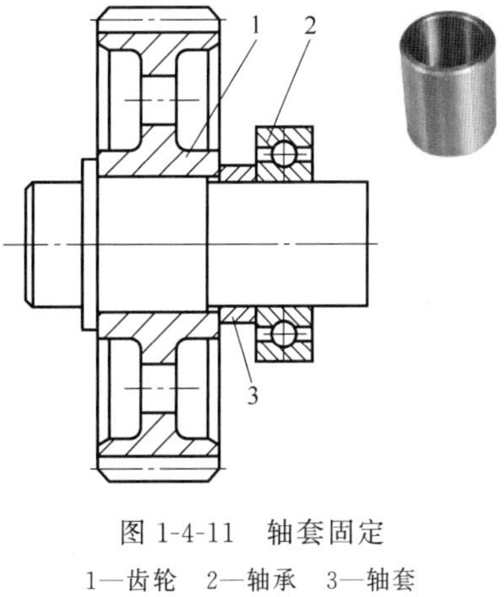

图 1-4-11　轴套固定
1—齿轮　2—轴承　3—轴套

用圆螺母固定通常用在轴的中部或端部，具有装拆方便、固定可靠和能承受较大轴向力的优点，其缺点是需要在轴上切制螺纹，会影响轴的强度。为防止圆螺母松脱，常采用双螺母或一个螺母加止动垫圈。

轴套又称为套筒，用其作轴向固定零件时，主要依靠已确定位置的零件来作轴向固定，适用于相邻两零件间距离较小的场合。若零件间距离较大，会使轴套过长，增加材料用量和轴部件质量。

采用圆螺母和轴套进行轴向固定时，为了使零件轴向固定可靠，应使零件的宽度大于与之相配合的轴段长度，一般两者的差取 2～3mm。

如图 1-4-12 所示为采用弹性挡圈作轴向固定。这种固定方法结构简单、装拆方便，但能承受的轴向力较小，而且要求切槽尺寸保持一定的精度，以免出现弹性挡圈与被固定零件间存在间隙或弹性挡圈不能装入切槽的现象。

如图 1-4-13 所示为采用紧定螺钉作轴向固定。这种固定方法多用于光轴上零件的固定，主要防止轴上零件偶然产生轴向滑动。

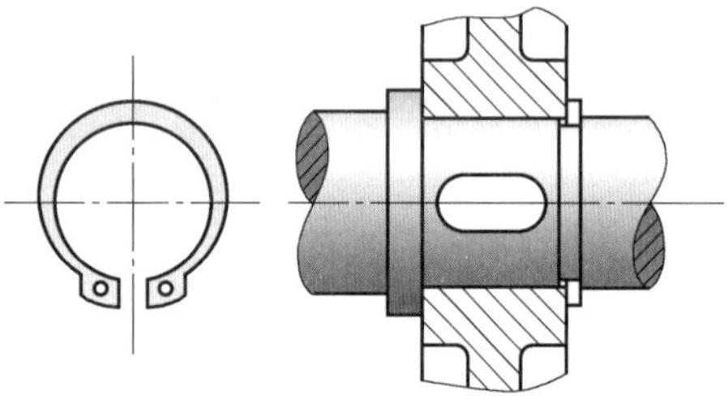

图 1-4-12 弹性挡圈固定

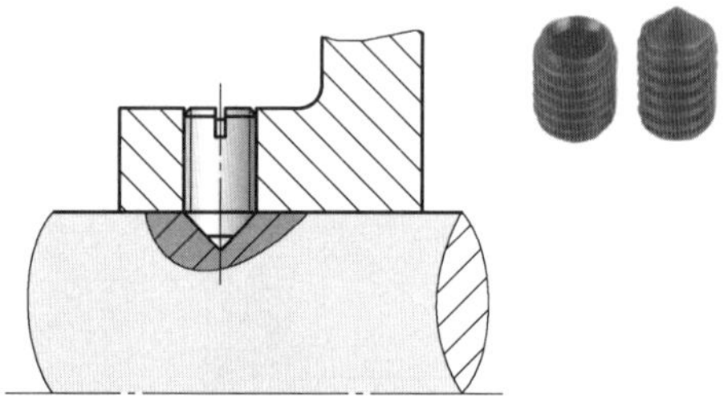

图 1-4-13 紧定螺钉固定

（2）轴上零件的周向固定。为了传递运动和转矩，防止轴上零件与轴做相对转动，轴和轴上零件必须可靠地实现周向固定。常用的周向固定的方法有键连接、花键连接和过盈配合等。如图 1-4-8 所示的轴系，齿轮周向固定是采用平键连接，轴承内圈的周向固定则是采用的过盈配合。轴上零件的周向固定方法主要根据传递转矩的大小和性质、轮毂和轴的对中精度要求、加工的难易等因素来决定。

平键连接做周向固定，结构简单，制造容易，拆装方便，对中性好，能传递较大的转矩。相对而言，花键连接做周向固定，则具有较高的承载能力和对中性好，但制造成本较高。

过盈配合是通过零件与轴之间的摩擦力来传递转矩，这种连接结构简单，对轴的强度削弱小，对中性好，有较好的抗冲击性能。过盈量不大时，一般用压入法装配。当过盈量较大时，常采用温差法装配，即加热轴上零件或冷却轴，利用材料的热胀冷缩现象以减小过盈量甚至形成间隙进行装配。温差法装配不易擦伤零件表面，可以获得较高的连接强度。

2. 轴的结构工艺性

为方便轴的制造、轴上零件的装配和使用维修，在确定轴的结构时，会从工艺角度提一些相应要求，即轴的结构工艺性要求。

（1）阶梯轴的直径应该是中间大，两端小，由中间向两端依次减小，以便于轴上零件的装拆。

（2）为便于轴上零件的装配，避免划伤配合表面，轴端和配合件装配端一般应加工出装配倒角。

（3）阶梯轴的截面尺寸变化处应有过渡圆角，以减小应力集中。轴上有多处圆角时，应尽可能使圆角半径大小一致，以减少刀具规格和换刀次数。

（4）轴上需车制螺纹的轴段应有退刀槽，以便于车刀退出［图 1-4-14（a）］；需磨削的轴段应留有砂轮越程槽，以便砂轮越过工作表面［图 1-4-14（b）］。螺纹退刀槽宽度取 $b \geqslant 2P$（P 为螺距），越程槽取宽度 $b=2 \sim 4$mm。

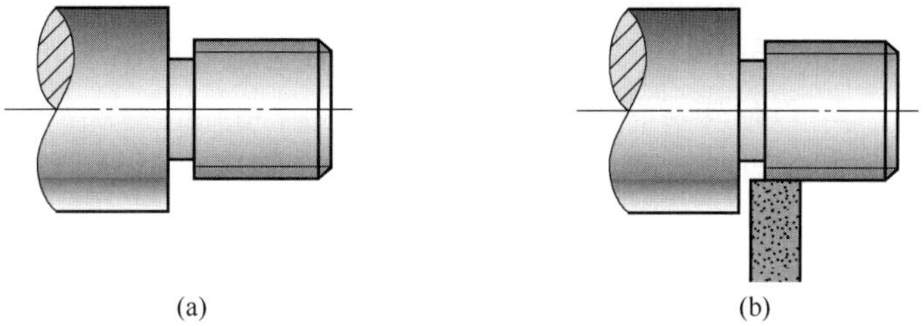

图 1-4-14　砂轮越程槽和螺纹退刀槽

第二节　轴　　承

轴承是现代机械设备中一种重要零部件。它的主要功能是支承机械旋转体，降低其运动过程中的摩擦因数，并保证其回转精度。

轴承分为两大类：滑动轴承和滚动轴承。滑动轴承是在滑动摩擦下工作的轴承，它工作平稳、可靠、无噪声。滑动轴承一般应用在低速重载工况条件下，或者是维护保养及加注润滑液困难的运转部位。滚动轴承是将运转的轴与轴座之间的滑动摩擦变为滚动摩擦，从而减少摩擦损失的一种精密的机械元件。由于滚动轴承自身运动的特点，使其摩擦力远远小于滑动轴承，结构紧凑，重量轻，维修方便，质量可靠精度高，部分轴承具有自动调心的性能。

一、滑动轴承的结构

滑动轴承一般由轴瓦和轴承座构成。滑动轴承根据它所承载的载荷方向，可分为向心滑动轴承和推力滑动轴承。常用的向心滑动轴承的结构形式有整体式和剖分式两种。

1. 整体式滑动轴承

图 1-4-15 是一种常见的整体式向心滑动轴承，通过螺栓与机架相连接。它由轴承座 1

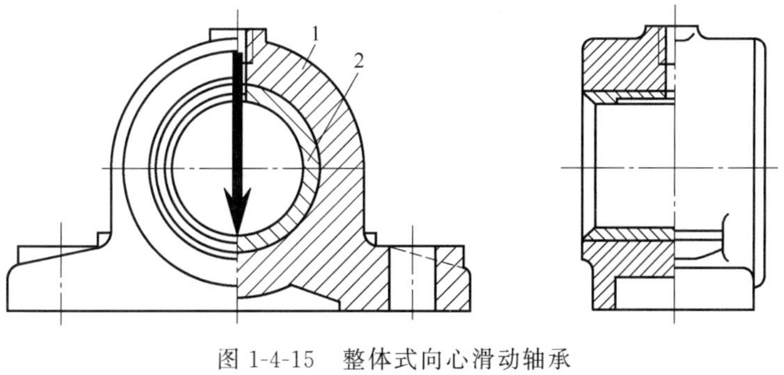

图 1-4-15　整体式向心滑动轴承

1—轴承座　2—轴瓦

和轴瓦 2 组成，在轴承座顶部装有油杯，轴套上有进油孔，内表面开有轴向油沟以分配润滑液。

整体式滑动轴承的最大优点是结构简单，成本低廉。缺点是轴承工作表面磨损过大时无法调整轴承间隙，轴颈只能从端部装入，这使得粗重轴或具有中间轴颈的轴安装不便，甚至无法安装。因此，它适用于轻载、低速、间歇工作而不需要经常拆卸的场合。

2. 剖分式滑动轴承

剖分式滑动轴承如图 1-4-16 所示，由连接螺栓 1、轴承盖 2、轴承座 3、上轴瓦 4 和下轴瓦 5 组成。轴承的剖分面与载荷方向近似于垂直，多数轴承剖分面是水平的，也有斜的。轴承盖与轴承座的剖分面常做成阶梯形，以便于定位和防止工作时错动。

剖分式滑动轴承的特点是结构复杂，拆装方便，磨损间隙可调整。所以，这种轴承广泛应用于需要调整间隙、重型轴和经常拆卸的场合。

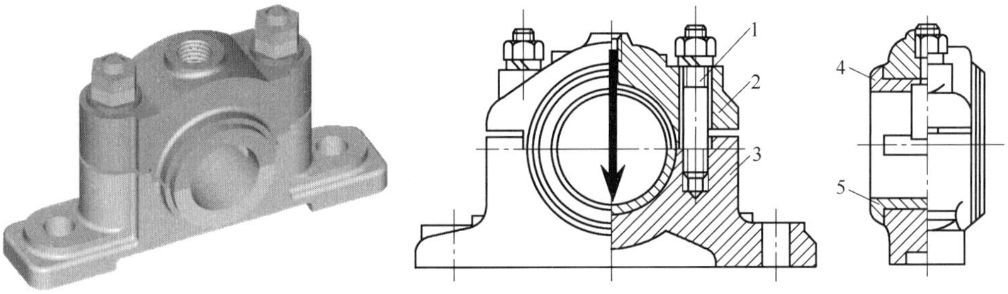

图 1-4-16 剖分式向心滑动轴承

1—连接螺栓 2—轴承盖 3—轴承座 4—上轴瓦 5—下轴瓦

二、滚动轴承的结构

如图 1-4-17 所示，滚动轴承由外圈 1、内圈 2、滚动体 3 和保持架 4 组成。通常内圈固定在轴上随轴转动，外圈装在轴承座孔内不动；但也有外圈转动、内圈不动的使用情况。滚动体在内、外圈的滚道中滚动。保持架将滚动体均匀隔开，使其沿圆周均匀分布，减小滚动体之间的摩擦和磨损。滚动轴承的构造中，有的无外圈或内圈，有的无保持架，但不能没有滚动体。

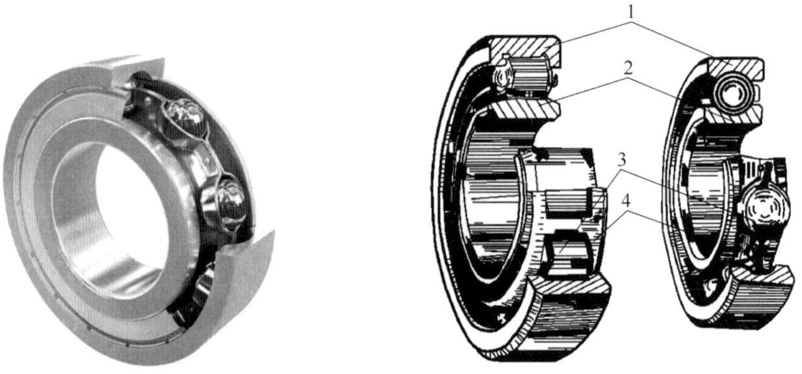

图 1-4-17 滚动轴承的结构

1—外圈 2—内圈 3—滚动体 4—保持架

滚动体的形状有球形、圆柱形、圆锥形、鼓形、滚针形等多种，如图 1-4-18 所示。

滚动轴承的外圈、内圈、滚动体均采用强度高、耐磨性好的铬锰高碳钢制造，常用材料有 GCr15、GCr15SiMn、GCr6、GCr9 等。滚动轴承的工作表面必须经磨削抛光处理，以提高其接触疲劳强度。保持架多用低碳钢或铜合金制造，也可采用塑料及其他材料。

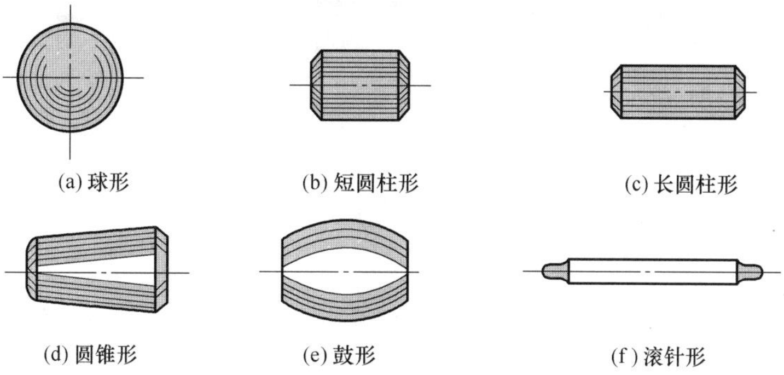

图 1-4-18　滚动体形状

三、滚动轴承的主要类型及其特点

按轴承所能承受的外载荷不同，可将轴承分为向心轴承、推力轴承和向心推力轴承三大类。

滚动体和外圈接触处的法线 n-n 与轴承的径向平面（垂直于轴承轴心线的平面）的夹角 α（图 1-4-19），称为接触角。α 越大，轴承承受轴向载荷的能力越大。公称接触角 $\alpha=0°$ 为向心轴承，主要承受径向载荷。公称接触角 $\alpha=90°$ 为推力轴承，只能承受轴向载荷。公称接触角 $0°<\alpha<90°$ 为向心推力轴承，可同时承受径向载荷和轴向载荷。

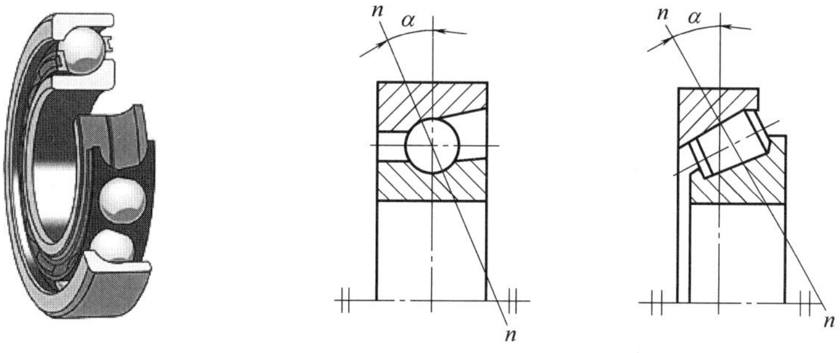

图 1-4-19　接触角

按滚动体形状的不同，又可将轴承分为球轴承和滚子轴承。在外廓尺寸相同的条件下，滚子轴承比球轴承承载能力高。常用滚动轴承种类和特点见表 1-4-2。

四、滚动轴承的型号代号

滚动轴承型号代号是表示其结构、尺寸、公差等级和技术性能等特征的产品符号，由字母和数字组成。按 GB/T 272—1993 的规定，轴承代号由前置代号、基本代号和后置代号构成，其排列见表 1-4-3。

表 1-4-2　　常用滚动轴承类型及特点

类型及其代号	结构简图	实体	极限转速	特　　点
深沟球轴承 (6)	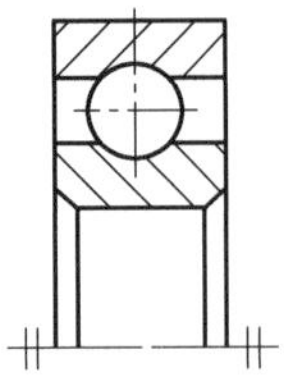	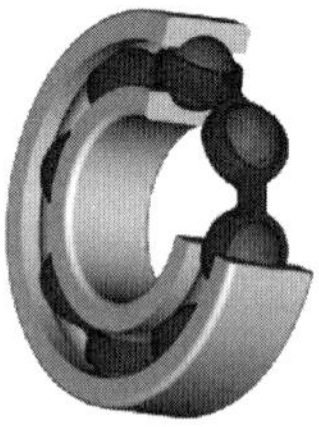	高	主要承受径向载荷，同时还能承受一定的双向的轴向载荷 摩擦阻力小，极限转速高，结构简单，价格便宜，应用最为广泛
角接触球轴承 (7)	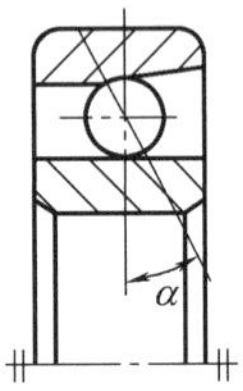	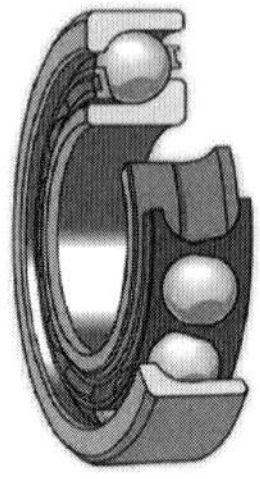	较高	能够同时承受径向载荷和单方向的轴向载荷。一般成对使用，对称安装 适用转速较高，同时承受径向和轴向载荷的场合
圆锥滚子轴承 (3)	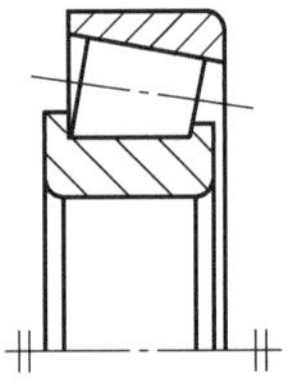		中等	内外圈可分离，轴承游隙可调整。可以承受径向及单方向的轴向载荷。一般成对使用，对称安装 承载能力大，常用于转速不太高，同时承受径向和轴向载荷的场合
圆柱滚子轴承 (N)	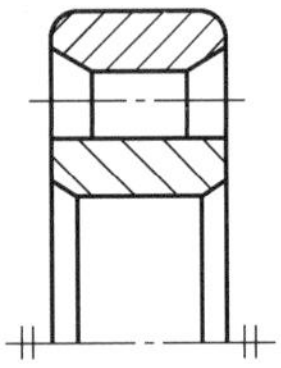		较高	内外圈可分离，只能承受径向载荷。承载能力大，抗冲击能力强 对轴的偏斜敏感，用于刚性较大的轴，且只受径向载荷的场合
推力球轴承 (5)	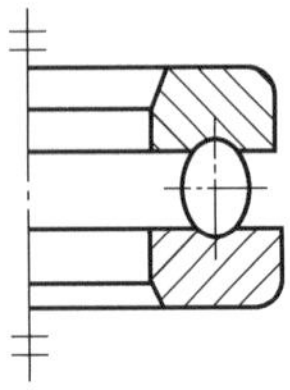		低	套圈和滚动体可以分离，只能承受轴向载荷 高速时由于离心力大，寿命较低，常用于只受轴向载荷作用，且转速不高的场合
调心球轴承 (1)	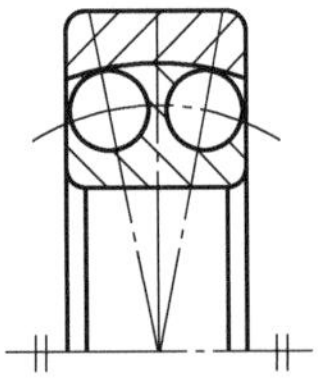		中等	主要承受径向及两个方向较小的轴向载荷。外圈滚道为球面，具有自动调心性能 适用于多支点轴、弯曲刚度较小的轴的支承

续表

类型及其代号	结构简图	实体	极限转速	特　　点
调心滚子轴承 (2)	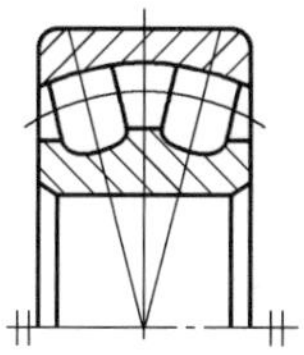		低	主要承受径向及两个方向的轴向载荷。具有调心性能，承载能力强 适用于多支点轴、弯曲刚度较小的轴的支承

表 1-4-3　　轴承代号的构成

前置代号	基本代号			后置代号
字母	字母和数字			字母和数字
成套轴承的分部件	× 类型代号	×× 宽度系列代号 直径系列代号	×× 内径代号	内部结构 密封、防尘与外部形状变化 保持架结构、材料改变 轴承材料 公差等级和游隙 其他

1. 前置代号

轴承的前置代号用于表示轴承的分部件，用字母表示。例如用 L 表示可分离轴承的可分离套圈；K 表示轴承的滚动体与保持架组件等。

2. 基本代号

基本代号表示轴承的基本类型、结构和尺寸，是轴承代号的基础，其中类型代号用数字或字母表示，其余用数字表示，最多有 7 位数字或字母。

(1) 类型代号。类型代号表示轴承的基本类型，用基本代号左起第一位数字或字母表示，其对应的轴承类型见表 1-4-2，其中 0 类（双列角接触球轴承）可省去不写。

(2) 宽度系列代号。宽度系列代号表示内、外径相同的同类轴承宽度的变化（即结构、内径和直径系列都相同的轴承宽度方面的变化系列），用基本代号右起第四位数字表示。对多数轴承在代号中可不标出宽度系列代号 0，但对于调心滚子轴承和圆锥滚子轴承，宽度系列代号 0 应标出。

(3) 直径系列代号。直径系列代号表示内径相同的同类轴承有几种不同的外径（即结构相同、内径相同的轴承在外径和宽度方面的变化系列），用基本代号右起第三位数字表示。例如，对于向心轴承和向心推力轴承，0、1 表示特轻系列；2 表示轻系列；3 表示中系列；4 表示重系列；7 表示超特轻；8、9 表示超特轻。

推力轴承尺寸分直径系列与向心轴承略有不同，其中 0 表示超轻系列，1 表示特轻系列，2 表示轻系列，3 表示中系列，4 表示重系列，5 表示特重系列。

宽度系列代号和直径系列代号统称为尺寸系列代号。

(4) 内径代号。内径代号表示轴承的内径尺寸，用基本代号右起第一、二位数字表示。对常用内径 $d=20\sim480$mm 的轴承内径一般为 5 的倍数，这两位数字表示轴承内径尺寸被 5 除得的商数，如 04 表示 $d=20$mm；12 表示 $d=60$mm 等。对于内径为 10mm、12mm、15mm 和 17mm 的轴承，内径代号依次为 00、01、02 和 03。对于内径小于 10mm 和大于 500mm 的轴承，内径表示方法另有规定，可参看相关轴承手册。

3. 后置代号

轴承的后置代号是用字母和数字等表示轴承的结构、公差及材料的特殊要求等。后置代号的内容很多，下面介绍几个常用的代号：

（1）内部结构代号是表示同一类型轴承的不同内部结构，用字母紧跟着基本代号表示。如：接触角为 15°、25°和 40°的角接触球轴承分别用 C、AC 和 B 表示内部结构的不同。

（2）轴承的公差等级分为 2 级、4 级、5 级、6 级、6X 级和 0 级，共 6 个级别，依次由高级到低级，其代号分别为/P2、/P4、/P5、/P6、/P6X 和/P0。公差等级中，6X 级仅适用于圆锥滚子轴承；0 级为普通级，在轴承代号中不标出。

（3）常用的轴承径向游隙系列分为 1 组、2 组、0 组、3 组、4 组和 5 组，共 6 个组别，径向游隙依次由小到大。0 组游隙是常用的游隙组别，在轴承代号中不标出，其余的游隙组别在轴承代号中分别用/C1、/C2、/C3、/C4、/C5 表示。

五、滚动轴承的选用

滚动轴承的类型选择应考虑多种因素，如轴承所受载荷的大小、方向和性质，转速的高低，装调性能，调心性能等，同时也必须考虑价格及经济性。选择时可考虑以下几项原则：

（1）轴承的载荷。当载荷较大时应选用线接触的滚子轴承。球轴承为点接触，适用于轻载和中等载荷。对于纯轴向载荷，选用推力轴承，而纯径向载荷则常选用向心轴承。既承受轴向载荷又有径向载荷时，若轴向载荷相对较小，则选用向心角接触轴承或深沟球轴承；若径向载荷相对较小，则可选用向心球轴承和推力轴承。

（2）轴承的转速。轴承转速较高时，宜选用点接触的球轴承，一般球轴承有较高的极限转速。如有更高转速要求时，可考虑超轻、特轻系列的轴承，以减小轴承滚动体受到的离心力。

（3）轴承的刚性和调心性能。当支承刚度要求较大时，可采用成对的向心推力轴承组合或采用预紧轴承的方法；当支承跨距大，轴的弯曲变形大，刚度较低或两个轴承座孔中心位置有误差时，应考虑选用自动调心轴承，或选用允许有较大偏位角的球面球轴承和球面滚子轴承。

（4）拆装要求。采用带内锥孔的轴承，可以调整轴承的径向游隙，提高轴承的旋转精度，同时也便于安装在长轴上；采用内外套圈可分离的轴承，便于拆装。

第三节 机械连接

机器是零部件通过连接实现的有机组合体。在机械中，连接是指为实现某种功能，使两个或两个以上的零件相互接触，并以某种方式保证一定的位置关系。连接种类很多，根据被连接件之间的相互关系可分为动连接和静连接两类。如果被连接件间相互位置固定，不能做相对运动，称为静连接，能做相对运动的则称为动连接（如铰链等）。习惯上，机械设计中的连接通常指的是静连接，简称连接。

连接的方法很多，有些连接需要专门的连接件，如箱体与箱盖的螺纹连接，轴与轴上零件（如齿轮、带轮）的键连接。连接件又称紧固件，常见的有螺栓、螺母、键、销等；有些连接则不需要专门的连接件。

一、键连接

键连接主要用来实现轴和轴上零件（齿轮、带轮、凸轮等）之间的周向固定以传递转矩。有些类型的键还可实现轴上零件的轴向固定。键连接属于可拆连接，具有结构简单、工作可靠、装拆方便及已标准化等优点，故应用广泛。

常用键连接的类型有：平键连接、半圆键连接、楔键连接和切向键连接等。

1. 平键连接

平键的两侧面是工作面，工作时靠键与键槽的相互挤压来传递转矩，平键的上表面与轮毂槽底之间留有间隙，如图 1-4-20 所示。平键连接具有定心性好，装拆方便，应用广泛的特点。常用的平键有普通平键和导向平键两种。

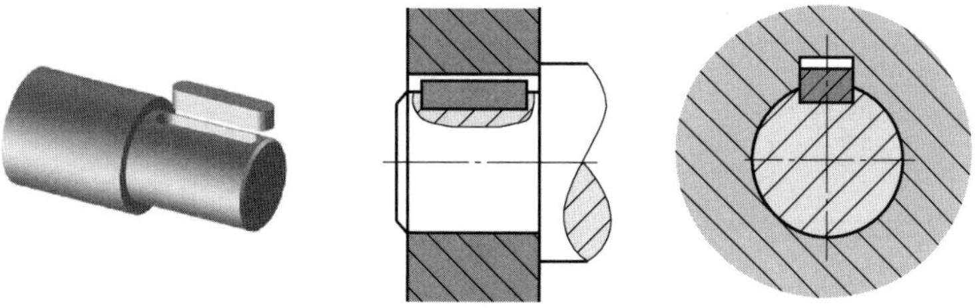

图 1-4-20 普通平键连接

（1）普通平键。普通平键按其结构可分为圆头（称为 A 型）、方头（称为 B 型）和单圆头（称为 C 型）三种。如图 1-4-21（a）所示为 A 型键，键槽采用端铣刀加工，键在键槽中固定良好，但轴上键槽端部的应力集中较大；如图 1-4-21（b）所示为 B 型键，键槽采用盘铣刀加工，键槽引起的应力集中较小；如图 1-4-21（c）所示为 C 型键，常用于轴端与轮毂的连接。

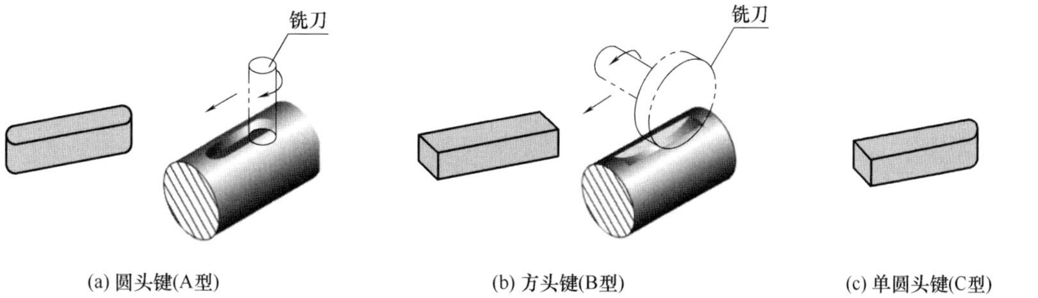

图 1-4-21 普通平键的类型及加工方法

普通平键已标准化，其主要尺寸包括键宽（b）、键高（h）和键长（L）。普通平键尺寸的确定主要根据轴径及轮毂宽度查标准确定，具体操作见项目四。

普通平键的标记如下：

圆头普通平键（A型），b=18mm，h=11mm，L=56mm：

键 18×56　GB 1096—2003

圆头普通平键（B型），b=25mm，h=14mm，L=110mm：

键 B 25×110　GB 1096—2003

从上述标记示例中可看出，普通平键只标注键宽和键长两个尺寸，而键高不标，其中A型平键可以不标类型。

（2）导向平键。轴上安装的零件需要沿轴向做移动时，可将普通平键加长，采用图1-4-22所示的导向平键。由于导向平键较长，与键槽配合较松，因此键用螺钉固定在键槽中，在导向平键中部设有起键螺孔。

2. 半圆键连接

半圆键连接如图1-4-23所示，键与轴上键槽均呈半圆形。与平键一样，半圆键也是侧面是工作面。半圆键连接的优点是装拆较方便；缺点是键槽较深，对轴的削弱较大。因此一般用于轻载连接，特别适用于锥形轴与轮毂的连接。

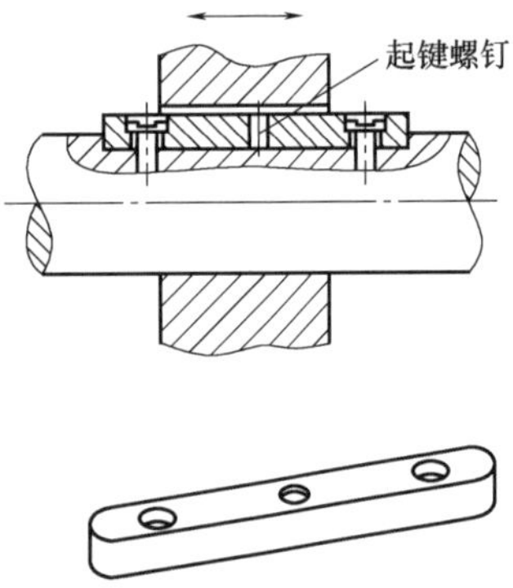

图1-4-22　导向平键

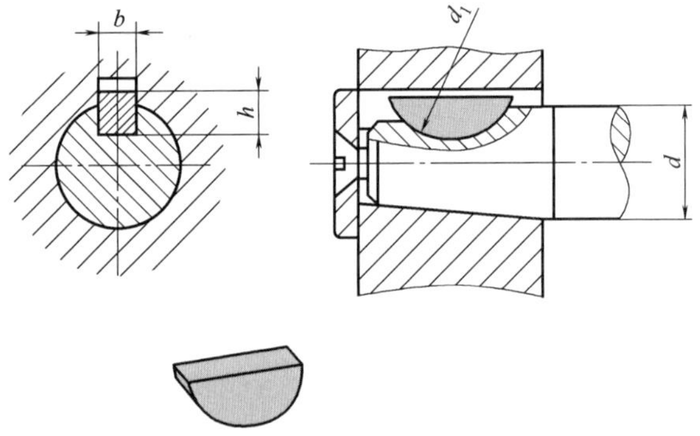

图1-4-23　半圆键连接

3. 楔键连接和切向键连接

（1）楔键连接。图1-4-24（a）所示为楔键连接，楔键的上、下两面为工作面。楔键的上表面和与它相配合的轮毂键槽底面均有1∶100的斜度。装配时将楔键打入，使楔键楔紧在轴和轮毂的键槽中，楔键的上、下表面受挤压，工作时靠这个挤压产生的摩擦力传递转矩。如图1-4-24（b）所示，楔键分为普通楔键和钩头楔键两种，钩头楔键的钩头便于拆卸。

(a) 楔键连接　　(b) 普通楔键和钩头楔键

图1-4-24　楔键连接

楔键连接的主要缺点是键楔紧后，轴和轮毂的配合产生偏心和偏斜，因此楔键连接一般用于定心精度要求不高和低转速的场合。

(2) 切向键连接。切向键是由一对楔键沿斜面拼合组成的，如图 1-4-25（a）所示。装配时将切向键沿轴的切线方向楔紧在轴与轮毂之间。切向键的上、下面为工作面，工作面上的压力沿轴的切线方向作用，能传递很大的转矩。用一对切向键时，只能单向传递转矩，当要双向传递转矩时，需采用两对互成 120°分布的切向键，如图 1-4-25（b）所示。

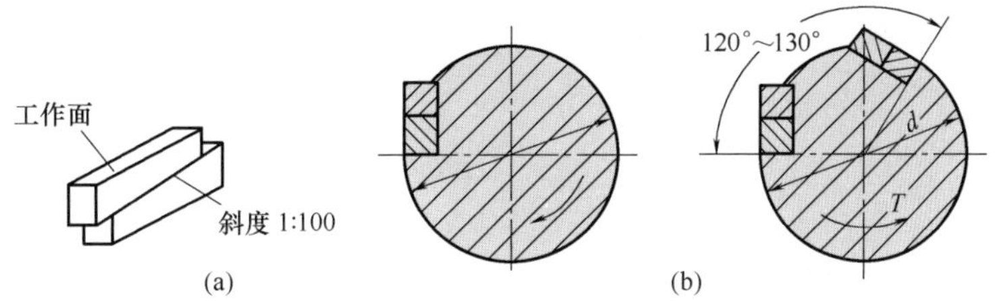

图 1-4-25 切向键连接

由于切向键对轴的强度削弱较大，因此常用于直径大于 100mm 的轴。

二、花键连接

如图 1-4-26 所示为花键轴（外花键）和花键孔（内花键）。花键轴与花键孔相配即构成花键连接，花键齿的侧面是工作面。

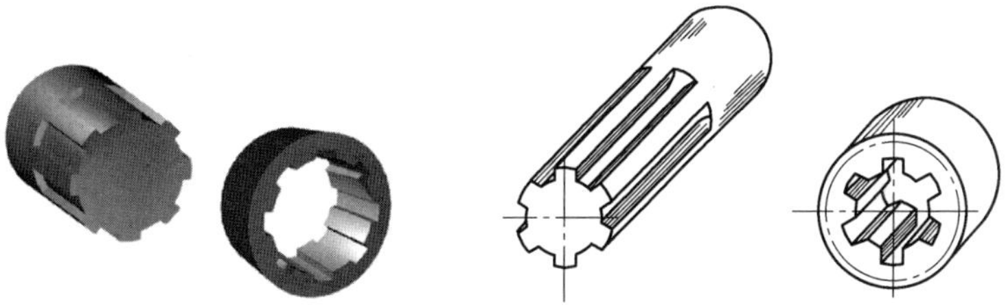
图 1-4-26 花键连接

花键连接由于是多齿传递载荷，不但传递载荷的能力强，且定心精度高、导向性好。同时，轴上齿槽较普通键要浅，对轴的强度削弱较小，但制造比较困难。

根据键齿形状不同，常用的花键分为矩形花键和渐开线花键两类，其中的矩形花键，键齿加工容易，应用最广。

三、螺纹连接

1. 螺纹的种类

根据螺纹牙型不同，螺纹可分为三角形、矩形、梯形和锯齿形螺纹（图 1-4-27）等。三角形螺纹主要用于连接，矩形、梯形和锯齿形螺纹主要用于传动。除矩形螺纹外，其他三种螺纹均已标准化。

根据螺旋线的绕行方向，可分为左旋螺纹和右旋螺纹，顺时针旋入的螺纹称为右旋螺纹，逆时针旋入的螺纹称为左旋螺纹。螺纹的旋向还可直接观察来判断：螺纹直立时螺旋线向右上升为右旋螺纹［图 1-4-28（a）］，向左上升为左旋螺纹［图 1-4-28（b）］。机械

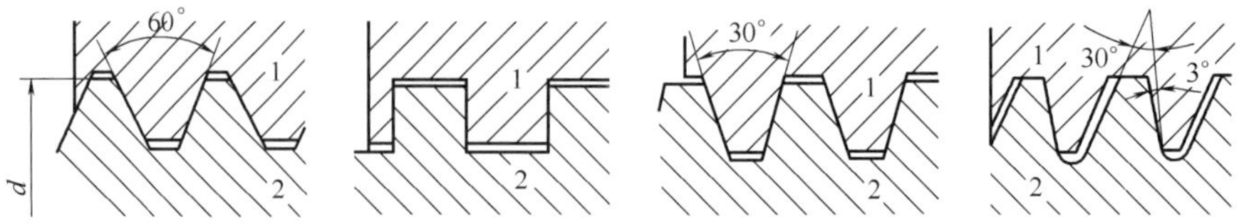

(a) 三角形螺纹 (b) 矩形螺纹 (c) 梯形螺纹 (d) 锯齿形螺纹

图 1-4-27 螺纹的牙型

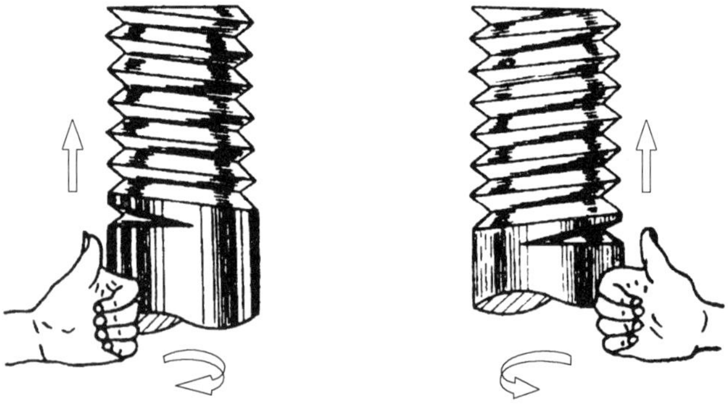

(a) 左旋螺纹 (b) 右旋螺纹

图 1-4-28 螺纹旋向

装置中一般采用右旋螺纹，有特殊要求时，才采用左旋螺纹。

根据螺旋线的数目，可分为单线螺纹［图 1-4-29（a）］和多线螺纹［图 1-4-29（b）］。单线螺纹主要用于连接，多线螺纹主要用于传动。为了制造方便，螺纹的线数一般不超过 4。

2. 普通螺纹的主要参数

普通螺纹的主要参数有螺纹大径、中径、小径、螺距、导程、牙型角、螺纹升角等。圆柱普通螺纹的参数如图 1-4-30 所示。

（1）大径 d。与外螺纹牙顶（或内螺纹牙底）相重合的假想圆柱体的直径。

（2）小径 d_1。与外螺纹牙底（或内螺纹牙顶）相重合的假想圆柱体的直径。

（3）中径 d_2。螺纹轴向剖面内，牙厚等于牙间宽处的假想圆柱体的直径。

（4）螺距 P。相邻两牙在中径上对应两点间的轴向距离。

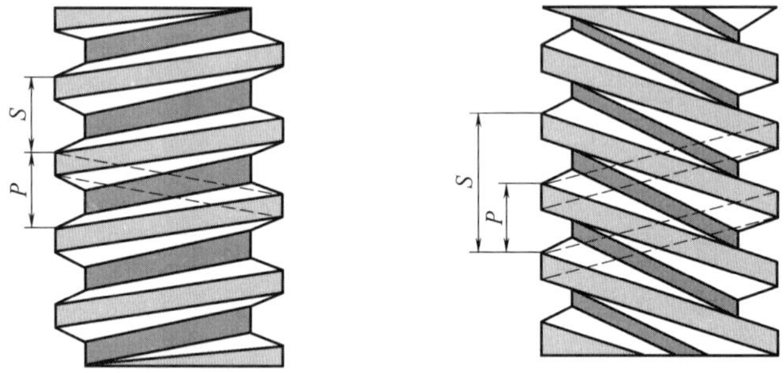

(a) 单线螺纹 (b) 多线螺纹

图 1-4-29 螺纹的线数

（5）导程 S。同一条螺旋线上相邻两牙在中径线上对应两点间的轴向距离。单线螺纹的导程就等于螺距，多线螺纹的导程等于螺旋线数与螺距的乘积，即 $S=nP$（n 为螺旋线数），如图 1-4-29 所示。

（6）螺纹升角 γ。中径 d_2 圆柱上，螺旋线的切线与垂直于螺纹轴线的平面间的夹角。

（7）牙型角 α。螺纹轴向剖面内螺纹牙两侧边的夹角。如图 1-4-27（a）所示的三角形螺纹，$\alpha=60°$，如图 1-4-27（c）所示梯形螺纹，$\alpha=30°$。

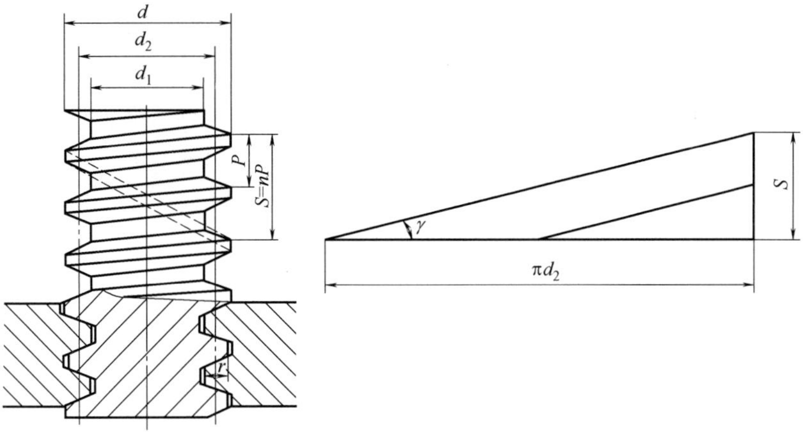

图 1-4-30 圆柱螺纹的主要几何参数

3. 几种常用螺纹的特点及应用

如图 1-4-27 所示四种牙型的螺纹中，三角形螺纹根据牙型角不同又分为普通螺纹和管螺纹，如图 1-4-31 所示。

（1）普通螺纹。普通螺纹的牙型为等边三角形，牙型角 $\alpha=60°$，当量摩擦因数大，自锁性能好，螺牙根部较厚、强度高，应用广泛；同一公称直径，按螺距大小分为粗牙和细牙，一般连接用粗牙螺纹，细牙螺纹自锁性能较好，但不耐磨、易滑扣，常用于薄壁零件或受动载荷和要求紧密性的连接，还可用于微调机构等。

(a) 普通螺纹　(b) 管螺纹

图 1-4-31 三角形螺纹的牙型

（2）管螺纹。管螺纹的牙型为等腰三角形，牙型角 $\alpha=55°$，内外螺纹旋合后无径向间隙，常用于有紧密性要求的管件连接，如管接头、阀门等。

（3）矩形螺纹。矩形螺纹的牙型为正方形，牙型角 $\alpha=0°$，其传动效率高，但牙根强度弱，螺旋副磨损后，间隙难以修复和补偿，使传动精度降低，因此逐渐被梯形螺纹所代替。

（4）梯形螺纹。梯形螺纹的牙型为等腰梯形，牙型角 $\alpha=30°$，其传动效率低于矩形螺纹，但牙根强度高，工艺性和对中性好，可补偿磨损后的间隙，是最常用的传动螺纹。

（5）锯齿形螺纹。锯齿形螺纹的牙型为不等腰梯形，工作面的牙侧角 $\beta_1=3°$，非工作面的牙侧角 $\beta_2=30°$，兼有矩形螺纹传动效率高和梯形螺纹牙根强度高的特点，但只能用于单向受力的螺纹连接或螺旋传动中。

4. 普通螺纹的标记

（1）普通螺纹的标记格式。其主要标记规则和含义如下：

① 螺纹特征代号：普通螺纹的特征代号为 M。

② 尺寸代号：单线螺纹尺寸代号为“公称直径×螺距”，多线螺纹尺寸代号为“公称

直径×导程/螺距”，粗牙螺纹不标注螺距。

③ 旋向代号：当螺纹为右旋时，不用标注，当螺纹为左旋时，则标注为 LH。

④ 公差带代号：公差带代号由数字加字母表示，包括中径公差带代号和顶径公差带代号，公差带代号大写为内螺纹，小写为外螺纹。当中径和顶径公差带代号相同时，只标注一次，当内外螺纹旋合在一起时，标注中的公差带代号用斜线分开。

⑤ 旋合长度代号：旋合长度分为短、中等、长三种，分别用 S、N 和 L 表示，当旋合长度为中等时，代号可省略。

（2）标记示例。

特征代号　公称直径×螺距（单线时）或导程/螺距（多线时）旋向代号—公差带代号—旋合长度代号

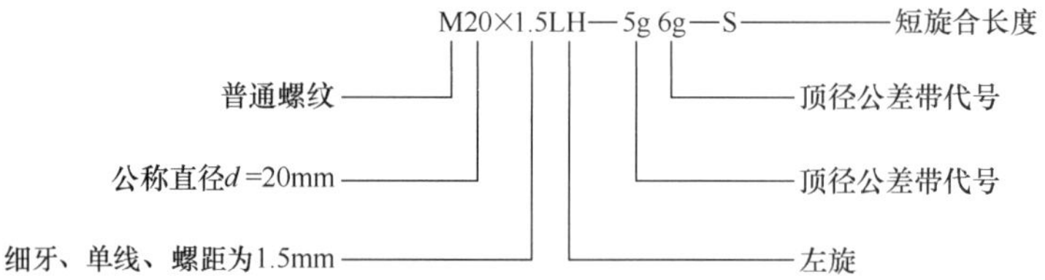

5. 螺纹连接的主要类型

螺纹连接由连接件和被连接件组成，其主要类型有螺栓连接、双头螺柱连接、螺钉连接和紧定螺钉连接等。

（1）螺栓连接。如图 1-4-32（a）所示为普通螺栓连接。这种连接因被连接件上的通孔和螺栓杆间留有的间隙，故通孔的加工精度低，结构简单，装拆方便，广泛用于传递轴向载荷且被连接件厚度不大的场合。如图 1-4-32（b）所示为铰制孔用螺栓连接。孔与螺栓杆多采用过渡配合。这种连接能精确固定被连接件的相对位置，并能承受横向载荷，但螺栓成本和对孔的加工精度要求较高。

（2）双头螺柱连接。如图 1-4-33 所示，这种连接适用于结构上不能采用螺栓连接的场合。如被连接件之一太厚，不宜制成通孔，且需要经常拆装，又有一定的紧固或紧密性要求时，往往采用双头螺柱连接。

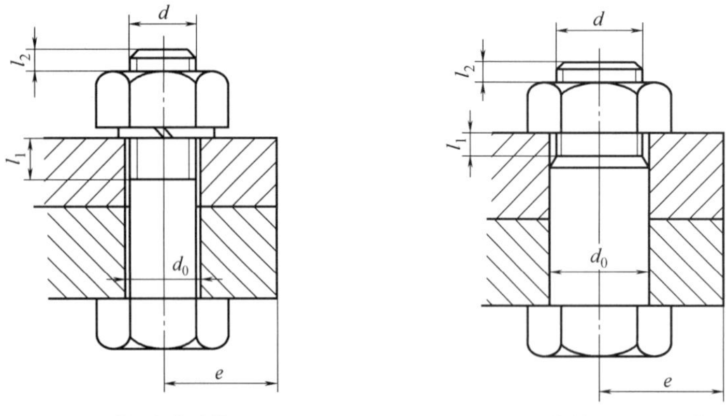

(a) 普通螺栓连接　(b) 铰制孔用螺栓连接

图 1-4-32　螺栓连接

（3）螺钉连接。如图 1-4-34 所示，这种连接是螺钉直接拧入被连接件的螺纹孔，不用螺母，在结构上比双头螺柱连接简单、紧凑，用途上与双头螺柱连接相似，但不能够经常拆卸。常用于被连接件之一太厚，且不需经常装拆的场合。

（4）紧定螺钉连接。紧定螺钉连接是利用拧入零件螺纹孔中的螺钉末端顶住另一零件

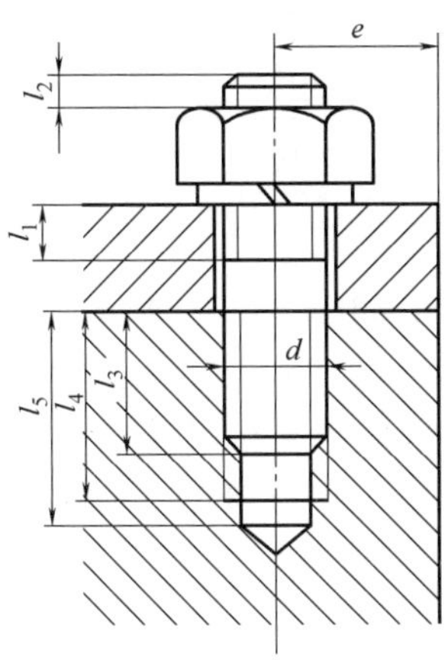

图 1-4-33 双头螺柱连接

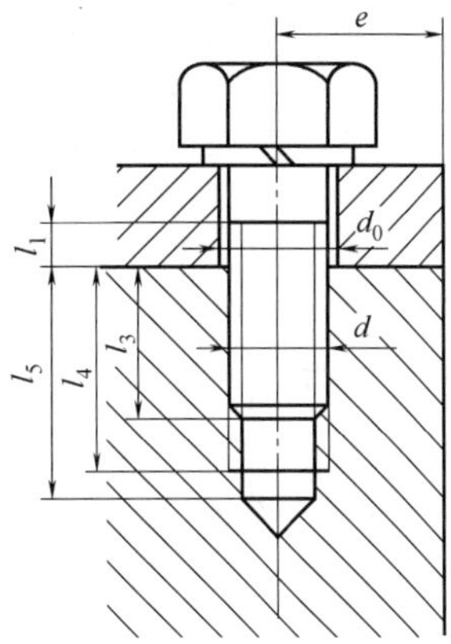

图 1-4-34 螺钉连接

的表面，如图 1-4-35（a）所示，或顶入相应的凹坑中，如图 1-4-35（b）所示，以固定两个零件的相对位置，并可传递不大的横向力或转矩。

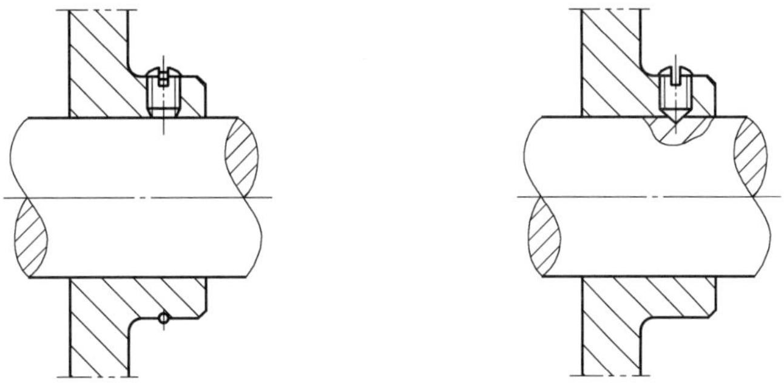

(a) (b)

图 1-4-35 紧定螺钉连接

6. 标准螺纹连接件

螺纹连接件的类型很多，在机械制造中常用的螺纹连接件有螺栓、双头螺柱、螺钉、螺母和垫圈等，这些零件都已标准化。设计时只要确定螺纹的公称直径 d，再在螺纹连接件的标准中即可查出其他尺寸。

（1）螺栓。如图 1-4-36 所示，六角头螺栓最常用，有粗牙和细牙两种。T 形槽螺栓用于工艺装夹设备。地脚螺栓用于将机器设备固定在地基上。

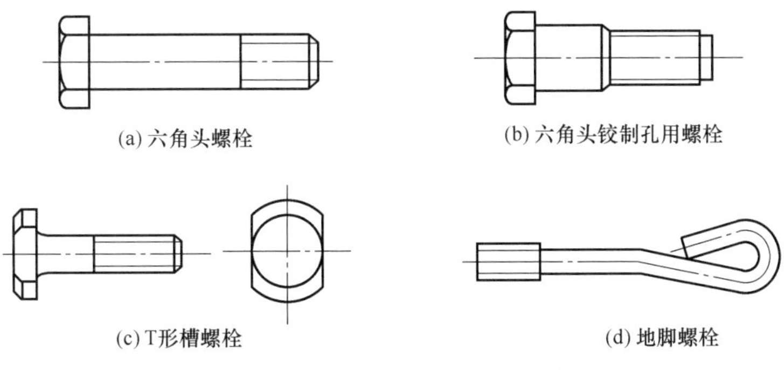

(a) 六角头螺栓 (b) 六角头铰制孔用螺栓

(c) T形槽螺栓 (d) 地脚螺栓

图 1-4-36 六角头螺栓、T 形槽螺栓、地脚螺栓

（2）螺柱。如图 1-4-37 所示，双头螺柱的两端螺纹有等长及不等长两种；A 型带退刀槽，末端倒角；B 型制成腰杆，末端碾制。

(a) A型　　(b) B型

图 1-4-37　双头螺柱

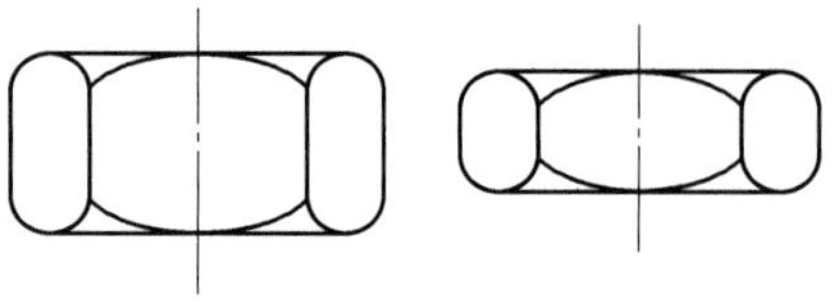

(a) 六角厚螺母　　(b) 六角薄螺母

图 1-4-38　六角螺母

（3）六角螺母。如图 1-4-38 所示的六角螺母最为常用，高 $m \approx 0.8d$；六角薄螺母 $m \approx (0.35 \sim 0.6)\ d$。用于铰制孔用螺栓或空间受限处。此外，还有槽形、盖形螺母、圆螺母以及锁紧螺母等。

（4）垫圈。垫圈起保护支承表面的作用。如图 1-4-39 所示，平垫圈保护表面不刮伤。弹簧垫圈有一定角度的左旋开口，用于摩擦防松动。斜垫圈只用于倾斜的支承面，此外还有止动垫圈等。

（5）螺钉。如图 1-4-40 所示，螺钉头部有六角头、圆柱头、半圆头、沉头等形状；起子槽有一字槽、便于自动装配的十字槽、能承受较大转矩的内六角孔等形式。此外机器上常设吊环螺钉。

7. 螺纹连接的防松

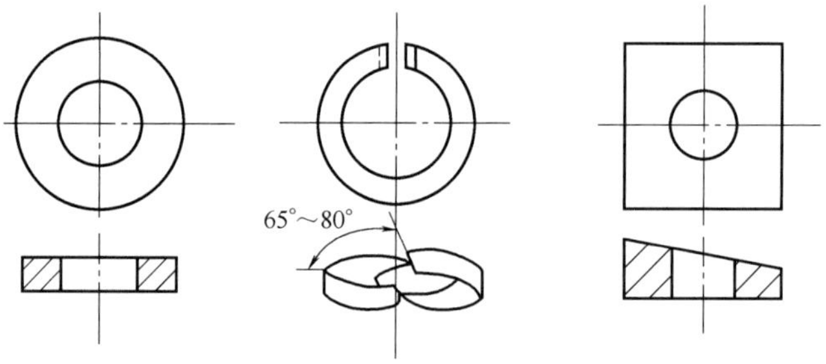

(a) 平垫圈　　(b) 弹簧垫圈　　(c) 斜垫圈

图 1-4-39　垫圈

螺纹连接满足自锁条件，拧紧后一般不会松，但在变载、冲击、振动作用下以及温度急剧变化时，会使预紧力减小，导致螺纹连接松动。螺纹连接一旦松动，轻者影响机器的正常运转，重者会造成事故，因此必须采取防松措施。防松的根本在于防止螺旋副的相对转动。常用的防松措施有以下三种：

（1）摩擦防松。摩擦防松是利用螺旋副中正压力产生的摩擦阻力矩来阻止螺旋副的相对转动，如图 1-4-41 所示。对顶螺母防松效果较好，金属锁紧螺母次之，弹簧垫圈效果较差。摩擦防松简单、方便，一般用于防松要求不严格的场合。

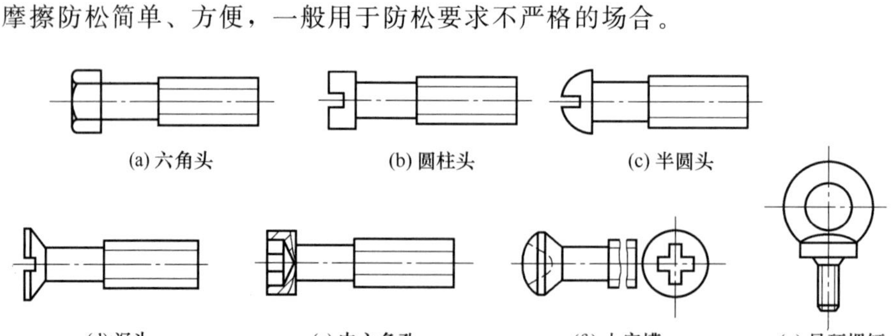

(a) 六角头　　(b) 圆柱头　　(c) 半圆头

(d) 沉头　　(e) 内六角孔　　(f) 十字槽　　(g) 吊环螺钉

图 1-4-40　螺钉

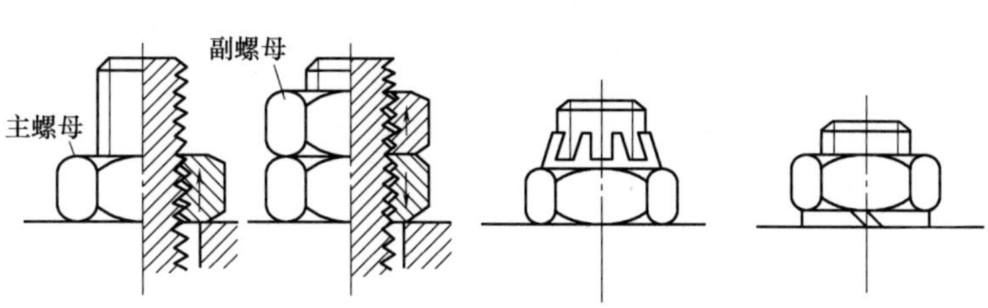

图 1-4-41　摩擦防松

（2）机械防松。机械防松是利用止动元件限制螺旋副的相对转动，这种防松可靠，但装拆麻烦，如图 1-4-42 所示。对于防松要求较高的重要连接，特别是在机器内部不易检查的连接，应采用机械防松。

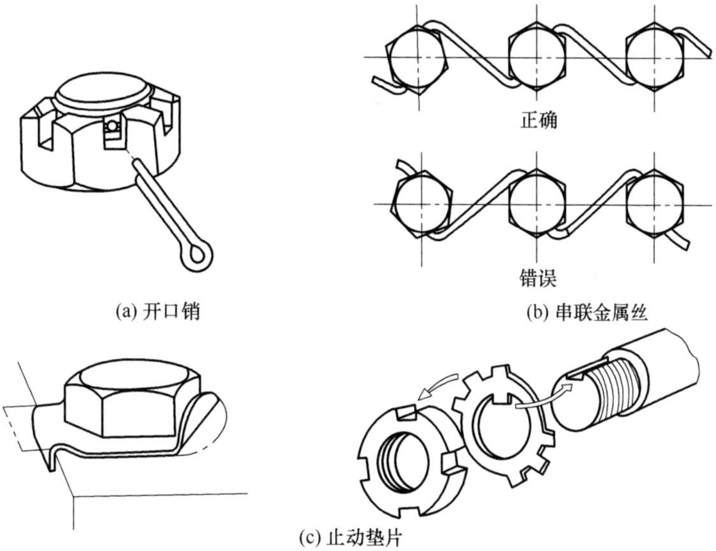

图 1-4-42　机械防松

（3）不可拆防松。不可拆防松实际上是采用不可拆连接。螺纹拧紧后，采用端铆、冲点、焊接、胶接等措施，使螺纹连接牢不可拆，如图 1-4-43 所示。这种方法简单、可靠，但连接拆卸后不能重复使用，故只适用于装配后不再拆卸的连接。

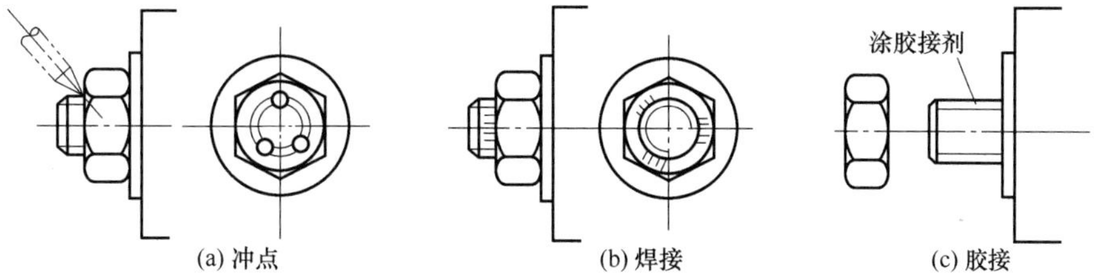

图 1-4-43　不可拆防松

第四节　螺旋传动

一、螺旋传动的类型和特点

螺旋传动是利用螺杆和螺母构成的螺旋副来传递运动和动力的一种机械传动，它可以方便地将主动件的回转运动转变为从动件的直线运动。

螺旋传动有结构简单，工作连续、平稳，承载能力大，传动精度高等优点，因此广泛用于各种机械和仪器中，如图 1-4-44 所示为螺旋传动的应用实例。螺旋传动的缺点：螺纹之间产生较大的相对滑动，摩擦磨损严重，传动效率低，但由于滚动螺旋的应用使磨损和效率问题得到了很大的改善。

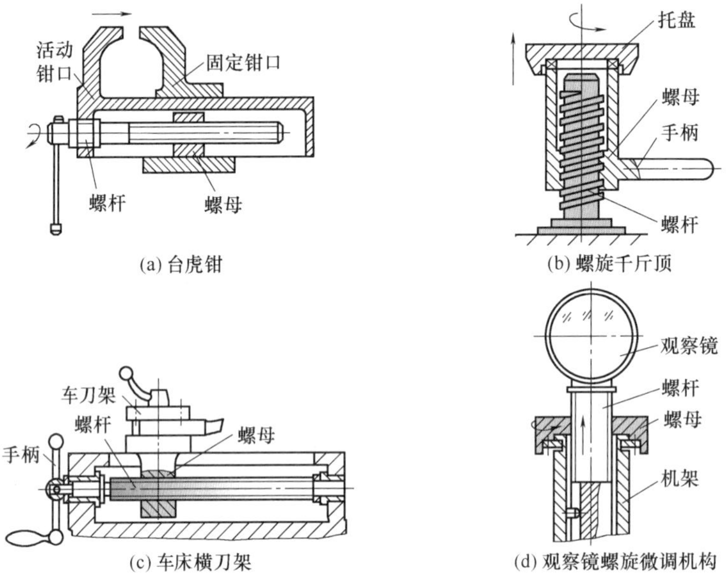

(a) 台虎钳　(b) 螺旋千斤顶　(c) 车床横刀架　(d) 观察镜螺旋微调机构

图 1-4-44　螺旋传动的应用

螺旋传动按其在机械中的作用可分为：

（1）传力螺旋传动。以传递力为主，可用较小的转矩转动产生轴向运动和大的轴向力，例如螺旋压力机和螺旋千斤顶等。

（2）传导螺旋传动。以传递运动为主，常用作实现机床中刀具和工作台的直线进给。通常工作速度较高，在较长时间内连续工作，要求具有较高的传动精度。

（3）调整螺旋传动。用于调整或固定零件（或部件）之间的相对位置，如带传动调整中心距的张紧螺旋，一般不经常转动。

二、普通螺旋传动

通常所说的滑动螺旋传动就是普通滑动螺旋传动，它是由螺杆和螺母组成的简单螺旋副实现的传动。滑动螺旋通常采用梯形螺纹和锯齿形螺纹，其中梯形螺纹应用最广，锯齿形螺纹用于单面受力。

1. 普通螺旋传动的应用形式

（1）螺母固定不动，螺杆回转并做直线运动，如图 1-4-44（a）所示台虎钳。

（2）螺杆固定不动，螺母回转并做直线运动，如图 1-4-44（b）所示螺旋千斤顶。

（3）螺杆回转，螺母做直线运动，如图 1-4-44（c）所示车床横刀架。

（4）螺母回转，螺杆做直线运动，如图 1-4-44（d）所示观察镜螺旋微调机构。

2. 普通螺旋传动移动方向判定

从动件做直线移动的方向不仅与主动件回转方向有关，还与螺旋方向有关。通常情况下，普通螺旋传动直线移动方向的判定可采用左右手定则，具体的方法是：右旋螺纹用右手，左旋螺纹用左手，四指弯曲方向代表螺母（螺杆）回转方向，若螺母（螺杆）不动，螺杆（螺母）回转并移动，则大拇指指向为螺杆（螺母）的移动方向；若螺杆（螺母）回转，螺母（螺杆）移动，则大拇指指向的反方向为螺母（螺杆）的移动方向。

3. 普通螺旋传动移动距离和速度计算

普通螺旋传动中，螺杆（螺母）相对于螺母（螺杆）每回转一周，螺杆就移动一个导程的距离。因此，移动距离等于回转圈数与导程的乘积。

$$L=NS \tag{1-4-1}$$

式中 L——螺杆（螺母）移动距离，mm；

N——回转圈数；

S——螺纹导程，mm。

$$v=nS \tag{1-4-2}$$

式中 v——螺杆（螺母）移动速度，mm/min；

n——转速，r/min；

S——螺纹导程，mm。

三、差动螺旋传动

差动螺旋传动可产生极小的位移，但其螺纹的导程并不需要很小，加工容易，所以差动螺旋传动常用于测微器、计算机、分度机床及诸多精密切削机床、仪器和工具中。

1. 差动螺旋传动的工作原理与应用形式

差动螺旋传动是指由两个螺旋副组成的使活动的螺母与螺杆产生差动（即不一致）的螺旋传动，如图 1-4-45 所示。螺杆 1 分别与活动螺母 2 和机架 3 组成两个螺旋副，机架上为固定螺母（不能移动），活动螺母不能回转而只能沿机架的导向槽移动。

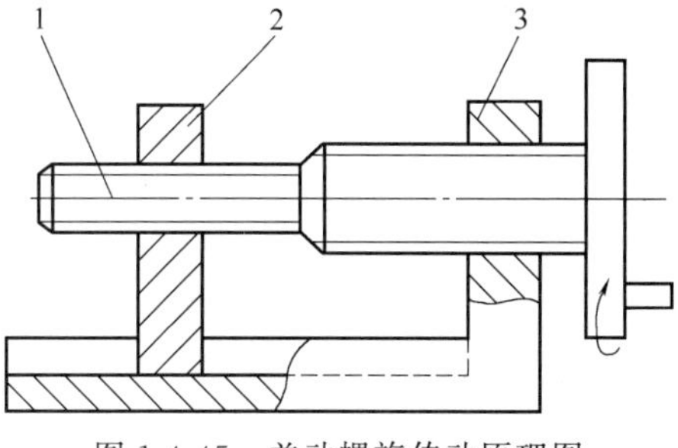

图 1-4-45 差动螺旋传动原理图

1—螺杆 2—活动螺母 3—机架（固定螺母）

2. 差动螺旋传动的应用形式

如果固定螺母和活动螺母的旋向同为右旋，当按如图 1-4-45 所示方向回转螺杆时，螺杆相对机架向左移动，而活动螺母相对螺杆向右移动，这样活动螺母相对机架实现了差动移动，螺杆 1 每转一转，活动螺母实际移动距离为两端螺纹导程之差。

如果固定螺母螺纹旋向仍为右旋，活动螺母的螺纹旋向为左旋（不同向），则按如图 1-4-45 所示方向回转螺杆时，螺杆相对机架向左移动，而活动螺母相对螺杆也向左移动，螺杆每转 1 转，活动螺母实际移动距离为两端螺纹导程之和。

3. 差动螺旋传动移动距离计算

差动螺旋传动中，活动螺母的实际移动距离可根据公式（1-4-3）进行计算。当两螺纹旋向相同时，公式中用“－”号，当两螺纹旋向相反时，公式中用“＋”号。

$$L=N(S_1 \pm S_2) \tag{1-4-3}$$

式中 L——螺杆（螺母）移动距离，mm；

N——回转圈数；

S_1——固定螺母的螺纹导程，mm；

S_2——活动螺母的螺纹导程，mm。

4. 差动螺旋传动移动方向判定

差动螺旋传动中，活动螺母和螺杆均要产生移动，所以差动螺旋传动移动方向的判定分两个方面进行：螺杆的移动方向按普通螺旋传动中螺杆移动方向的判定方法确定，而螺母的移动方向则需根据公式（1-4-3）的计算结果进行判定。当计算结果 $L>0$ 时，活动螺母的实际移动方向与螺杆移动方向相同；当计算结果 $L<0$ 时，活动螺母的实际移动方向与螺杆移动方向相反。

四、滚动螺旋传动

普通螺旋传动具有许多优点，但其螺旋副的摩擦是滑动摩擦，磨损严重，影响传动精度，效率低，不能满足高速、高效率和高精度的传动要求。为改善螺旋传动的功能，可将螺旋副做成滚道，并在滚道间充满滚珠，使螺旋副的摩擦成为滚动摩擦，这种螺旋称之为滚珠螺旋或滚珠丝杠。

滚动螺旋传动（图 1-4-46）的效率一般在 90%以上，它不自锁，具有传动的可逆性，但结构复杂，制造精度要求高，抗冲击性能差。它已广泛地应用于机床、飞机、船舶和汽车等要求高精度或高效率的场合。

滚动螺旋传动的结构形式，按滚珠循环方式分外循环和内循环。外循环的导路为一导管，将螺母中几圈滚珠连成一个封闭循环。内循环用反向器，一个螺母上通常有 2～4 个反向器，将螺母中滚珠分别连成 2～4 个封闭循环，每圈滚珠只在本圈内运动。外循环的螺母加工方便，但径向尺寸较大。为提高传动精度和轴向刚度，除采用滚珠与螺纹选配外，常用各种调整方法以实现预紧。

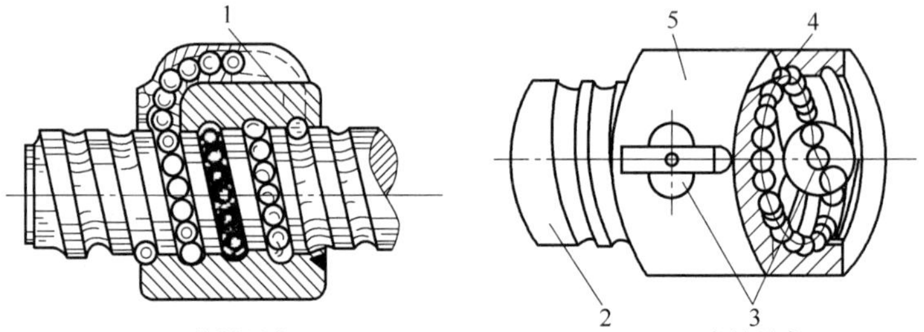

图 1-4-46 滚动螺旋传动

1—导路 2—螺杆 3—反向器 4—滚珠 5—螺母

第五节 联轴器、离合器、制动器

一、联轴器

联轴器又称连轴节，是用来将不同机构中的主动轴和从动轴牢固地连接起来一同旋转，并传递运动和扭矩的机械部件。有时也用于连接轴与其他零件（如齿轮、带轮等）。

常由两半合成，分别用键或紧配合等连接，紧固在两轴端，再通过某种方式将两半连接起来。联轴器有补偿两轴之间由于制造安装不精确、工作时的变形或热膨胀等原因所发生的偏移（图 1-4-47），以及缓和冲击、吸振等。

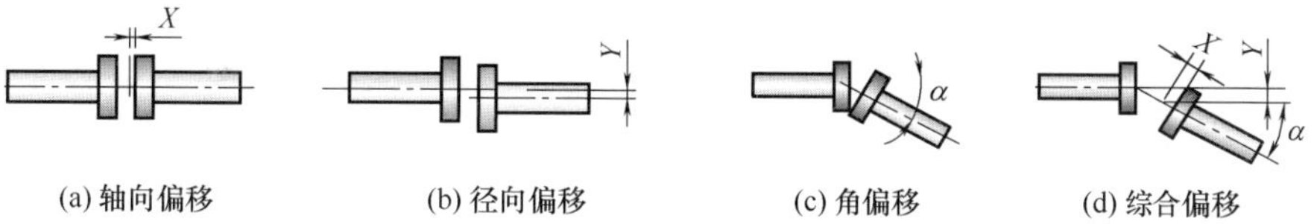

图 1-4-47　偏移的类型

1. 联轴器的类型

联轴器可分为刚性联轴器和挠性联轴器两大类。

刚性联轴器不具有缓冲性和补偿两轴线相对位移的能力，要求两轴严格对中，但此类联轴器结构简单，制造成本较低，装拆、维护方便，能保证两轴有较高的对中性，传递转矩较大，应用广泛。常用的有凸缘联轴器、套筒联轴器和夹壳联轴器等。

挠性联轴器又可分为无弹性元件挠性联轴器和有弹性元件挠性联轴器，前一类只具有补偿两轴线相对位移的能力，但不能缓冲减振，常见的有滑块联轴器、齿式联轴器、万向联轴器和链条联轴器等；后一类因含有弹性元件，除具有补偿两轴线相对位移的能力外，还具有缓冲和减振作用，但传递的转矩因受到弹性元件强度的限制，一般不及无弹性元件挠性联轴器，常见的有弹性套柱销联轴器、弹性柱销联轴器、梅花形联轴器、轮胎式联轴器、蛇形弹簧联轴器和簧片联轴器等。

2. 常用的联轴器

（1）凸缘联轴器。凸缘联轴器属于刚性联轴器，是把两个带有凸缘的半联轴器用普通平键分别与两轴连接，然后用螺栓把两个半联轴器连成一体，以传递运动和转矩。凸缘联轴器结构简单，制造方便，成本较低，工作可靠，装拆、维护均较简便，传递转矩较大，能保证两轴具有较高的对中精度，一般常用于载荷平稳，高速或传动精度要求较高的轴系传动。凸缘联轴器不具备径向、轴向和角向补偿。

凸缘联轴器有两种主要的结构形式：靠铰制孔用螺栓来实现两轴对中和靠螺栓杆承受挤压与剪切来传递转矩，如图 1-4-48（a）所示；靠一个半联轴器上的凸肩与另一个半联轴器上的凹槽相配合而对中，连接两个半联轴器的螺栓可以采用 A 级和 B 级的普通螺栓，转矩靠两个半联轴器结合面的摩擦力矩来传递，如图 1-4-48（b）所示。

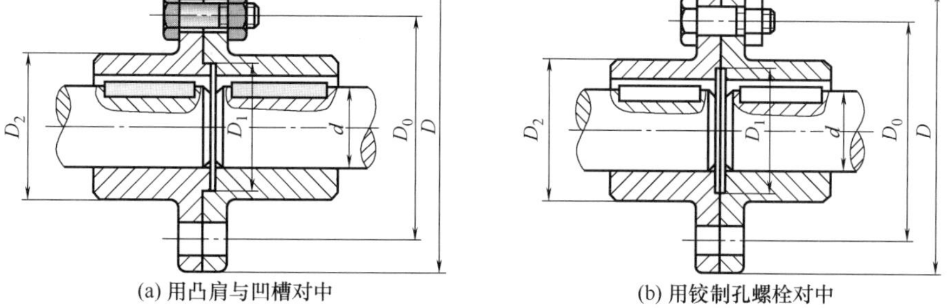

图 1-4-48　凸缘联轴器

（2）滑块联轴器。滑块联轴器又名金属十字滑块联轴器，其滑块呈圆环形，用钢或耐磨合金制成，如图 1-4-49 所示。十字滑块联轴器噪声大、效率低、磨损快，适用于转速较低、传递转矩较大的传动。滑块联轴器由两个轴套和一个中心滑块组成。中心滑块作为一个传递扭矩的元件，通常由工程塑料制成，特殊情况下可选择其他材料，例如金属材料。

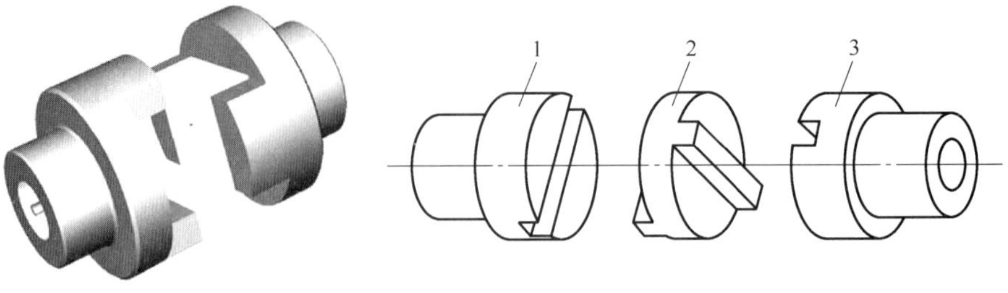

图 1-4-49 滑块联轴器

1、3—凹槽 2—凸肩

（3）齿式联轴器。齿式联轴器是可移式刚性联轴器中的一种。它利用内外齿啮合来实现两半联轴器间的扭矩和旋转运动的传递，适用于连接两同心轴的传动轴系，具有补偿两轴相对位移的性能。其结构如图 1-4-50 所示，它是由内齿圈、齿轴套及端盖等主要零件组成，一般小尺寸的齿式联轴器端盖和内齿圈可组成整体式。

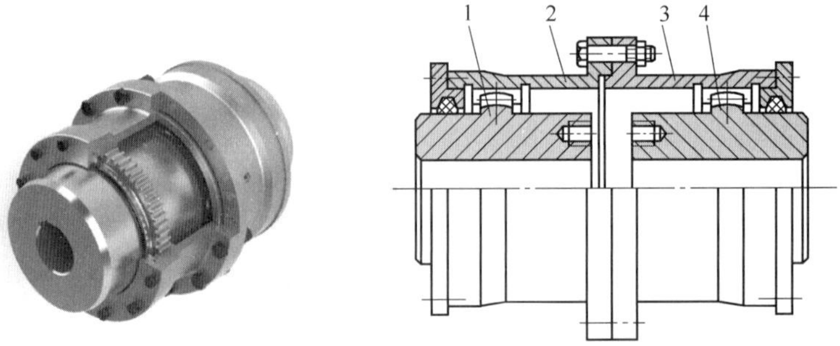

图 1-4-50 齿式联轴器

1、4—外齿轮轴套 2、3—内齿圈

目前，在市场上比较常见的齿式联轴器有一般结构齿式联轴器、鼓型齿式联轴器、尼龙齿式联轴器等。其中，鼓型齿式联轴器型号众多，应用广泛。齿式联轴器由于其结构紧凑、承载能力大、使用速度范围广、工作可靠等特点，在冶金、矿山、起重运输、石油和船舶等各类机械行业得到广泛应用。

（4）万向联轴器。万向联轴器（图 1-4-51）利用其结构的特点，使两轴不在同一轴线，存在轴线夹角的情况下能实现所连接的两轴连续回转，并可靠地传递转矩和运动。万向联轴器最大的特点是：其结构有较大的角向补偿能力，结构紧凑，传动效率高。不同结构形式万

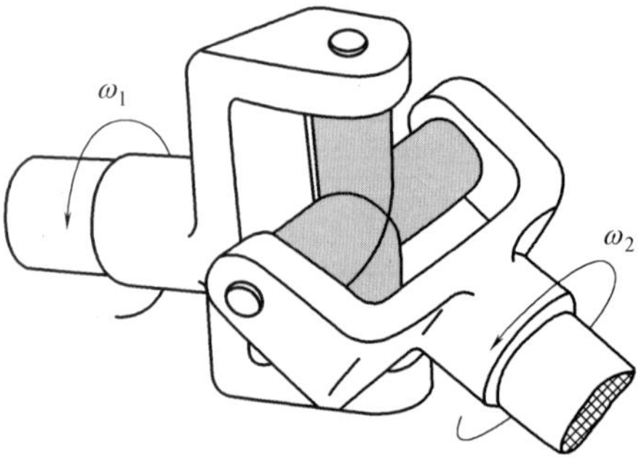

图 1-4-51 万向联轴器

向联轴器两轴线夹角不相同，一般在 5°～45°。

万向联轴器有多种结构形式，例如：十字轴式、球笼式、球叉式、凸块式、球销式、球铰式、球铰柱塞式、三销式、三叉杆式、三球销式、铰杆式等；最常用的为十字轴式，其次为球笼式。在实际应用中，根据所传递转矩大小，分为重型、中型、轻型和小型。

（5）弹性柱套销联轴器。如图 1-4-52 所示，弹性柱套销联轴器的结构与凸缘联轴器相似，是利用若干个非金属弹性材料制作的柱销（如尼龙 6、橡胶等）置于两个半联轴器凸缘孔中，通过柱销实现两个关联轴器连接，优点是通过弹性补偿两轴的相对位移并缓和冲击、吸收振动。弹性套柱销结构简单，容易制造，装拆方便，常用于传递转矩较小、工作转速较高、启动频繁和回转方向经常改变的机械装置中。

还有一种弹性柱销联轴器，无论是结构、原理，还是应用特点都与弹性柱套销联轴器相似，不同之处在于两个半联轴器之间的连接是采用具有弹性的非金属材料做的柱销。

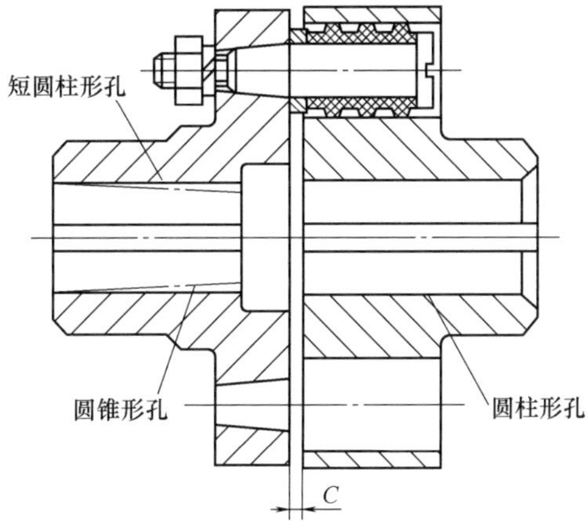

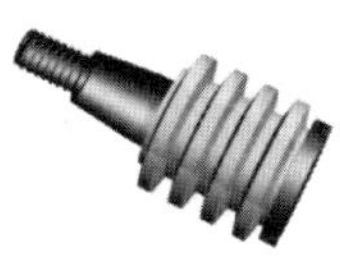

图 1-4-52　弹性柱套销联轴器

3. 联轴器类型的选择

选择联轴器类型时，应根据机器的工作特点、性能要求，结合联轴器的性能等进行选择，具体来说应主要考虑以下几点：

（1）对低速、刚性大的短轴，可选用刚性固定式联轴器。

（2）对低速、刚性小的长轴，则宜选用刚性可移式联轴器。

（3）对传递转矩较大的重型机械，可选用齿式联轴器。

（4）对需有一定补偿量，单向转动而冲击载荷不大的中、低速传动的水平轴的连接，可选用滚子链联轴器。

（5）对高速轴，应选用弹性联轴器。

（6）对轴线相交的两轴，则宜选用万向联轴器。

此外，还应考虑工作环境、使用寿命以及润滑、密封和经济性等条件，再根据工况确定联轴器型号尺寸，有必要时还应对联轴器主要零件进行工作能力校核。

二、离合器

离合器是机械传动中的常用部件，可将传动系统随时分离或接合。离合器类似于开关，具有接合或断离动力传递的作用，离合器机构其主动部分与从动部分可以暂时分离，又可以逐渐接合，并且在传动过程中还要有可能相对转动。离合器的主动件与从动件之间不可采用刚性连接。

1. 离合器的分类

离合器的基本要求有：接合平稳，分离迅速而彻底；调节和修理方便；外廓尺寸小；质量小；耐磨性好和有足够的散热能力；操作方便省力。

（1）按其工作原理可分为啮合式和摩擦式两类。啮合式是利用牙齿啮合传递转矩，可保证两轴同步运转，但只能在低速或停车时进行离合；摩擦式是利用工作表面的摩擦传递扭矩，能在任何转速下离合，有过载保护功能，但不能保证两轴同步运转。

（2）按离合控制方法不同，可分为操纵式和自动式两类。操纵式离合器有机械操纵式、电磁操纵式、液压操纵式和气压操纵式等；自动式离合器有超越离合器、离心离合器和安全离合器等，它们能在特定条件下自动地接合或分离。

2. 常用离合器

（1）牙嵌式离合器。牙嵌式离合器由两个端面上有牙的半离合器组成，半离合器 1 固定在主动轴上，半离合器 2 用导向平键（或花键）与从动轴连接，并通过操纵机构轴向移动滑块使其做轴向移动，从而起到离合作用，如图 1-4-53 所示。离合器的操纵可以通过手动杠杆、液压、气动或电磁的吸力等方式进行。牙有矩形、梯形、三角形、锯齿形和螺旋形等几种形式，牙数一般取 3～60。

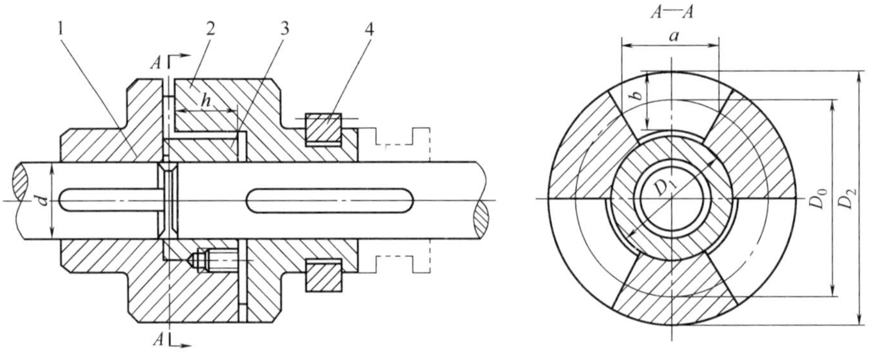

图 1-4-53　牙嵌式离合器

1、2—半离合器　3—导向键　4—齿轮

牙嵌离合器结构简单，外轮廓尺寸小，能传递较大的转矩，故应用较多，但牙嵌离合器只宜在两轴不回转和转速差很小时进行结合，否则牙齿可能会因受撞击而折断。

牙嵌离合器的常用材料为低碳合金钢（如 20Cr、20MnB），经渗碳淬火处理后使牙面硬度达到 HRC56～62。有时也采用中低合金钢（40Cr、45MnB），经表面淬火等处理后硬度达到 HRC48～52。

（2）摩擦离合器。摩擦离合器是机械设备尤其是有传动机构的机械设备的重要构件。它可通过机械的、电磁的、气压的和液压的等不同的操纵方式将轴向力垂直地加于圆盘上或圆盘间，利用圆盘间的切向摩擦力来实现机械传动链的主动侧和被动侧的接合、分离和制动等操作。

摩擦离合器可分为单片式、多片式和圆锥式三类，其中多片式摩擦离合器承载能力大、接合平稳，在实际生产中最为常用。

图 1-4-54 所示为多片式摩擦离合器，是由外摩擦片、内摩擦片、主动轴套筒、从动轴套筒和杠杆等组成。当操纵杆拨动滑环向左移动时，通过安装在从动轴套筒上的杠杆的作用，使内、外摩擦片压紧并产生摩擦力，使主、从动轴一起转动；当滑环向右运动时，则使两组摩擦片放松，从而使主、从动轴分离。

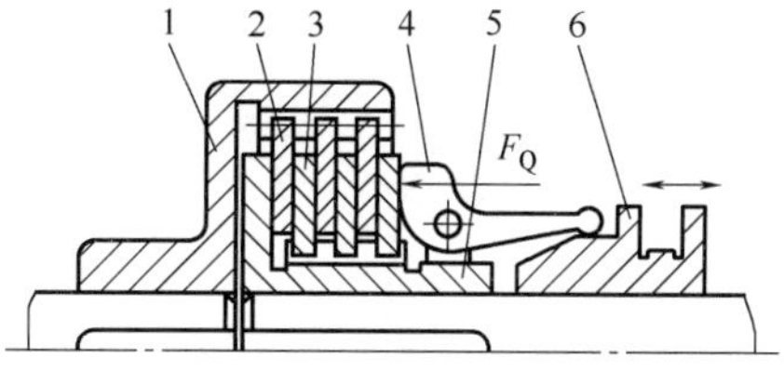

图 1-4-54　多片式摩擦离合器

1—主动套筒　2—外摩擦片　3—内摩擦片
4—杠杆　5—从动套筒　6—滑环

摩擦离合器安装调整方便，摩擦材料种类多，能保证在不同工况下，具有良好的工作性能。两轴可在任意大小转速差的工况下接合和分离（特别是能在高速下进行平稳离合），并可通过改变摩擦盘间的压力调节从动轴的加速时间，减少接合的冲击振动。过载时摩擦面间将打滑，具有安全保护作用。但接合过程有摩擦发热，同时还要调整摩擦面间隙。

（3）安全离合器。安全离合器的作用是，当工作扭矩超过机器允许的极限扭矩时，连接件将发生折断、脱开或打滑，从而使离合器自动停止传动，以保护机器中的重要零件不致损坏。安全离合器按接合元件的特性可分啮合式和摩擦式两类。

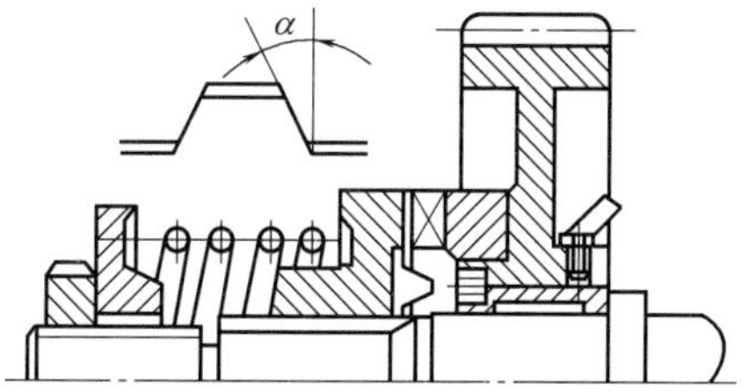

图 1-4-55　啮合式安全离合器

如图 1-4-55 所示为啮合式安全离合器，它与牙嵌式离合器较为相似，仅是牙的倾角 α 较大。它没有操纵机构，过载时牙面产生的轴向分力大于弹簧压力，迫使离合器退出啮合，从而中断传动。可通过利用螺母调节弹簧压力大小的方法控制传递转矩的大小。

这种离合器啮合在接合和分离时有较大的冲击，长期反复离合易使传动轴系零件损伤，故不宜用于接合时和分离后主、从动合分转速差较大的场所。

摩擦式安全离合器在接合和分离过程中有一段相对滑动摩擦过程，可消耗部分能量，故接合时平稳，并能缓和离合器分离时因传动中断引起的冲击；在接合时和分离后主、从动部分转速差较大以及有冲击的场所多采用摩擦式安全离合器，但摩擦式安全离合器在离合过程中均有磨损和发热的缺点。

（4）超越离合器。超越离合器是随着机电一体化产品的发展而出现的基础件，它是用于原动机和工作机之间或机器内部主动轴与从动轴之间动力传递与分离功能的重要部件。它是利用主、从动部分的速度变化或旋转方向的变换具有自行离合功能的装置。超越离合器分为楔块式超越离合器、滚珠式超越离合器和棘轮式超越离合器。

三、制动器

制动器是具有使运动部件（或运动机械）减速、停止或保持停止状态等功能的装置，是使机械中的运动件停止或减速的机械零件。

制动器主要由制架、制动件和操纵装置等组成。有些制动器还装有制动件间隙的自动调整装置。为了减小制动力矩和结构尺寸，制动器通常装在设备的高速轴上，但对安全性要求较高的大型设备（如矿井提升机、电梯等）则应装在靠近设备工作部分的低速轴上。制动器因现代工业机械的发展而出现多种新的结构形式，其中钳盘式制动器、磁粉制动器以及电磁制动器的应用最为广泛。

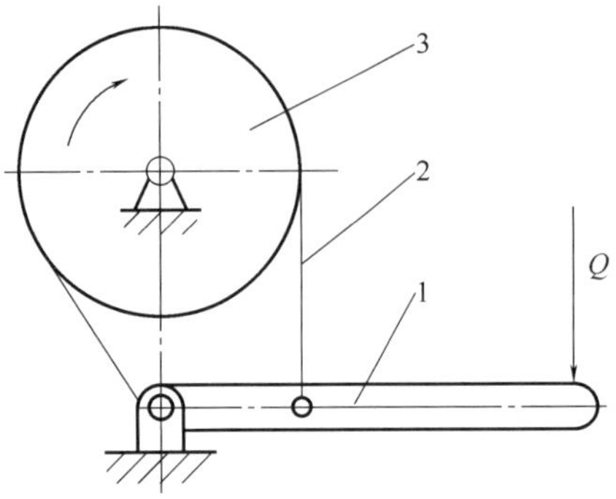

图 1-4-56 带式制动器

1—杠杆 2—制动带 3—制动轮

1. 带式制动器

带式制动器是利用围绕在鼓周围的制动带收缩而产生制动效果的一种制动器，如图 1-4-56 所示。

带式制动器的优点是：有良好的抱合性能；占用变速器较小的空间；当制动带贴紧旋转时，会产生一个使制动鼓停止旋转的所谓自增力作用的楔紧作用。带式制动器可在汽车自动变速器、船舶、海洋用锚绞机、绞车及矿山绞车、建筑绞车等设备上使用。

2. 盘式制动器

盘式制动器摩擦副中的旋转元件是以端面工作的金属圆盘，称为制动盘。摩擦元件从两侧夹紧制动盘而产生制动。固定元件则有多种结构形式，大体上可将盘式制动器分为钳盘式和全盘式两类。盘式制动器有液压型的，由液压控制，主要零部件有制动盘、分泵、制动钳、油管等。盘式制动器散热快、重量轻、构造简单、调整方便。

如图 1-4-57（a）所示为定钳盘式制动器的结构示意图。制动盘 1 固定在轮毂上，制动钳 4 固定在车桥上，既不能旋转也不能沿制动盘轴向移动。制动钳内装有两个制动轮缸活塞 2，分别压住制动盘两侧的制动块 3。当驾驶员踩下制动踏板使汽车制动时，来自制动主缸的制动液被压入制动轮缸，制动轮缸的液压上升，两轮缸活塞在液压作用下移向制动盘，将制动块压靠到制动盘上，制动块夹紧制动盘，产生阻止车轮转动的摩擦力矩，实现制动。

浮钳盘式制动器的制动钳是浮动的，可以相对于制动盘轴向移动。如图 1-4-57（b）所示为浮钳盘式制动器的结构示意图。

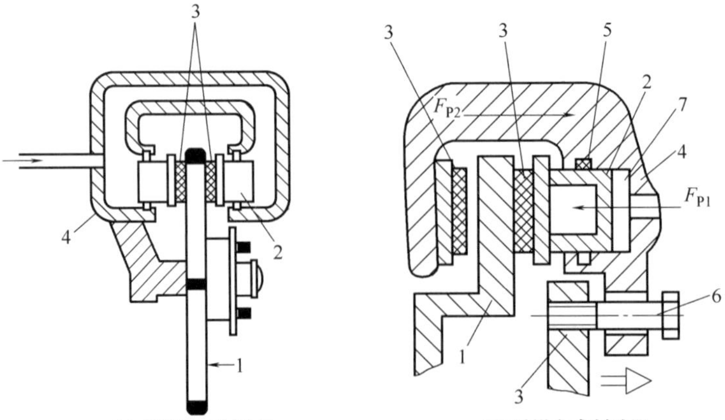

(a) 定钳盘式制动器 (b) 浮钳盘式制动器

图 1-4-57 钳盘式制动器

1—制动盘 2—活塞 3—制动块 4—制动钳 5—密封件 6—导向销 7—油缸

制动钳 4 一般设计成可以相对于制动盘 1 轴向移动。在制动盘的内侧设有液压油缸 7，外侧的固定制动块 3 附装在钳体上。制动时，制动液被压入油缸中，在液压作用下活塞向左移动，推动活动制动块也向左移动并压靠到制动盘上，于是制动盘给活塞一个向右的反作用力，使活塞连同制动钳体整体沿导向销 6 向右移动，直到制动盘左侧的固定制动块 3 也压到制动盘上。这时两侧制动块都压在制动盘上，制动块夹紧制动盘，产生阻止车轮转动的摩擦力矩，实现制动。

如图 1-4-58 所示为全盘式制动器的结构示意图。在重型载货汽车上，要求有更大的制动力，为此采用全盘式制动器。全盘式制动器摩擦副的固定元件和旋转元件都是圆盘形的，分别称为固定盘和旋转盘。制动盘的全部工作面可同时与摩擦片接触，其结构原理与摩擦离合器相似。

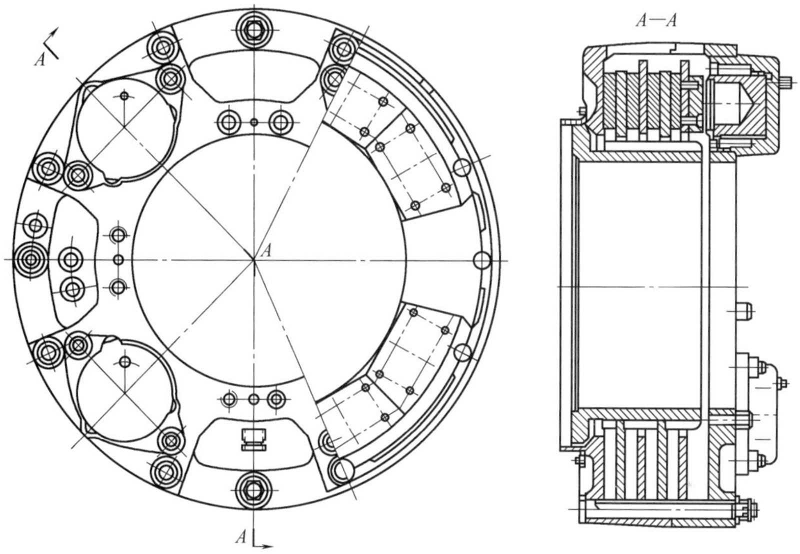

图 1-4-58　全盘式制动器

【思考与练习】

（1）在机械产品中，轴有哪些功用？其主要材料有哪些？

（2）常用的轴向固定方法和周向固定方法有哪些？

（3）如图 1-4-8 所示齿轮减速器的低速轴系中，齿轮和轴承分别是怎样实现轴向固定和周向固定的？

（4）滚动轴承的主要类型有哪些？各有什么特点？

（5）分析下列滚动轴承代号的含义：7317C、7412AC、62505/P6、7219AC。

（6）选用滚动轴承时主要应该考虑哪些因素？具体怎样考虑？

（7）键连接的功用是什么？常用键连接有哪些类型？

（8）半圆键连接有何应用特点？常用于什么场合？

（9）楔键连接与平键连接相比较有什么不同？楔键连接常用于什么场合？

（10）与平键连接相比较，花键连接有哪些优缺点？

(11) 已知B型平键 $b \times h \times L = 16mm \times 10mm \times 56mm$，A型平键 $b \times h \times L = 20mm \times 14mm \times 70mm$，试分别标注。

(12) 某齿轮与轴之间的普通平键连接，已知轴径 $d = 42mm$，齿轮轮毂宽度 $B = 85mm$。试确定平键的尺寸，并标记。

(13) 根据牙型的不同，螺纹可分为哪几种？各有什么特点？

(14) 什么是螺纹？它与螺纹螺距有什么关系？

(15) 普通螺纹的公称直径是指哪个直径？普通螺纹代号如何表示？

(16) 解释下列普通螺纹标记的含义：M12×1—6H、M20LH－5g6g－S。

(17) 螺纹连接的基本形式有哪几种？各有何特点？各适用于哪些场合？

(18) 为什么螺纹连接要采用防松措施？常用的防松方法和装置有哪些？

(19) 在图1-4-44(a)所示的普通螺旋传动中，已知左旋双线螺杆的螺距为8mm，若螺杆按图中方向回转4周，螺母移动了多少距离？方向如何？

(20) 联轴器和离合器在功用上有什么区别？

(21) 常用的联轴器有哪些类型？各有什么特点？分别应用于什么场合？

(22) 机械离合器有哪两种类型？各有什么特点？

(23) 什么是超越离合器？它是怎样实现接合和分离的？

项目篇

项目一

工程构件的静力分析

项目概述

静力学是研究物体的平衡规律，同时也研究力的一般性质及其合成法则。静力学是机械运动的特殊情况，即物体在外力作用下的平衡问题，包括对工程物体的受力分析，对作用在工程物体上的复杂力系进行简化，总结力系的平衡条件和平衡方程，从而找出平衡物体上所受的力与力之间的关系。

在静力学中，主要研究以下三个问题：

（1）物体的受力分析：分析物体共受几个力，以及每个力的作用位置和方向。

（2）力系的简化：力系的等效替换。

（3）建立各种力系的平衡条件：研究作用在物体上的各种力系所需满足的平衡条件。力系的平衡条件在工程中有着十分重要的意义，是设计结构、构件和机械零件时静力计算的基础。

学习导航

学习目标	（1）理解力、力矩、力偶的概念及性质 （2）掌握静力学相关公理、定理的应用 （3）掌握约束的种类及约束反力的确定方法 （4）掌握物体受力图的绘制 （5）掌握平面任意力系平衡方程的应用
知识点	（1）静力学公理 （2）常见约束的约束反力 （3）平面汇交力系的平衡计算 （4）力矩与力偶 （5）平面一般力系的平衡计算
重点	（1）物体受力图的绘制 （2）平面任意力系的平衡计算

任务一　压榨机构的受力分析

任务描述

如图 2-1-1 所示为一压榨机构的简图，在杠杆的端部加一力 F，试分析其杠杆、连杆的受力情况。

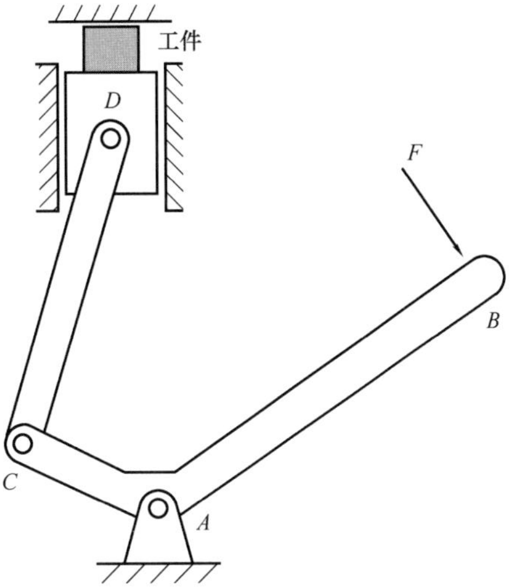

图 2-1-1　压榨机构简图

任务分析

压榨机构通过施加在杠杆上的力 F，在 C 点处以铰链连接连杆，带动压榨机的机头（滑块）完成物料的压榨功能。在整个机构中，杠杆和连杆是受力的研究对象，杠杆绕 A 点做往复摆动，连杆做复杂的平面运动，滑块做往复直线运动。F 为主动力，A、C、D 处均以铰链约束，若忽略杆的自重，杠杆 ABC 受三个力，连杆 CD 受两个力。按照先画主动力再画约束力的顺序画出所有的力，并标明力的符号。

任务实施

步骤一：知识准备

一、静力学基本概念

静力学研究的是物体在力系作用下的平衡规律。为使物体简化，静力分析中通常将物体视为刚体。

所谓刚体，是指在外力的作用下大小和形状始终保持不变的物体。显然刚体是一个理想化的力学模型，事实上并不存在刚体，只是许多物体的受力变形非常微小，对平衡问题研究影响不大，可以略去，可大大减少研究问题的复杂程度。

平衡是指物体相对于地球某处物体的静止或匀速直线运动状态。力系是作用在物体上的一群力，如果一个力系使物体处于平衡状态，则称该力系为平衡力系。

1. 力的定义

力的概念是人们在长期生存劳动和生活实践中逐步建立起来的，如投掷物体、拧螺钉等都要用力，同样机床加工也是力的作用。可见，力是物体之间相互的机械作用。这种作用使物体的运动状态发生改变或使物体产生变形。

使物体的运动状态发生改变的效应称为运动效应或外效应，如人推动小车运动等；使物体产生变形的效应称为变形效应或内效应，如起重机的横梁在起吊重物时会发生弯曲变形等。

2. 力的三要素

实践证明，力对物体作用的效应决定于力的三要素：

（1）力的大小：表示物体间相互机械作用的强弱程度。

（2）力的方向：表示力的作用线在空间的方位和指向。

（3）力的作用点（作用线）：表示力的作用位置。

力是一个具有大小和方向的矢量，图示时常用带箭头的线段表示，如图 2-1-2 所示。线段的起点 A 或终点 B 表示力的作用点，线段的长度表示力的大小，线段所在直线及箭头表示力的方向。

在国际单位制中，力的单位用牛顿（N）或千牛（kN）。

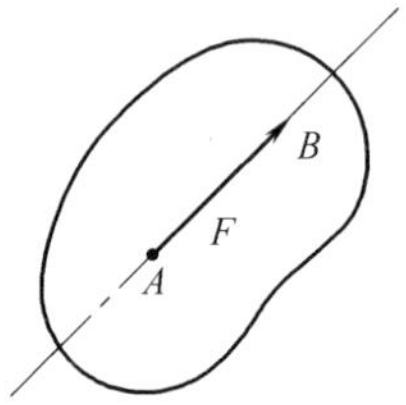

图 2-1-2 力的三要素

二、静力学公理

1. 二力平衡公理

刚体受两个力成平衡的必要与充分条件是：力的大小相等，方向相反，作用在同一直线上（图 2-1-3），即

$$F_1 = -F_2 \tag{2-1-1}$$

这个公理表明了作用于刚体上最简单力系平衡时所必须满足的条件。

工程上常将受两个力的作用而处于平衡的构件称为二力构件（二力杆），如图 2-1-4 所示的 AB 杆。根据二力平衡公理，二力构件上的两力必在两力作用点的连线上，且等值、反向。在结构中找出二力构件，对物体的受力分析至关重要。

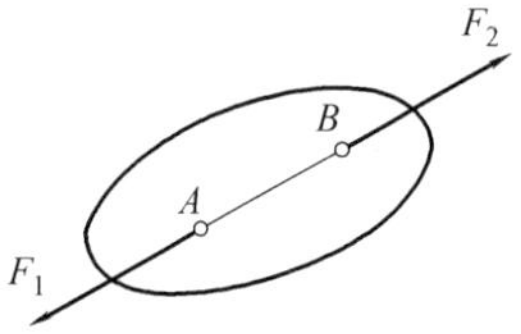

图 2-1-3 二力平衡公理

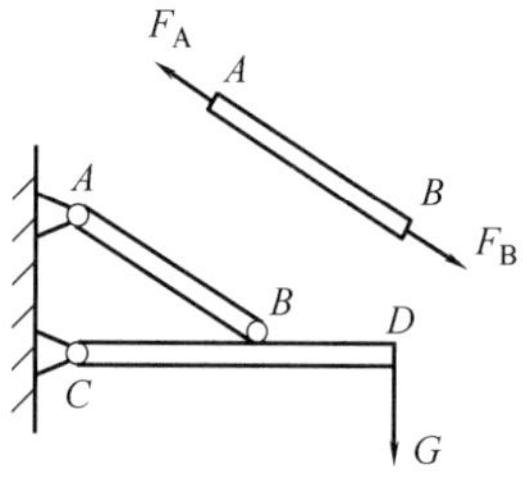

图 2-1-4 二力构件

2. 加减平衡力系公理

在作用于刚体的任意力系中，加上或减去平衡力系，并不改变原力系对刚体的作用效果。

推论　力的可传性原理

作用于刚体上的力可以沿其作用线移至刚体内任意一点，而不改变该力对刚体的作用效应。

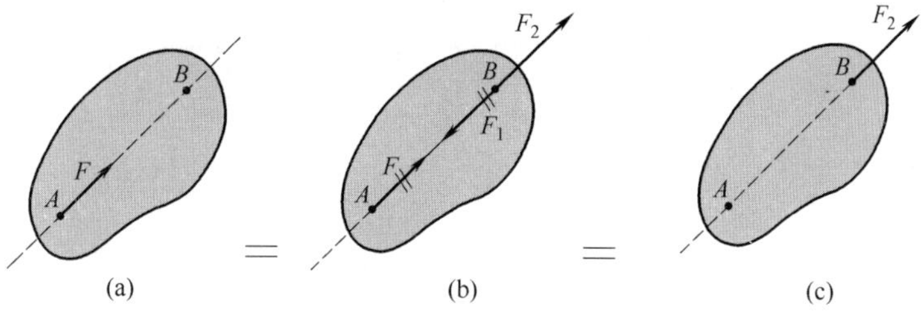

图 2-1-5　力的可传性

证明：如图 2-1-5（a）所示，在刚体上的点 A 作用力 F，根据加减平衡力系公理，可以在力 F 的作用线上任意点 B 处加上一对平衡力 F_1 和 F_2，使 $F=F_1=F_2$，如图 2-1-5（b）所示。由于 F 和 F_1 也是一对平衡力系，根据加减平衡力系公理，可以同时减去，这样，刚体上只剩下一个力 F_2，如图 2-1-5（c）所示，即原来的力 F 沿其作用线移动到了 B 点。

由此可见，力对刚体的效应与力的作用点在作用线上的位置无关，作用于刚体上的力可以沿着作用线移动，这种矢量称为滑动矢量。

3. 力的平行四边形公理

作用于物体上同一点的两个力可以合成为作用于该点的一个合力，它的大小和方向由以这两个力的矢量为邻边所构成的平行四边形的对角线来确定，如图 2-1-6 所示。为了简化作图和便于分析，两个共点力的合力也可以通过三角形法则来确定，如图 2-1-7 所示。

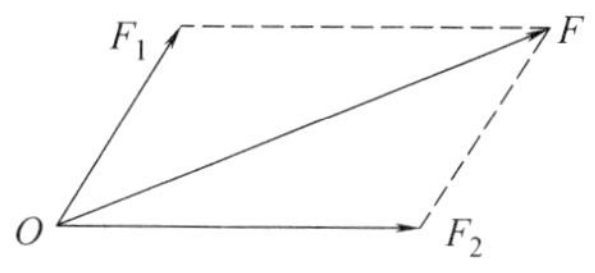

图 2-1-6　力的平行四边形法则

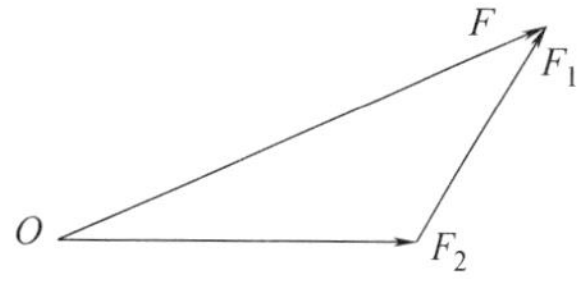

图 2-1-7　力的三角形法则

显然，力的合成具有唯一性，分解则有无穷多个解。

推论　三力平衡汇交原理

刚体受同一平面内互不平行的三个力作用而平衡时，则此三力的作用线必汇交于一点。

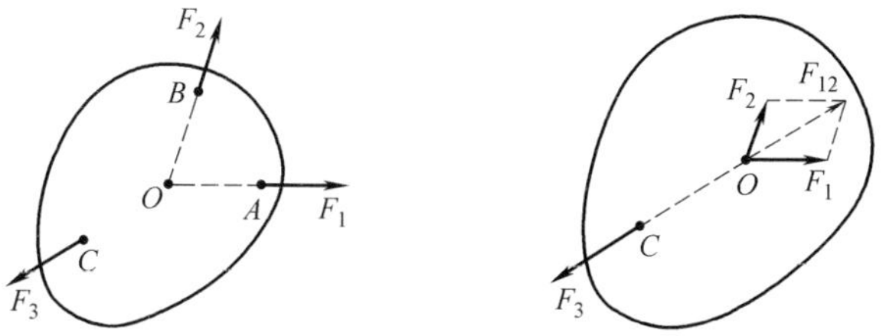

图 2-1-8　三力平衡汇交原理

证明：如图 2-1-8 所示，在刚体的 A、B、C 三点上，分别作用三个相互平衡的力 F_1、F_2、F_3，根据力的可传性，将力 F_1、F_2 移动到汇交点 O 处，然后根据力的平行四边形法则，得到合力 F_{12}，则 F_3 和 F_{12} 应为一对平衡力，根据二力平衡公理，所以 F_3 和 F_{12} 应该共线，因此 F_3 也必过 F_1 和 F_2 的交点 O，由此定理得证。

4. 作用与反作用公理

作用力和反作用力总是同时存在，两力的大小相等、方向相反，沿着同一直线，分别作用在两个物体上，如图 2-1-9 所示。

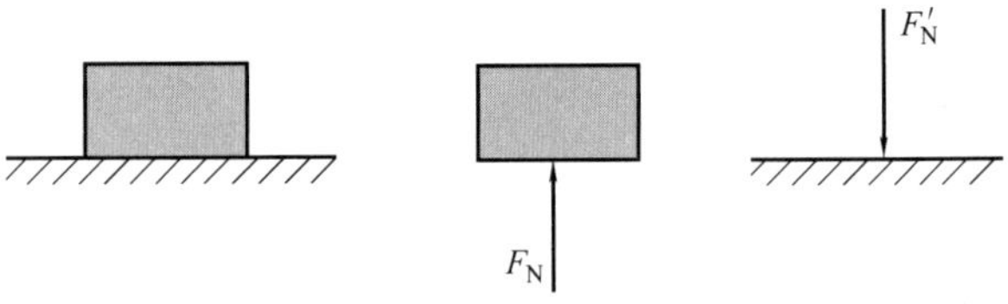

图 2-1-9 作用力与反作用力

这个公理表明作用力和反作用力总是成对出现的，二者总是同时存在，同时消失。一般习惯上将作用力与反作用力同一字母表示，其中一个（通常是反作用力）加撇以示区别。

该注意的是，作用力与反作用力虽然等值、反向、共线，但它们不能平衡，因为二者分别作用在两个物体上，不可与二力平衡公理混淆起来。

三、约束和约束反力

如果物体在空间的位置不受任何约束，则称为自由体。如炮弹在空中飞行，其轨迹只取决于重力、空气阻力及发射速度，如果改变发射速度的大小及方向，则从理论上讲炮弹可以占据空间任一位置。但另一类物体则不然，如在轨道上行驶的火车受到铁轨的限制能沿着轨道运行，房梁受立柱的限制，使它在空间得到稳定的平衡。像这种位置受到预先给定的限制的物体就称为非自由体。对非自由体的某些位移起限制作用的周围物体称为约束，约束作用于被约束物体上的力，称为约束力。

非自由体所受的力可分为两类：主动力及约束力。非自由体上所受到的所有促使物体运动或有运动趋的力，称为主动力，主动力有时候又称为载荷。约束力是由主动力引起的，故它是一种被动力。由约束力的性质可知，约束力阻碍物体的运动，其方向必定与所阻碍的物体运动方向相反。约束力是未知力，约束力取决于约束本身的性质、主动力和物体的运动状态，约束力阻止物体运动的作用是通过约束与物体相互接触来实现的，因此：

（1）约束力的作用点在物体相互接触处。

（2）约束力的方向总是与约束所能阻止物体的位移方向相反。

（3）约束力的大小与主动力有关，要根据平衡条件来确定。

实际工程中的约束多种多样，甚至十分复杂，但经过简化，均可以抽象成一些理想的约束模型。下面介绍一些最基本的理想的约束模型。

1. 柔体约束

工程中绳索、胶带、链条等柔性体形成的约束称为柔性约束。

由于柔体只能承受拉力，而不能承受压力，所以柔体给物体的约束力也只能是拉力，因此柔性约束产生的约束反力通过接触点，沿柔体的中心线而背离物体。通常用 F_T 表示，如图 2-1-10 所示。

2. 光滑面约束

当两个物体直接接触，并忽略接触处的摩擦时就可视为光滑有约束。物体可以沿约束表面切线相对滑动，但沿接触面法线方向的运动受到限制。因此，光滑面约束反力作用于

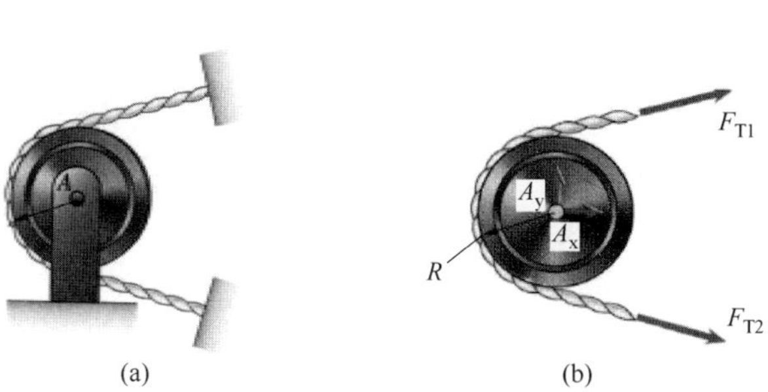

图 2-1-10　柔体约束及其约束反力

接触点，沿接触面的公法线且指向被约束物体，或称为正压力，常用 F_N 表示，如图 2-1-11 所示。

如图 2-1-12 所示，重量为 G 的工件放入凹槽内，在 A、B、C 三点处分别与槽作用，约束力为光滑面约束，沿接触面公法线指向工件，如图 2-1-12 所示。

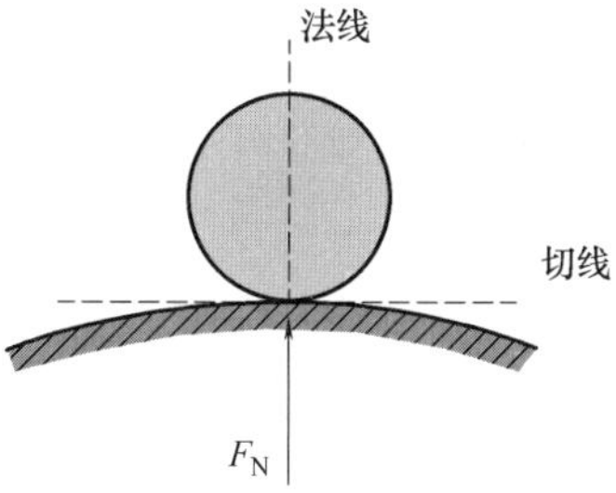

图 2-1-11　光滑面约束

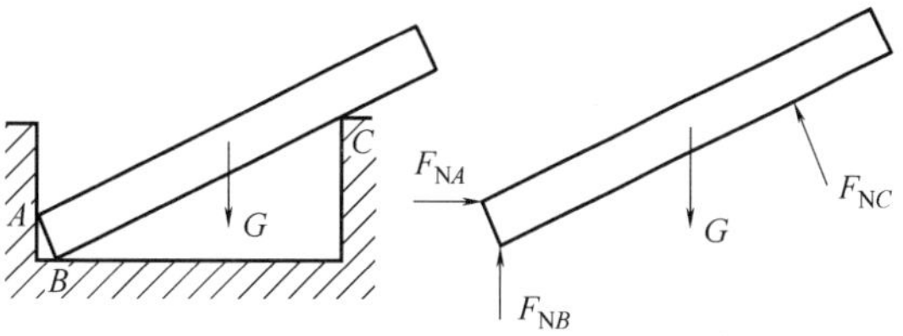

图 2-1-12　光滑面约束实例

3. 光滑铰链约束

铰链约束是工程上连接两个构件的常见约束方式，是由两个端部带有圆孔的构件，用一根销连接而成，如图 2-1-13 所示。约束只限制两物体径向的相对移动，而不限制两物体绕铰链中心的相对转动及沿轴向的位移。门窗的合页、活塞销等都是常见的光滑铰链。

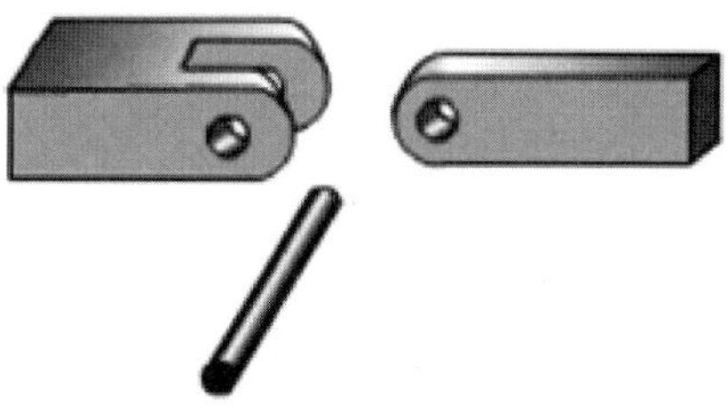

图 2-1-13　光滑铰链约束

(1) 固定铰链支座约束。若相连接的构件有一个固定在地面或机架上，则这种约束称为固定铰链支座，如图 2-1-14 所示。

这类约束力沿圆柱面接触点的公法线，由于销钉与销钉孔壁接触点与被约束物体所受的主动力有关，一般不能预先确定，所以约束反力 F 的方向也不能确定，通常用两个正交的分类 F_x、F_y 来表示，如图 2-1-15 所示。

但需注意的是，当固定铰链约束是二力构件时，其约束力满足二力平衡条件，沿着约

图 2-1-14　固定铰链支座结构

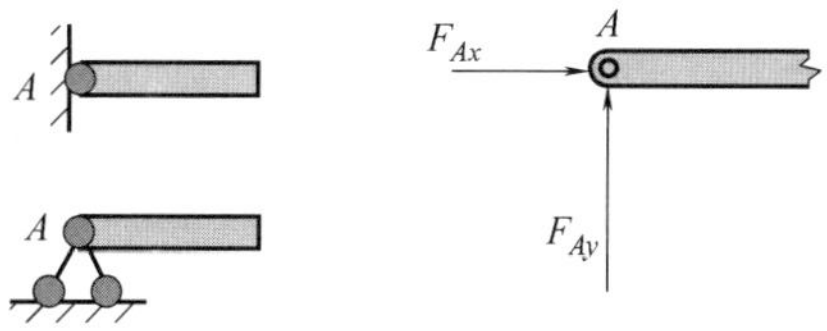

图 2-1-15　固定铰链支座简化符号和约束力

束力的作用点连线，方向是确定的。

（2）中间铰链支座约束。若相连接的构件均不固定，则这种约束称为中间铰链支座，这类约束力沿圆柱面接触点的公法线，由于销钉与销钉孔壁接触点与被约束物体所受的主动力有关，一般不能预先确定，所以约束反力 F 的方向也不能确定，通常用两个正交的分类 F_x、F_y 来表示，如图 2-1-16 所示。

图 2-1-16　中间铰链支座约束力

（3）活动铰链支座。支座下面装上滚子，使它能在支承面上任意移动，称为活动铰链支座，如图 2-1-17 所示。其约束性质与光滑面约束相同，约束力通过铰链中心，并垂直于支承面，如图 2-1-18 所示。

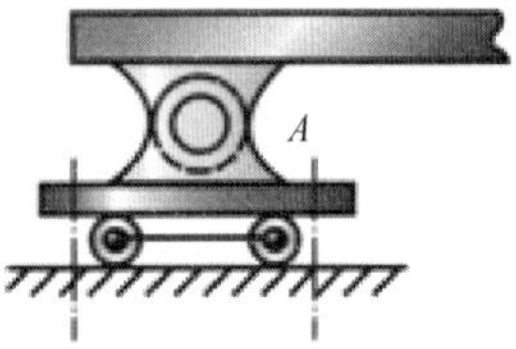

图 2-1-17　活动铰链支座约束

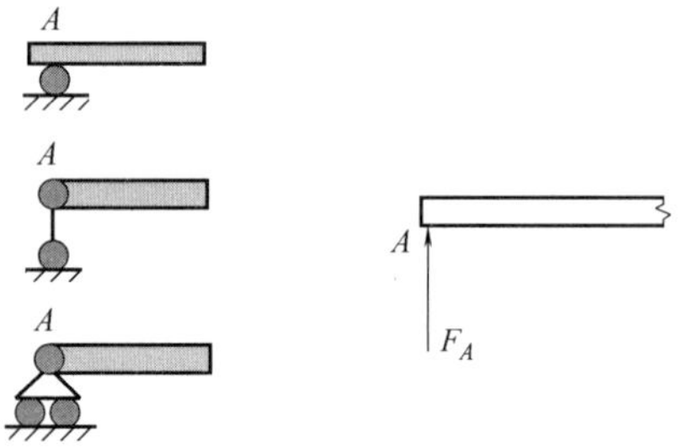

图 2-1-18　活动铰链支座约束简化符号和约束力

4. 固定端约束

工程中还有一种常见的约束形式，如悬臂梁，称为固定端约束，如图 2-1-19 所示，这种约束的特点是构件一端被固定，既不允许构件随意移动，也不允许构件绕其固定端转动，因此，固定端约束力方向不确定，用两个正交的分力 F_x、F_y 来表示，并且有一个约束力偶 M 来限制构件的转动（图 2-1-20）。

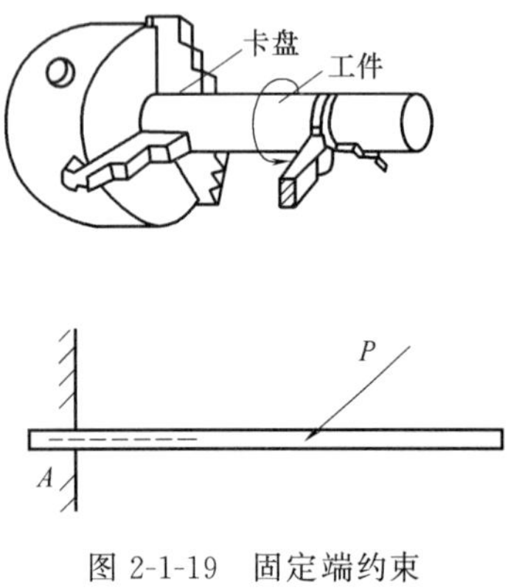

图 2-1-19　固定端约束

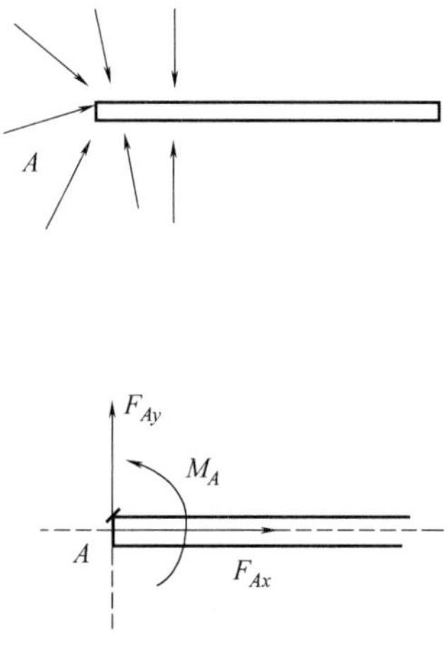

图 2-1-20　固定端约束反力

四、受力分析与受力图

在研究平衡物体上力的关系及运动物体上作用力与运动的关系时，都需要首先对物体进行受力分析，即确定作用在物体上力的数目、作用点和位置，然后了解其作用线方向、大小的有关信息。为了清楚地显示物体的受力状态，通常将被研究的物体从所受的约束中分离出来，在分离体上画出其所受的全部主动力和约束力，并用矢量标明全部作用力。分离的过程称为取分离体，最后得到的标明力的图称为受力图。

画受力图的步骤如下：

（1）确定研究对象。

（2）取分离体：把该物体从与它相联系的周围物体中分离出来，解除全部约束，单独画出该物体的图形。

（3）画主动力：在分离体上画出全部主动力，并标明力的符号。

（4）画约束力：在分离体上根据约束的类型画出全部的约束反力，并标明力的符号。

步骤二：案例应用

【例 2-1-1】 如图 2-1-21（a）所示，一重为 G 的球 A，用绳子 BC 系在光滑的铅垂墙壁上，试画出球 A 的受力图。

解：（1）以球为研究对象。

（2）使从研究对象约束中分离出来。

（3）画出主动力 G，并标注，G 作用于球的重心。

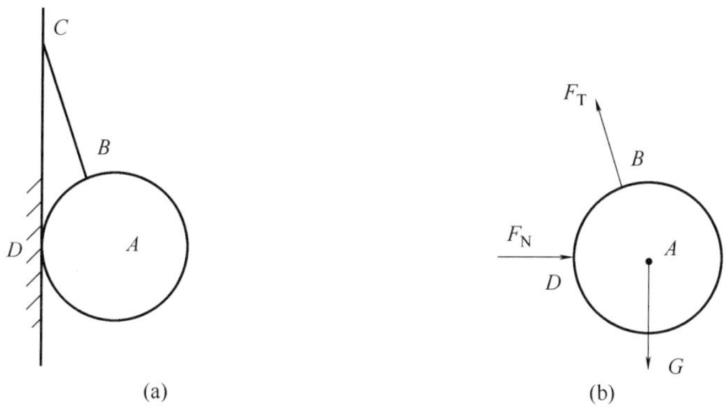

图 2-1-21 【例 2-1-1】图

（4）画出所有约束力：绳的拉力 F_T（沿绳的中心并背离物体）；光滑墙壁与球的约束为光滑面约束，根据约束性质，该处的约束力 F_N 为过接触点 D，沿着其公法线方向，指向受力物体，如图 2-1-21（b）所示。

【例 2-1-2】 如图 2-1-22（a）所示，忽略杆的重力，画杆 AB 的受力图。

解：（1）确定杆 AB 为研究对象。

（2）使从研究对象约束中分离出来。

（3）画出主动力 F，并标注。

（4）画出约束力：包括 A 点的固定铰链支座和 B 点的活动铰链支座的约束反力。

方法 1：如图 2-1-22（b）所示，A 点为固定铰链支座，该处的约束力方向不能确定，用两个正交的分力 F_{Ax}、F_{Ay} 表示；B 点为活动铰链支座，该处的约束力 F_B 为过铰链 B

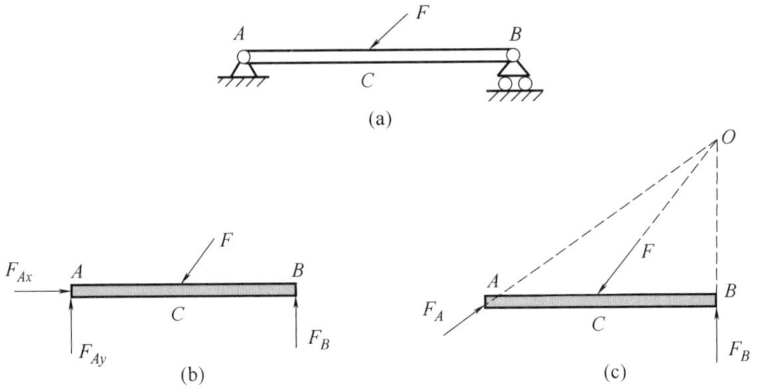

图 2-1-22 【例 2-1-2】图

中心，沿着其公法线方向，指向受力物体。

方法 2：如图 2-1-22（c）所示，B 点为活动铰链支座，该处的约束力 F_B 为过铰链 B，沿着其公法线方向，指向受力物体。A 点为固定铰链支座，但杆 AB 受平面 3 个力处于平衡状态，所以这三个力满足三力汇交定理，据此，延长主动力 F 和 B 点约束力 F_B 的作用线交于 O 点，连接 O 点与 A 点，得到 A 点处约束力的方向。

【例 2-1-3】 如图 2-1-23 所示结构，画 AD、BC 的受力图（杆的自重忽略不计）。

分析思路和过程：

① 先确定二力杆：即此二力一定沿二力杆的两个端点的连线，满足二力平衡条件。

② 画与二力构件相联系的其他物体的受力，注意作用力与反作用力公理的应用。

③ 如果一个刚体上受到三个非平面力的作用，可根据三力汇交定理确定第三个力的方向。

④ 其他约束力按约束的类型及受力特点画约束力。

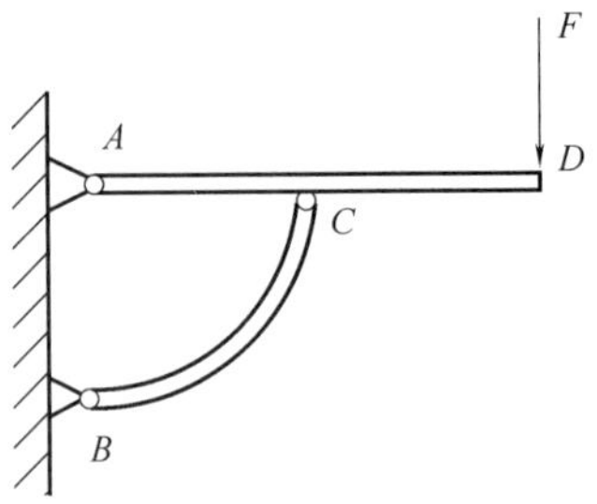

图 2-1-23 【例 2-1-3】图

解：（1）分析 BC 杆的受力。

由于 BC 杆自重忽略不计，根据光滑铰链的特性，B、C 两处的约束力 R_B、R_C 分别通过铰链 B、C 的中心，方向暂不确定，但考虑到杆 BC 只在 B、C 两点处受约束力作用且处于平衡状态，根据二力平衡公理，这两个力必定等值、反向、共线，由此可以确定 F_B、F_C 的作用线应沿着铰链中心 B、C 的连线，由经验可知，此处杆 BC 受压，其受力图如图 2-1-24（a）所示。注意：一般情况下，F_B、F_C 的作用力方向不能预先判定，可先任意假设杆受拉或受压，然后根据平衡方程求得的力若为正值，说明原假设力的指向一致，若为负值，说明实际杆受力与原假设指向相反。

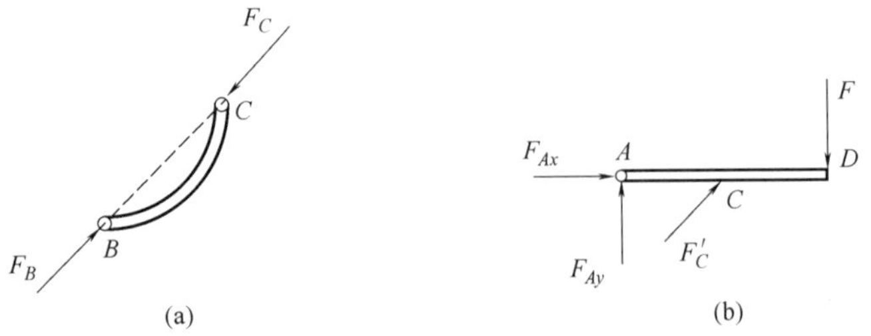

图 2-1-24 【例 2-1-3】解题图

（2）画 AD 杆的受力图。

① 取 AD 杆为研究对象。

② 将其从约束中分离出来。

③ 画出主动力：杆 AD 受一个主动力 F 作用。

④ 画出约束力：杆 AD 在 C 点处受 BC 杆给它的约束力 F'_C（与 F_C 互为作用力与反作用力）；A 点为固定铰链支座，该处的约束力方向不能确定，用两个正交的分力 F_{Ax}、F_{Ay} 表示如图 2-1-24（b）所示。A 点的约束反力方向也可以根据三力平衡汇交定理确定。

步骤三：绘制压榨机构受力图

分析如图 2-1-1 所示的压榨机构：

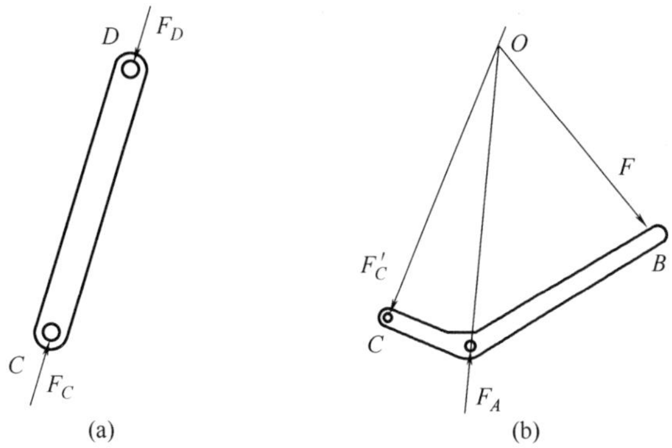

图 2-1-25　压榨机构的受力图

（1）CD 连杆仅在 C、D 点受力，且忽略自重，故为二力杆，所以先绘制 CD 连杆的受力图，如图 2-1-25（a）所示。

（2）ABC 杠杆中 C 点受力与 CD 连杆 C 点受力为作用力与反作用力，可以根据 CD 连杆 C 点的受力作出力的方向，A 点为固定铰链约束，其约束力方向不确定，可以根据三力汇交定理来确定其方向，如图 2-1-25（b）所示。

任务二　液压增力机构的平衡分析

任务描述

如图 2-1-26 所示为液压增力机构的简图，杆 AB 和 BC 的长度相等，自重忽略不计。

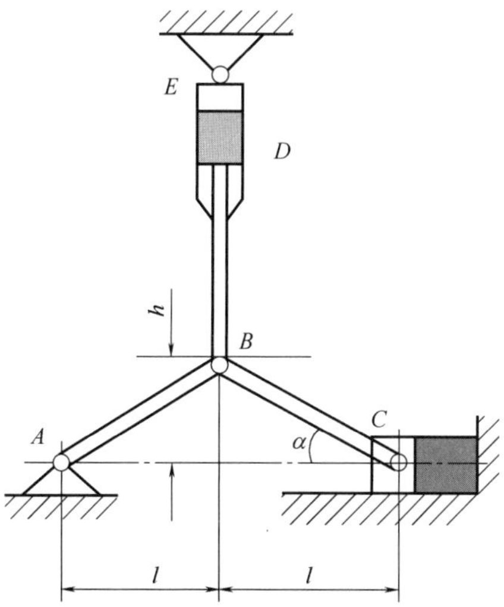

图 2-1-26　液压增力机构简图

A、B、C、E 处为铰链连接。已知活塞上受到油液推力为 $F=20\text{kN}$，$l=400\text{mm}$，$h=200\text{mm}$，试确定物体所受的夹紧力。

任务分析

在机械传动中，有些由于各种原因例如易燃易爆不能使用电动机的场合，就需要以液压能驱动输出轴旋转输出转动力矩，多缸活塞式液压增力机就是其中的一种。它是由液压驱动的执行机构推动动力输出机构工作，是一种将液压能转换为转动力矩的装置，具有节约能源，增大力矩，低噪声的优点。

根据图 2-1-26 所示，当液压油推动活塞向下运动时，在活动铰链 B 处通过杆 AB 和 BC 的作用推动物体向右移动，以达到增压。由于 B 为力的交汇点，可作为研究对象，根据受力特点画受力图，通过建立坐标系、列平衡方程，求解杆 BC 在 B 点的约束力 F_{CB}。根据作用力与反作用力，物体 C 点处的约束力 F_{BC} 等于 F_{CB}，由图可知，物体所受的夹紧力大小为 C 点的约束力在水平方向的分力。

任务实施

步骤一：知识准备

平面汇交力系：工程上有许多力学问题，由于结构和受力具有平面对称性，都可以简化成平面力系来处理。若各力的作用线分布在同一平面内的，该力系称为平面力系。在平面力系中各力作用线汇交于一点的，称为平面汇交力系，如图 2-1-27 所示。

一、力在坐标轴上的投影

如图 2-1-28 所示，设力 F 作用于刚体上的 A 点，在力的平面内建立坐标系 xOy。a_1b_1 则为力 F 在 x 轴上的投影，a_2b_2 为力 F 在 y 轴上的投影。

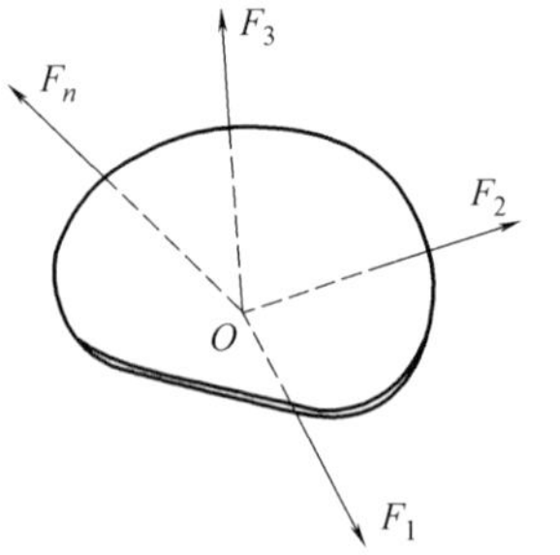

图 2-1-27 平面汇交力系

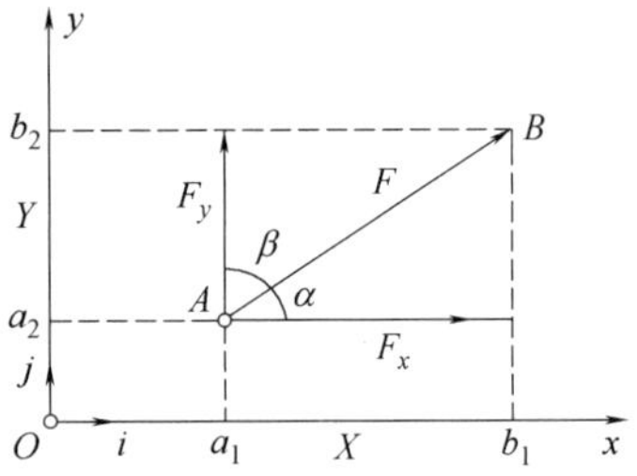

图 2-1-28 力在坐标轴的投影

力在坐标轴上的投影是代数量。投影与力的大小及方向有关，即：

$$\left.\begin{aligned} F_x &= \pm F\cos\alpha \\ F_y &= \pm F\sin\alpha \end{aligned}\right\} \tag{2-1-2}$$

式中 α 为力 F 与 x 轴正方向所夹的锐角。

正负号规定：力的投影由始端到末端与坐标轴正向一致其投影取正号，反之取负号。

注意　两种特殊情况：

（1）力与坐标轴平行。力在该轴上的投影的绝对值等于力的大小。

（2）力与坐标轴垂直。力在该轴上的投影等于 0。

力的投影与力沿该轴方向的分力关系：投影的绝对值等于分力的大小；投影的正负号指明了分力是沿该轴的正向还是负向。

结论：利用力在坐标轴上的投影可以同时表明力沿直角坐标轴分解时分力的大小和方向。但应注意：投影是代数量，分力是矢量，两者不可混淆。

力与投影的关系：

$$F=\sqrt{F_x^2+F_y^2} \tag{2-1-3}$$

$$\alpha=\arctan\left|\frac{F_y}{F_x}\right| \tag{2-1-4}$$

二、合力投影定理

合力在某一轴的投影，等于各分力在同一轴上投影的代数和，如图 2-1-29 所示，即：

$$\begin{cases}F_{Rx}=F_{1x}+F_{2x}+\cdots+F_{nx}=\sum_{i=1}^{n}F_{ix}\\F_{Ry}=F_{1y}+F_{2y}+\cdots+F_{ny}=\sum_{i=1}^{n}F_{iy}\end{cases} \tag{2-1-5}$$

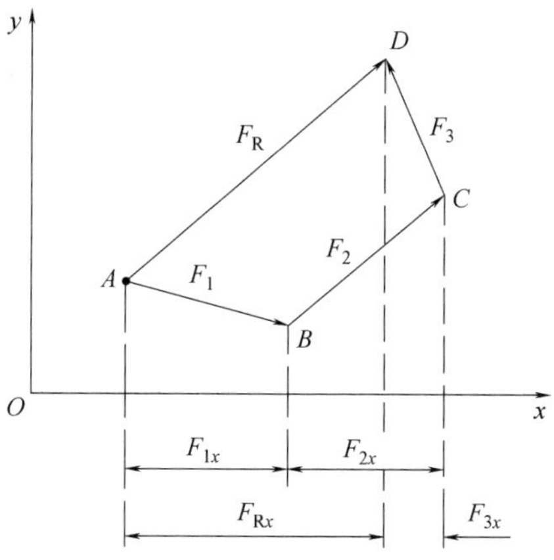

图 2-1-29　合力投影

合力的大小和方向：

$$F_R=\sqrt{F_{Rx}^2+F_{Ry}^2}=\sqrt{(\sum F_x)^2+(\sum F_y)^2} \tag{2-1-6}$$

$$\alpha=\arctan\left|\frac{F_{Ry}}{F_{Rx}}\right| \tag{2-1-7}$$

三、平面汇交力系的平衡条件

由于平面汇交力系的合成的结果是一个合力，故可得到平面汇交力系平衡的充要条件是：该力系的合力为 0，即 $F_R=0$。

根据公式 2-1-6 可知：

$$\begin{cases}\sum F_x=0\\\sum F_y=0\end{cases} \tag{2-1-8}$$

平面汇交力系平衡的充要条件是：各力在两个坐标轴上投影的代数和分别为 0。

公式（2-1-8）称为平面汇交力系的平衡方程。这是两个独立的方程，可以求解两个未知量力。

步骤二：案例应用

【例 2-1-4】　用解析法求图 2-1-30 所示平面汇交力系的合力。

解：（1）计算各分力在坐标轴上的投影。

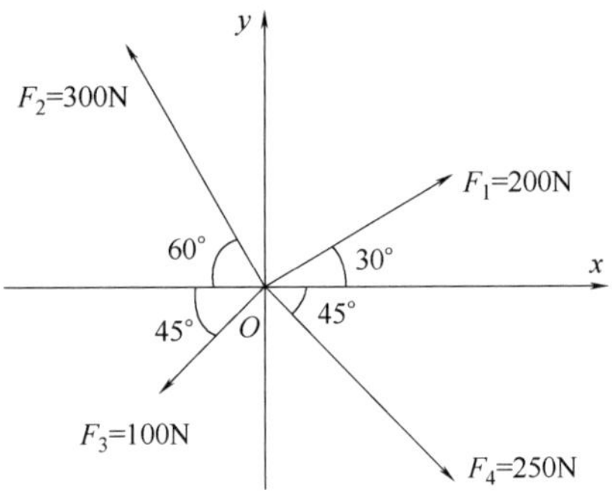

图 2-1-30 【例 2-1-4】图

$$\begin{cases} F_{1x}=F_1\cos30°=200\times\frac{\sqrt{3}}{2}=100\sqrt{3}\ (\text{N}) \\ F_{1y}=F_1\sin30°=200\times\frac{1}{2}=100\ (\text{N}) \end{cases}$$

$$\begin{cases} F_{2x}=-F_2\cos60°=-300\times\frac{1}{2}=-150\ (\text{N}) \\ F_{2y}=F_2\sin60°=300\times\frac{\sqrt{3}}{2}=150\sqrt{3}\ (\text{N}) \end{cases}$$

$$\begin{cases} F_{3x}=-F_3\cos45°=-100\times\frac{\sqrt{2}}{2}=-50\sqrt{2}\ (\text{N}) \\ F_{3y}=-F_3\sin45°=-100\times\frac{\sqrt{2}}{2}=-50\sqrt{2}\ (\text{N}) \end{cases}$$

$$\begin{cases} F_{4x}=F_4\cos45°=250\times\frac{\sqrt{2}}{2}=125\sqrt{2}\ (\text{N}) \\ F_{4y}=-F_4\sin45°=-250\times\frac{\sqrt{2}}{2}=-125\sqrt{2}\ (\text{N}) \end{cases}$$

（2）利用合力投影定理求解。

$$\begin{cases} F_{Rx}=\sum F_x=F_{1x}+F_{2x}+F_{3x}+F_{4x}\approx129.3\ (\text{N}) \\ F_{Ry}=\sum F_y=F_{1y}+F_{2y}+F_{3y}+F_{4y}\approx112.3\ (\text{N}) \end{cases}$$

$$F_R=\sqrt{F_{Rx}^2+F_{Ry}^2}=\sqrt{129.3^2+112.3^2}=171.3\ (\text{N})$$

$$\alpha=\arctan\frac{F_{Ry}}{F_{Rx}}=\arctan\frac{112.3}{129.3}\approx40.975°$$

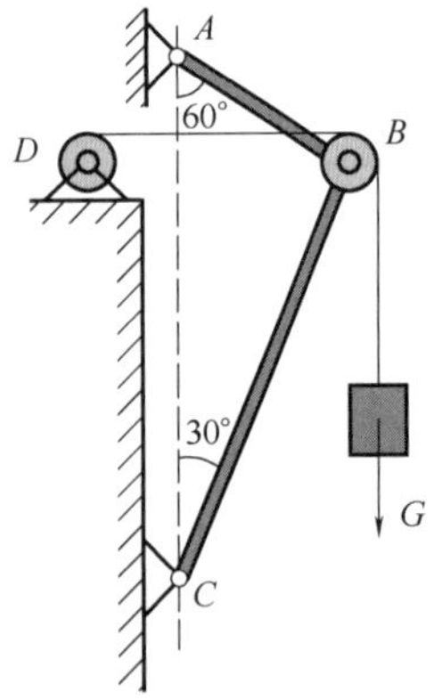

图 2-1-31 【例 2-1-5】图

【例 2-1-5】 如图 2-1-31 所示，重物 $G=20\text{kN}$，用钢丝绳挂在支架的滑轮 B 上，钢丝绳的另一端绕在绞车 D 上。杆 AB 与 BC 铰接，并以铰链 A、C 与墙连接。试求平衡时杆 AB 和 BC 所受的力（忽略杆的重力、摩擦和滑轮大小）。

解：（1）选滑轮 B 作为研究对象。

（2）画受力图，建立坐标系，如图 2-1-32（c）所示。

分析：杆 AB 和 BC 为二力杆，受力情况如图 2-1-32（a）和图 2-1-32（b）所示。

（3）列平衡方程。

$$\sum F_x=0 \quad -F_{BA}+G\cos60°-F_2\cos30°=0$$

$$\sum F_y=0 \quad F_{BC}-G\cos30°-F_2\cos60°=0$$

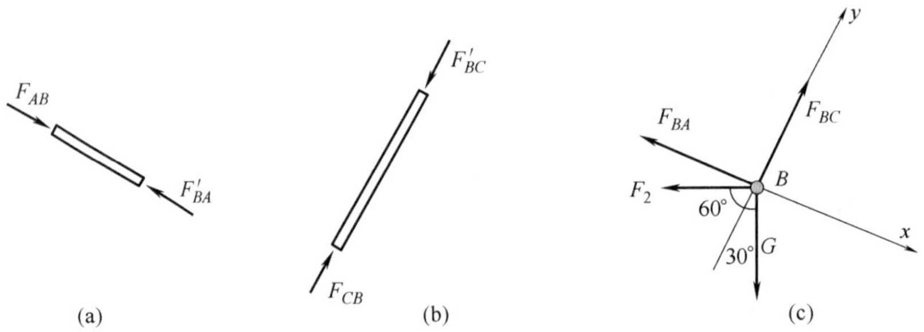

图 2-1-32 杆和销的受力图

（4）解方程。

$$F_{BA} \approx -7.321\ (\text{kN}),\ F_{BC} \approx 27.321\ (\text{kN})$$

根据作用力与反作用力定律，*AB* 杆受拉力，大小为 F_{BA}，杆 *BC* 受压力，大小为 F_{BC}。

步骤三：分析计算液压增力机构物体所受的夹紧力

分析步骤：

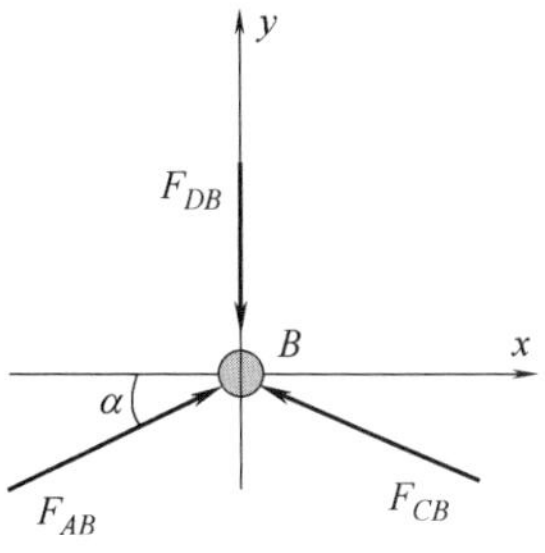

图 2-1-33　液压增力机构的受力图

（1）在如图 2-1-26 所示的液压增力机构简图中，选 *B* 点为研究对象，画出受力图，如图 2-1-33 所示。

（2）建立坐标系。

（3）列平衡方程。

$$\begin{cases} \sum F_x = 0 & F_{AB}\cos\alpha - F_{CB}\cos\alpha = 0 \\ \sum F_y = 0 & -F_{DB} + F_{AB}\sin\alpha + F_{CB}\sin\alpha = 0 \end{cases}$$

（4）解方程。

$$F_{AB} = F_{CB} = 10\sqrt{5}\,(\text{kN})$$

因为 *BC* 杆为二力构件，所以 *C* 点处的约束力等于 F_{CB}，大小为 $10\sqrt{5}$ kN，由图 2-1-26 可知，物体所受的夹紧力 *F* 大小为 *C* 点的约束力在水平方向的分力。

$$F = F_{CB}\cos\alpha = 20\,(\text{kN})$$

任务三　悬挂自立式起重机的平衡分析

任务描述

如图 2-1-34 所示悬挂自立式起重机（KBK），已知参数：横梁长 $S=6$m，自重 $G=5$kN，电葫芦及重物 $P=10$kN，拉杆倾斜角度为 30°，拉杆自重不计。试计算当电葫芦走到 $D=4$m 处时，拉杆的拉力和支座的约束反力。

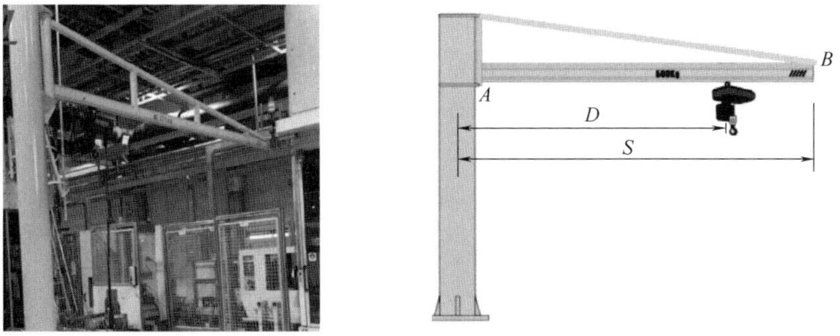

图 2-1-34　悬挂自立式起重机

任务分析

根据悬挂自立式起重机的工作情况和受力特点，分析确定为平面任意力系。以支承梁 AB 为研究对象，根据受力特点画受力图，通过建立坐标系、列平面任意力系的平衡方程，求解未知量力。

任务实施

步骤一：知识准备

一、力矩

1. 力矩的定义

作用在物体上的力除有平动效应外，有时还同时有转动效应。以扳手旋转螺母为例，如图 2-1-35 所示，设螺母能绕点 O 转动。由经验可知，螺母能否旋动，不仅取决于作用在扳手上的力 F 的大小，而且还与点 O 到 F 的作用线的垂直距离 d 有关。其中距离 d 称为 F 对 O 点的力臂，点 O 称为矩心。

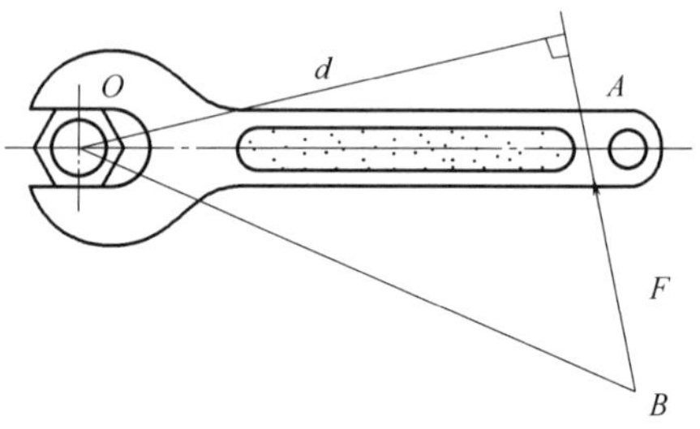

图 2-1-35 力对点之矩

力矩的定义：力对物体的转动效应的度量，等于力的大小 F 与力臂 d 的乘积并冠以适当的正负号，以符号 $M_O(F)$ 表示，记为：$M_O(F)=\pm Fd$。

通常规定：力使物体绕矩心逆时针方向转动时，力矩为正，反之为负。

力矩的单位：N · m 或 kN · m。

2. 力矩的性质

（1）力对点之矩，不仅取决于力的大小，还与矩心位置有关。力矩随矩心的位置变化而变化。

（2）力对任一点之矩，不因该力的作用点沿其作用线移动而改变，再次说明力是滑移矢量。

（3）当力的作用线通过矩心时，力臂为零，力矩也为零。

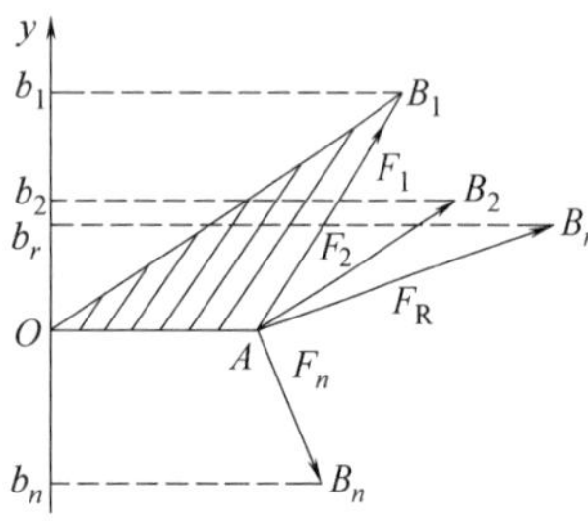

图 2-1-36 合力矩定理

3. 合力矩定理

力系的合力对其平面内任一点的矩等于各分力对该点之矩的代数和，此即为合力矩定理。

平面力系 F_1、F_2、…、F_n，该力系的合力 F_R，则对平面任意点 O 有：

$$M_O(F_R)=M_O(F_1)+M_O(F_2)+\cdots+M_O(F_n)=\sum M_O(F_i)$$

二、力偶

在日常生活和工程实际中，常常遇到承受力偶作用的物

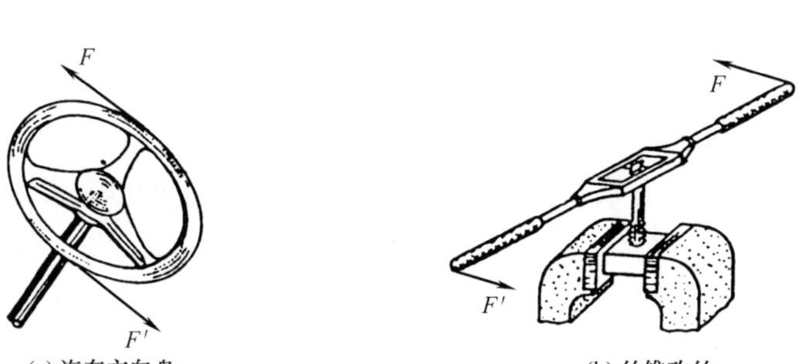

(a) 汽车方向盘　(b) 丝锥攻丝

图 2-1-37 力偶

体。如图 2-1-37 所示，无论是转动汽车方向盘还是丝锥攻丝，都是受到大小相等、方向相反、不共线的两个平行力的作用，我们把这样一对等值、反向而不共线的平行力称为力偶，用符号（F，F'）表示。两个力作用线之间的垂直距离 d 称为力偶臂。

1. 力偶矩

力偶对物体只能产生转动效应，力偶在平面内的转向不同，作用效果也不同，因此，力偶对物体的作用效果取决于力偶矩的大小和力偶在作用平面内的转向。

力偶矩用 M 或 M（F，F'）表示：$M=\pm F \cdot d$。

正负号表示力偶的转向，其规定与力矩相同：使物体产生逆时针转动效应的力偶矩为正，反之为负，如图 2-1-38 所示。

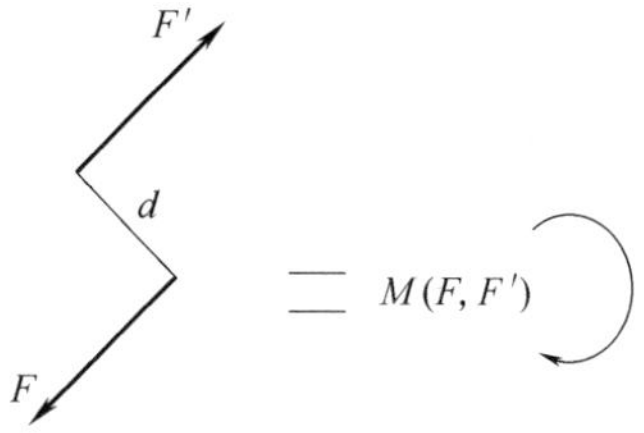

图 2-1-38 力偶的表示

2. 力偶的性质

性质 1：在同平面内的两个力偶，如果力偶矩相等，则两力偶等效。

由此可以知道，同平面内力偶等效的条件是：力偶矩的大小相等，力偶的转向相同。

（1）只要不改变力偶矩的大小和转向，力偶的位置可以在它的作用平面内任意移动或转动而不改变它对物体的作用效果。

（2）只要保持力偶矩不变，可以同时改变力偶的力的大小和力偶臂的长短，而不改变力偶对物体的作用效果。

性质 2：力偶的两个力在任何坐标轴上的投影的代数和为零，即力偶没有合力，因此力偶不能与一个力平衡，它必须用力偶来平衡。

性质 3：力偶对物体的作用效应取决于力偶的二要素，即力偶矩的大小及转向，而与力偶的作用位置无关。

性质 4：力偶对于作用面内任一点的矩为一常量并等于其力偶矩。

3. 平面力偶系的合成

由于平面内的力偶对物体的作用效果只决定于力偶矩的大小和力偶的转向，所以平面力偶系的合成结果必然也是一个合力偶，并且其合力偶矩应等于各分力偶矩的代数和。

$$M=M_1+M_2+\cdots+M_n=\sum M_i$$

4. 平面力偶系的平衡

平面力偶系的合力偶矩等于 0 时，物体处于平衡状态，又力偶系平衡时，合力偶矩必等于 0，因此，平面力偶系平衡的充分和必要条件是：各分力偶矩的代数和等于 0。

即
$$M=\sum M_i=0$$

三、力的平移定理

由力的可传性可知，力可以沿其作用线滑移到刚体上任意一点，而不改变力对刚体的作用效应。但当力平行于原来的作用线移动到刚体上任意一点时，力对刚体的作用效应便会改变。

力的平移定理：作用于刚体上的力可以平行移动到刚体上的任意一指定点，但必须同时在该力与指定点所决定的平面内附加一力偶，其力偶矩等于原力对指定点之矩。

证明：如图 2-1-39 所示，在刚体 A 点作用一个力 F，根据加减平衡力系公理，在刚体任意点 O 处加上一对平衡力 F' 和 F''，F' 和 F'' 的作用线与力 F 平行，则力系（F 和 F''）形成一力偶，即刚体上力 F 与 F' 及一力偶 M（F，F''）等效。

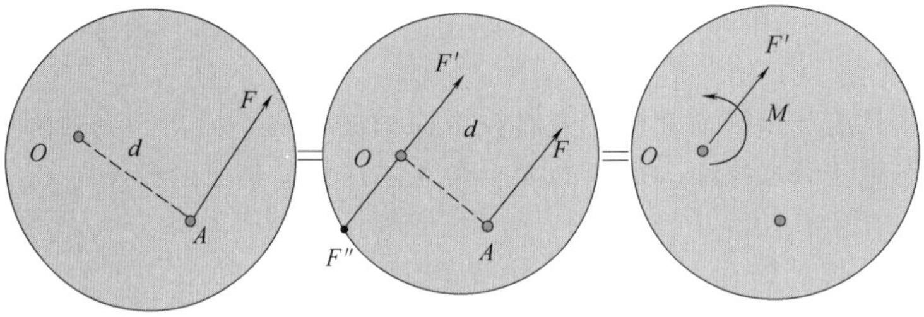

(a) 在刚体 A 点作用一个力 F　(b) 在 O 点加上一对平衡力　(c) 等效成 F' 和一力偶 M

图 2-1-39　力的平移

由此得出结论：作用于刚体上 A 点的力 F，可以平行移动到刚体上任意一点 O 而不改变对刚体的作用，但同时需附加一个力偶，其附加力偶的力偶矩为：$M=M_O(F)=\pm F\cdot d$。

四、平面任意力系的平衡

各力的作用线处于同一平面内，既不平行又不汇交于一点的力系，称为平面任意力系。

1. 平面任意力系的简化

平面任意力系可向平面内任一点简化，可得一力和一个力偶（或称为主矢和主矩），如图 2-1-40 所示。

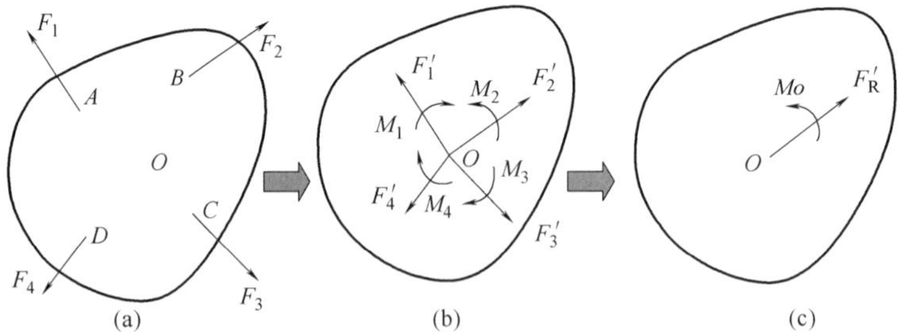

图 2-1-40　平面任意力系的简化

设刚体受到平面任意力系 F_1、F_2、F_3、F_4 的作用，平面内任一点 O 为简化中心，根据力的平移定理，得到作用于 O 点的汇交力系和力偶系，再将平面汇交力系简化为一个合力，力偶系简化为一个合力偶，其大小分别为：

$$F_R=F'_1+F'_2+F'_3+F'_4=F_1+F_2+F_3+F_4=\sum F$$

$$M_O=M_{O1}+M_{O2}+M_{O3}+M_{O4}=M_O(F_1)+M_O(F_2)+M_O(F_3)+M_O(F_4)=\Sigma M_O(F)$$

矢量 F_R 是力系中各力的矢量和，称为力系的主矢量或主矢，代数量 M_O 是各力对简化中心的力矩的代数和，称为力系对简化中心的主矩。由此得出结论：平面任意力系向平面内任意点简化，得到一主矢 F_R 和主矩 M_O，主矢与简化中心的选择无关，主矩则与简化中心的选择有关，即选择不同的简化中心时，所得的主矢量相同，主矩量则不同。

2. 平面任意力系的平衡

平面任意力系平衡的充分与必要条件是：力系的主矢和主矩同时为零，即：$F_R=0$，$M_O=0$，可得平面任意力系的平衡方程：

$$\begin{cases}\Sigma F_x=0\\ \Sigma F_y=0\\ \Sigma M_O(F)=0\end{cases} \tag{2-1-9}$$

平面任意力系的平衡方程除了由简化结果直接得出的基本形式外，还有二矩式和三矩式。

二矩式平衡方程形式：

$$\begin{cases}\Sigma F_x=0\\ \Sigma M_A(F)=0\\ \Sigma M_B(F)=0\end{cases} \tag{2-1-10}$$

注意：其中矩心 A、B 两点的连线不能与 x 轴垂直。

三矩式平衡方程形式：

$$\begin{cases}\Sigma M_A(F)=0\\ \Sigma M_B(F)=0\\ \Sigma M_C(F)=0\end{cases} \tag{2-1-11}$$

注意：其中 A、B、C 三点不能共线。

平面任意力系有三种不同形式的平衡方程组，每种形式都只含有三个独立的方程式，都只能求解三个未知量。应用时可根据问题的具体情况，选择适当形式的平衡方程。

步骤二：案例应用

【例 2-1-6】 如图 2-1-41（a）所示支架，已知悬挂的重物重量 $G=30\text{kN}$，求 A 处的约束反力和 BC 的拉力。

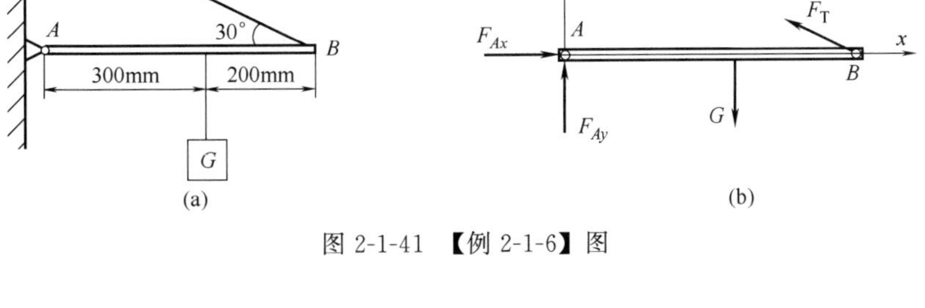

图 2-1-41 【例 2-1-6】图

解：（1）取杆 AB 为研究对象，画受力图 2-1-41（b）。

（2）建立坐标系。

（3）列平衡方程。

$$\Sigma F_x=0 \quad F_{Ax}-F_T\cos30°=0$$
$$\Sigma F_y=0 \quad F_{Ay}+F_T\sin30°-G=0$$
$$\Sigma M_A(F)=0 \quad F_T\sin30°\times300-G\times200=0$$

（4）解方程。

$$F_{Ax}=34.6\text{kN}, F_{Ay}=10\text{kN}, F_T=40\text{kN}$$

【例 2-1-7】 如图 2-1-42（a）所示为某支承梁的力学简化模型及其受力情况。已知 $F=F'=10\text{kN}$，$d=60\text{mm}$，$F_r=18\text{kN}$，$a=100\text{mm}$，$l=250\text{mm}$，试求 A、B 处的约束反力。

解：（1）选梁 AB 为研究对象，画受力图，如图 2-1-42（b）所示。

（2）建立坐标系。

（3）列平衡方程。

$$\Sigma F_x=0 \quad F_{Ax}-F_B\cos45°=0$$
$$\Sigma F_y=0 \quad F_{Ay}+F_B\sin45°-F_r=0$$
$$\Sigma M_A(F)=0 \quad F_r\times a+F\times d-F_B\sin45°\times l=0$$

（4）解方程。

$$F_{Ax}=9.6(\text{kN}), F_{Ay}=8.4(\text{kN}), F_B=13.6(\text{kN})$$

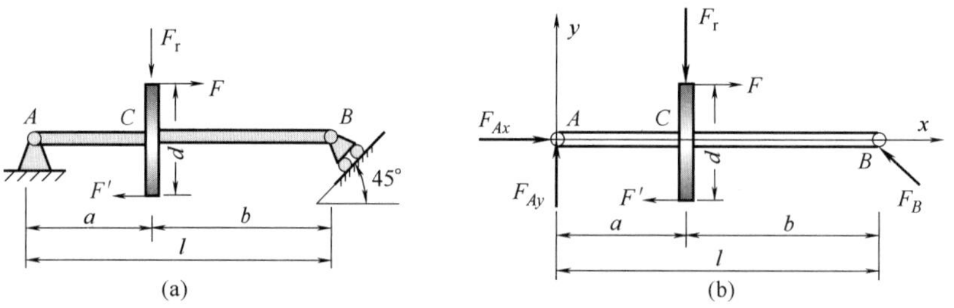

图 2-1-42 【例 2-1-7】图

步骤三：分析计算悬挂自立式起重机的拉力和支座约束反力

分析步骤：（1）取横梁 AB 为研究对象，画受力图，如图 2-1-43 所示。

（2）建立坐标系。

（3）列平衡方程。

$$\begin{cases}\Sigma F_x=0 \quad F_{Ax}-F_B\cos30°=0\\ \Sigma F_y=0 \quad F_{Ay}-G-P+F_B\sin30°=0\\ \Sigma M_A(F)=0 \quad -G\times3-P\times4+F_B\sin30°\times6=0\end{cases}$$

（4）解方程。

$$\begin{cases}F_{Ax}=15.8(\text{kN})\\ F_{Ay}=5.8(\text{kN})\\ F_B=18.3(\text{kN})\end{cases}$$

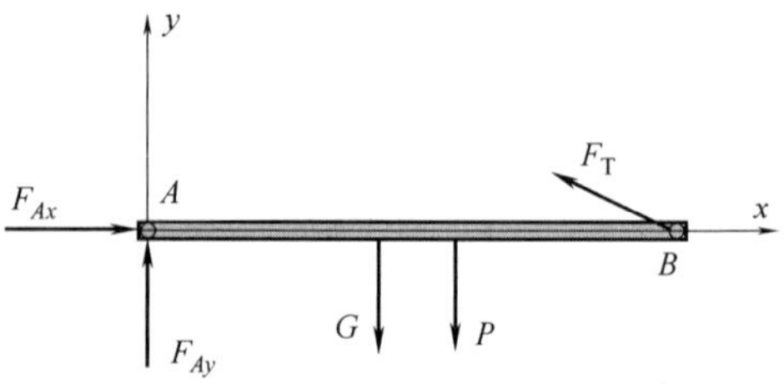

图 2-1-43 悬挂自立式起重机受力分析图

任务小结

1. 画受力图注意事项

（1）首先必须明确研究对象并分离出来。分离体的形状和方位需和原物体保持一致。

（2）在分离体上要画出全部主动力和约束反力。由于力是物体之间相互的机械作用，因此，对每一个力都应明确它是哪一个施力物体施加给研究对象的，决不能凭空产生，同时，也不可漏掉一个力。一般可先画主动力（并标注力的符号），再根据约束的类型画约束力。注意的是，凡是研究对象与外界接触的地方，都一定存在约束力。

（3）画物体受力图时，要注意作用力与反作用力的关系。

（4）画受力图时，要注意应用二力平衡公理、三力汇交定理。

（5）画物体系统受力图时，注意内力不能画出。

2. 平衡方程

平面汇交力系的平衡方程：$\begin{cases}\sum F_x=0\\ \sum F_y=0\end{cases}$

平面任意力系的平衡方程：$\begin{cases}\sum F_x=0\\ \sum F_y=0\\ \sum M_O(F)=0\end{cases}$

3. 根据力系平衡求解未知力的解题步骤

（1）选取研究对象。

（2）画物体受力图。

（3）建立坐标系。

（4）列平衡方程。

（5）求解未知量。

【思考与练习】

（1）如图所示构件在 A、B 两点分别受一个力且处于平衡状态，试确定两个力的方向。

（2）如图所示汽车刹车杆在 A、B、C 处分别受一个力且处于平衡状态，并已知作用力 F_A、F_B 的方向，试确定 C 点作用力 F_C 的方向。

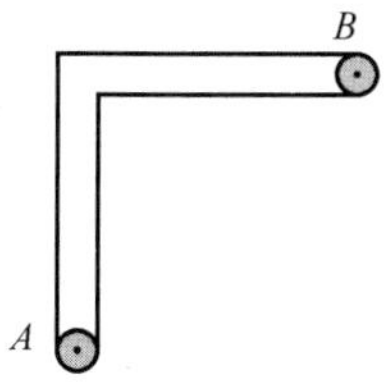

题（1）图

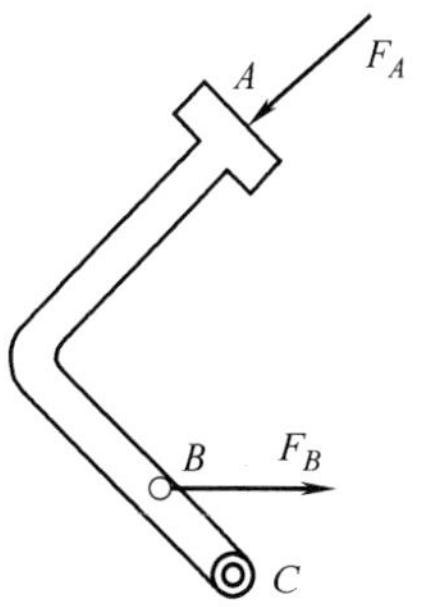

题（2）图

（3）工程常见约束及其约束反力的特征：

① 柔性约束：约束反力只能是________力，作用线沿________方向，且________物体。

② 光滑面约束：约束反力沿接触面的____________方向，且____________物体。

③ 活动铰链支座：约束反力通过圆销的____________，方向与支承面____________；而固定铰链支座：约束反力方向一般____________，通常用两个____________的分力来表示。

（4）试画出图中各球或杆的受力图，其中图（c）的杆重忽略不计。

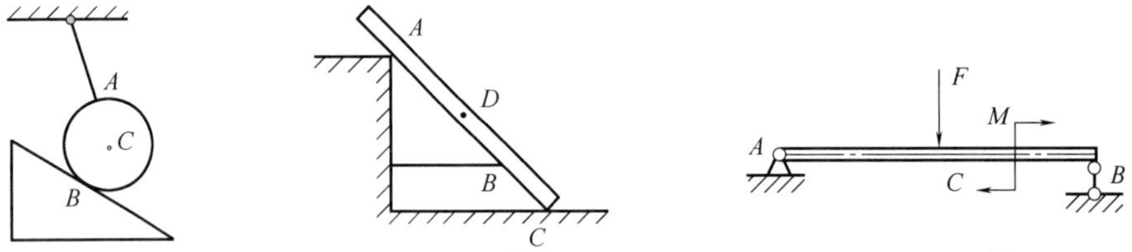

(a) (b) (c)

题（4）图

（5）试分别画图中各杆（块）的受力图，其中图（b）需同时画出销 A 的受力图。

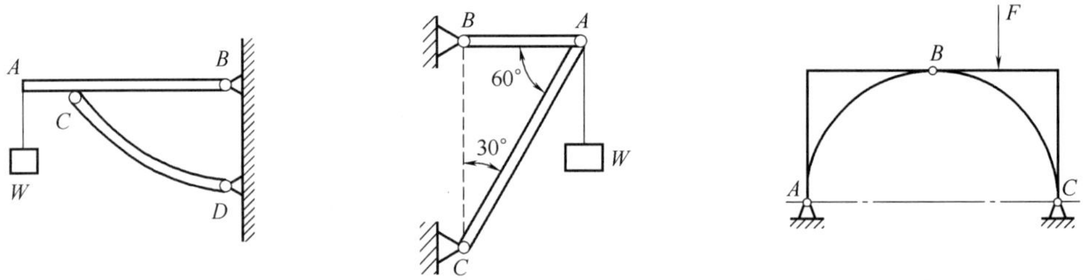

(a) (b) (c)

题（5）图

（6）如下图所示支架，已知销上悬挂一重物 $W=12\text{kN}$，求 BC 杆和 AC 杆的受力。

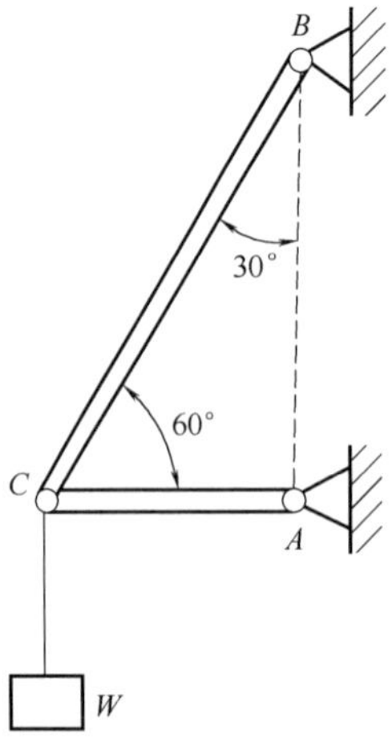

题（6）图

（7）如下图所示为一简易起重机，利用绞车和绕过滑轮的绳索吊起重物，其重力$G=20\text{kN}$，各杆件与滑轮的重力不计。滑轮 B 的大小可忽略不计，试求杆 AB 与杆 BC 所受的力。

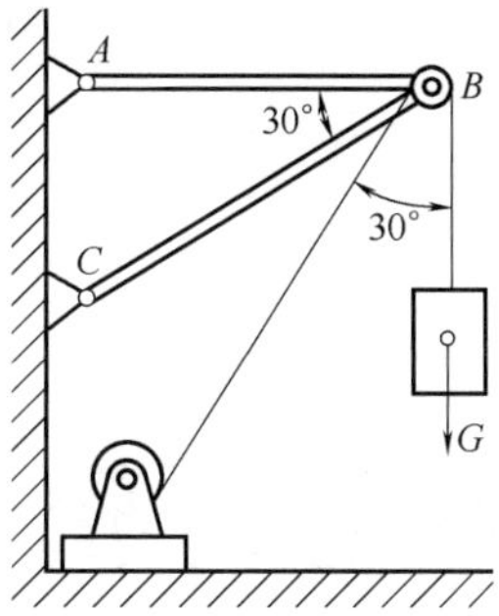

题（7）图

（8）如下图所示简支梁，已知杆 AB 上的作用力 $F=15\text{kN}$，$M=3\text{kN}\cdot\text{m}$，求 A、B 处支座反力。

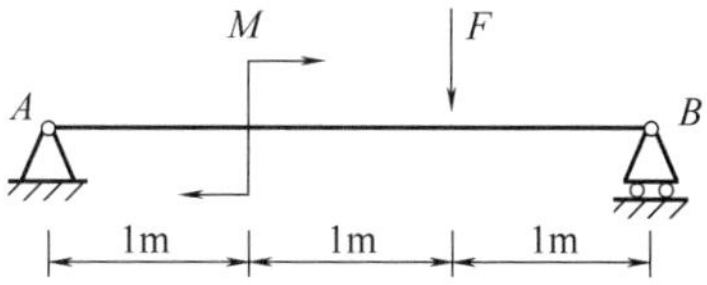

题（8）图

项目二

自动送料连杆机构的设计

项目概述

自动送料连杆机构主要完成的是将材料进行间歇性输送，再通过滚珠丝杠的运动及工作台的夹紧装置实现整个自动送料的过程，大大地节省了劳动力成本，消减了积累误差，是轻工行业、重工业送料装置中重要的执行机构。

机构的主要作用之一是传递和变换运动，然而机构中的构件任意拼凑起来是不一定具有确定运动的。为此，机构究竟要如何组合才能运动？在什么条件下才具有确定的相对运动？具有确定相对运动的机构又有哪些运动特点？它们这些特点又是如何应用在工程实践中的？这些问题的解决对于我们分析机构、应用机构以及创新机构都有着十分重要的意义。本项目就围绕这些问题，以自动送料连杆机构为例进行分析。

学习导航

知识点	(1) 构件自由度、运动副的约束等基本概念 (2) 平面机构运动简图的绘制 (3) 平面机构自由度的计算及其运动确定性的判断 (4) 平面四杆机构的压力角和传动角 (5) 采用图解法设计平面四杆机构
学习目标	(1) 掌握平面机构运动简图的绘制方法和技能 (2) 熟练掌握平面机构自由度的计算方法，并能判断平面机构运动的确定性 (3) 理解平面四杆机构的传力特性及其工程应用知识 (4) 掌握按给定行程速比系数 K 和连杆位置，采用图解法设计四杆机构的方法
重点	(1) 平面机构运动简图的绘制 (2) 平面机构自由度的计算 (3) 采用图解法设计四杆机构

任务一　颚式破碎机机构运动简图的绘制

任务描述

颚式破碎机是破碎矿石工序中不可缺少的设备，可对 1200mm 以下 200 多种软、硬石料进行破碎，在大粒径石料加工、大规模石料厂中应用广泛。如图 2-2-1 所示为颚式破碎机的实物图和结构示意图，试分析结构组成及运动情况，完成运动简图的绘制。

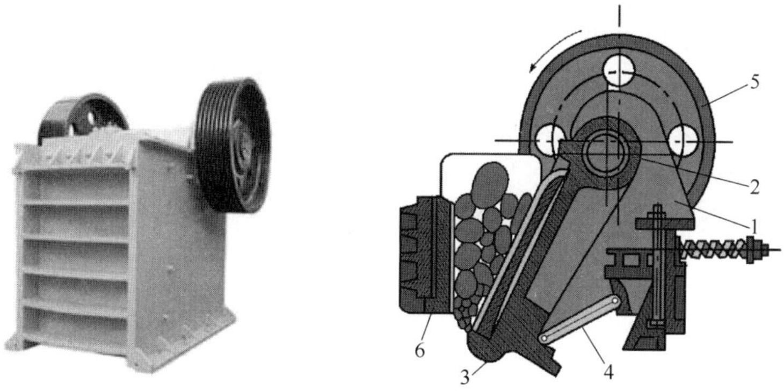

(a) 实物图　　(b) 结构示意图

图 2-2-1　颚式破碎机

1—机架　2—偏心轴　3—动颚板　4—推力板　5—带轮　6—定颚板

任务分析

颚式破碎机利用两颚板对物料的挤压和弯曲作用，粗碎或中碎各种硬度物料。破碎机构由固定的定颚板 6 和可动颚板 3 组成，当两颚板靠近时物料即被破碎，当两颚板离开时小于排料口的料块由底部排出。分析主动件、从动件和机架，弄清各构件间的连接和运动关系，选择合理的视图和比例尺，按运动路线顺序用规定的符号绘制运动简图。

任务实施

步骤一：知识准备——平面机构的运动简图

1. 机构运动简图的概念

实际机构的外形和结构都很复杂。为了便于分析和设计，通常不考虑构件的外形、截面尺寸以及运动副的实际结构，而用简单的线条和规定的符号分别表示构件和运动副，并按一定的比例画出各运动副间的相对运动关系的简图称为机构运动简图。

2. 构件和运动副的表示方法

构件可用直线、方块或简单的组合图形表示，如图 2-2-2 所示。若用三角形表示一个构件，须在三角形内加剖面线或在三个内角上涂上焊缝标记；若用直线表示的构件在中间位置存在转动副，直线须绕过该转动副。

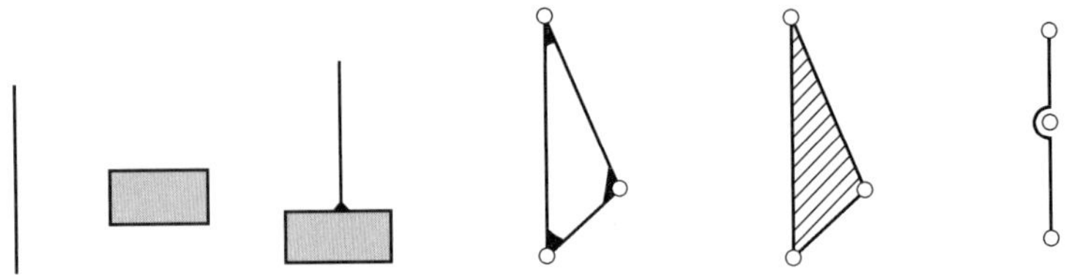

图 2-2-2 构件的表示方法

3. 绘制平面机构运动简图的步骤

（1）分析机构的结构组成。分清机构是由哪些构件和运动副组成，哪些构件是原动件、从动件和机架等。

（2）分析机构的运动情况。从原动件开始，沿运动传递的路线，分析各构件间的相对运动性质，确定各运动副的类型。

（3）合理选择视图平面。一般选择多数构件所在的运动平面或平行于运动平面的平面作为视图平面。

（4）测量尺寸，画运动简图。测量出各运动副间的相对尺寸，选择合适的比例尺，用规定的符号进行绘制。

长度比例尺为：

$$\mu_L = \frac{\text{实际长度(mm)}}{\text{图示长度(mm)}}$$

若仅为了表达机构的运动传递情况，则可不按比例绘制，这种图形称为机构示意图。

步骤二：案例应用

【例 2-2-1】 试绘制如图 2-2-3（a）所示货车翻斗自动卸料机构的运动简图。

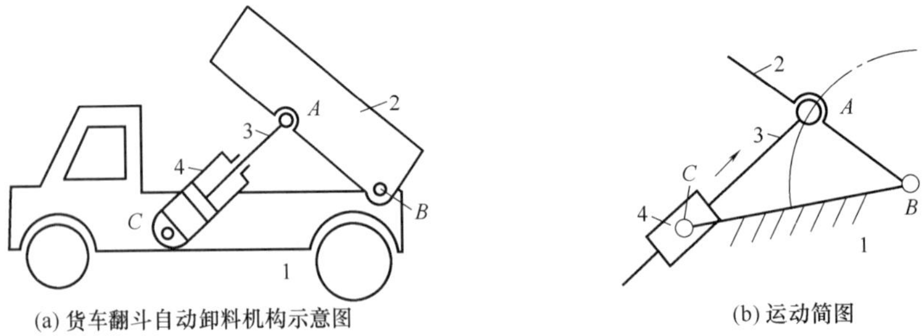

(a) 货车翻斗自动卸料机构示意图　(b) 运动简图

图 2-2-3 卸料机构

1—车体 2—翻斗 3—活塞杆 4—缸体

解：（1）分析机构运动，确定构件数目。

货车翻斗自动卸料机构是利用油压推动活塞杆 3 撑起翻斗 2，使翻斗绕支点 B 翻转，物料便自动卸下。机构工作时，液压缸缸体 4 能绕支点 C 摆动。该机构中车体 1 是固定件、活塞杆 3 是原动件，翻斗 2 和液压缸缸体 4 为从动件，共有 4 个构件。

（2）确定运动副的类型、数目。

活塞杆 3 与液压缸缸体 4 的连接是移动副，活塞杆 3 与翻斗 2、翻斗 2 与车体 1 及液压缸缸体 4 与车体 1 的连接分别是 A、B、C 处的转动副。

（3）测量各运动副间的相对位置。测量 L_{AB}、L_{BC} 及 BC 与水平线的夹角。

（4）选择翻斗 2 的运动平面为视图平面。

（5）确定长度比例尺：$\mu_L=a$。

（6）绘制机构运动简图。

先画车体上两个转动副 B 和 C 的位置（图示 BC 长度为 L_{BC}/μ_L），以 B 为圆心，以 L_{AB}/μ_L 为半径作弧，得 A 点运动轨迹；选定原动件的初始位置，例如活塞杆 3 与车体 BC 成 30°角位置（可以自由取定）；过 C 点做活塞杆 3 的方向线，与弧交于 A 点；按规定的符号和线条画简图；标注构件号、转动副代号（A、B、C）、原动件运动方向，便绘成机构运动简图，如图 2-2-3（b）所示。

步骤三：绘制颚式破碎机的机构运动简图

根据图 2-2-1 的颚式破碎机，绘制其机构运动简图，步骤分析如下：

（1）颚式破碎机主体机构由机架 1、偏心轴 2、动颚板 3 和定颚板 4 四个构件组成。颚式破碎机的工作原理是靠其右侧的惯性带轮 5 驱动偏心轴，使得动颚板往复摆动，完成挤碎石料的，故惯性轮与机构运动无关，不做考虑。

（2）当偏心轴绕轴线转动时，与机架在 A 点形成转动副，偏心轴与动颚板组成转动副 B，推力肋板与动颚板组成转动副 C，推力肋板与机架组成转动副 D。

（3）图 2-2-1 中已清楚地表达出各构件之间的运动关系，故选此平面为视图平面，同时选定转动副 A 的位置。

（4）按适当的比例，根据各转动副之间的尺寸和位置关系，画出转动副 B、C、D 的位置，再用适当线段符号将各运动副连接起来。

（5）标识出各个构件以及原动件的运动情况，完成机构运动简图的绘制，如图 2-2-4（a）所示。可结合图 2-2-4（b）理解所绘制的机构运动简图所表示的破碎机的组成及其运动情况。

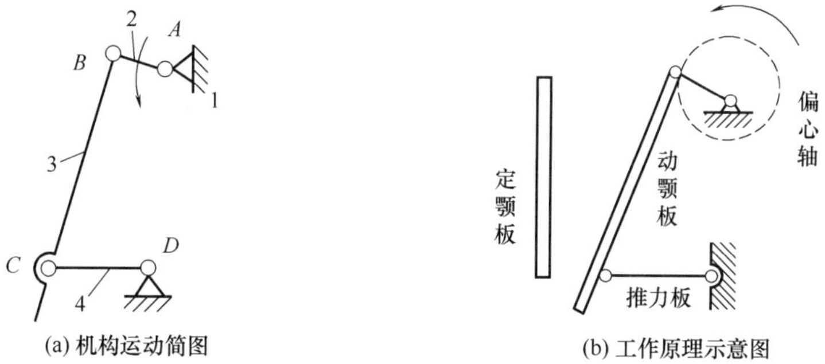

(a) 机构运动简图　(b) 工作原理示意图

图 2-2-4　颚式破碎机运动简图

1—机架　2—偏心轴　3—动颚板　4—定颚板

任务二　惯性振动筛的自由度分析

任务描述

惯性振动筛是高效新型的筛分设备，稳定可靠、消耗少、噪声低、寿命长、振型稳、筛分效率高，广泛用于矿山、煤炭、冶炼、建材、耐火材料、轻工、化工等行业。振动筛是以曲柄连杆机构作为传动部件，电动机通过皮带和皮带轮带动偏心轴回转，借连杆使机体沿着一定方向做往复运动。机体运动方向垂直于支杆或悬杆中心线，由于机体的摆动运动，使筛面上的物料以一定的速度向排料端移动，物料同时得到筛分。

如图 2-2-5 所示为惯性振动筛的实物图和机构运动简图，试计算机构的自由度，并分析机构运动的确定性。

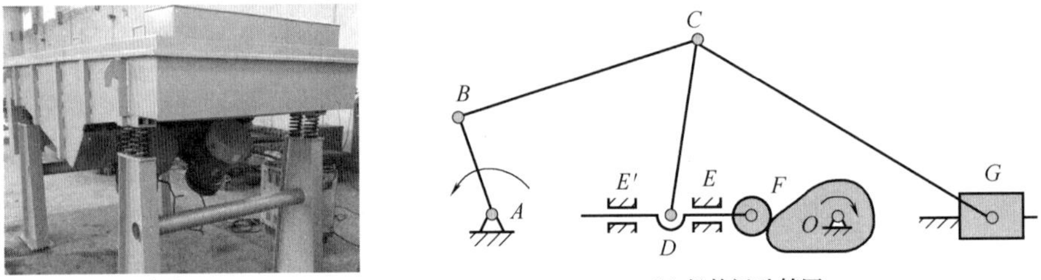

(a) 实物图　　(b) 机构运动简图

图 2-2-5　惯性振动筛

任务分析

根据图 2-2-5（b）所示的振动筛机构运动简图，曲轴 AB、凸轮为原动件（标有箭头），迫使筛（滑块）抖动筛料。分清机架、原动件和从动件，确定运动构件的数量，根据连接关系确定运动副类型和低副、高副的数量，判断是否存在复合铰链、局部自由度和虚约束，计算自由度并判断机构的运动是否确定。

任务实施

步骤一：知识准备

一、平面机构自由度的计算

1. 平面自由构件的自由度

人们把构件相对于参考系具有的独立运动参数的数目称为构件的自由度。在平面运动中，一个自由构件有 3 个独立运动，即：x 轴方向移动，y 轴方向移动，xOy 平面的转动，如图 2-2-6 所示。

2. 运动副的约束

若将两构件以某种方式相连接而构成运动副，则两者间的相对运动便受到一定的限

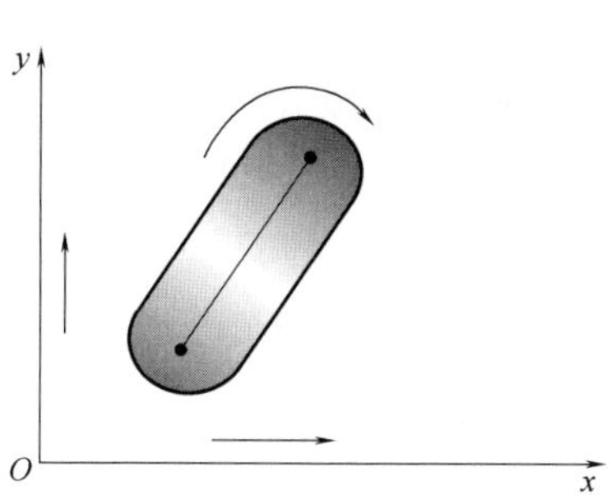

图 2-2-6 平面构件的自由度

制，这种限制称为运动副约束。自由度将因运动副引入的约束而减少，而且其减少的数目就等于其引入的约束数目。运动副的类型不同，引入的约束数目也不同。

转动副约束了 x、y 两个方向的移动，只保留一个转动，即限制了 2 个自由度，如图 2-2-7（a）所示；移动副约束了 y 方向的移动和 xOy 平面内的转动，只保留 x 方向的移动，限制了 2 个自由度，如图 2-2-7（b）所示。

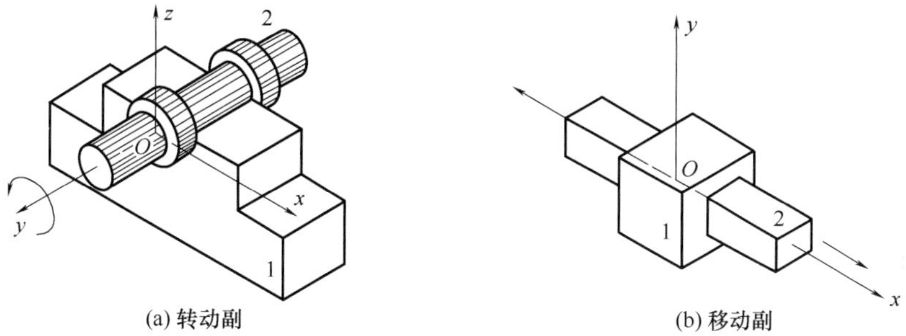

图 2-2-7 低副的约束

凸轮副和齿轮副是典型的高副，只约束了沿接触处公法线方向（与公切线相垂直的方向）的移动，限制了 1 个自由度（图 2-2-8）。

总之，低副约束了构件的两种相对独立运动，限制了 2 个自由度；高副约束了构件的一种相对独立运动，限制 1 个自由度。

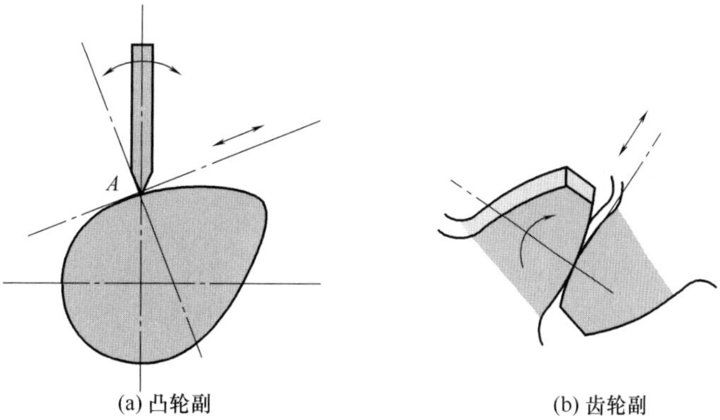

图 2-2-8 高副的约束

3. 平面机构自由度的计算

平面机构自由度是指平面机构具有独立运动参数的数目。设某平面机构有 n 个活动构件，有 P_L 个低副和 P_H 个高副。因一个没有受任何约束的构件有 3 个自由度，一个低副有 2 个约束，一个高副带来 1 个约束，因此，机构自由度 F 可按下式计算：

$$F=3n-2P_L-P_H \tag{2-2-1}$$

4. 计算机构自由度的注意事项

使用公式（2-2-1）计算机构自由度时，对于下列情况应给予注意、处理，才能使计算结果与实际一致。

（1）复合铰链。图 2-2-9（a）为三个构件在 A 处组成转动副。由左视图 2-2-9（b）和实物图、2-2-92（c）中可以看出，A 处实际上存在两个转动副。这种由两个以上的构件在一处组成的转动副，称为复合铰链，其转动副的数目应是在该处汇交构件（包括固定件）的数目减 1。

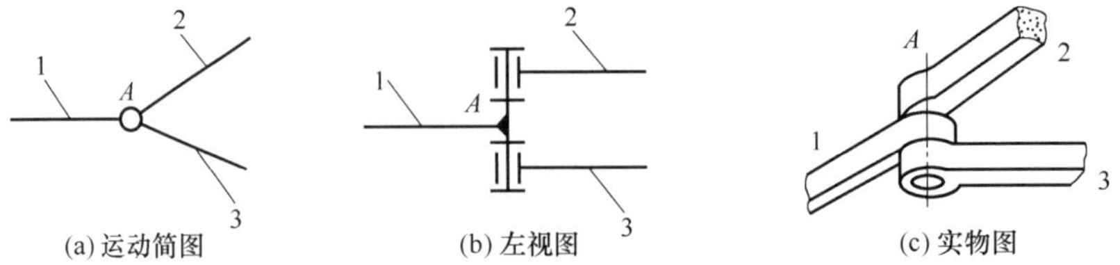

(a) 运动简图　(b) 左视图　(c) 实物图

图 2-2-9　复合铰链

1、2、3—构件

（2）局部自由度。如图 2-2-10（a）所示的凸轮机构中，在从动件 3 的端部装有滚子 2，滚子的作用是将 B 处的滑动摩擦变为滚动摩擦，减少功率损耗，降低磨损。由 $F=3n-2P_L-P_H=3\times3-2\times3-1=2$ 可知，凸轮机构有两种独立的运动，这与实践相矛盾。

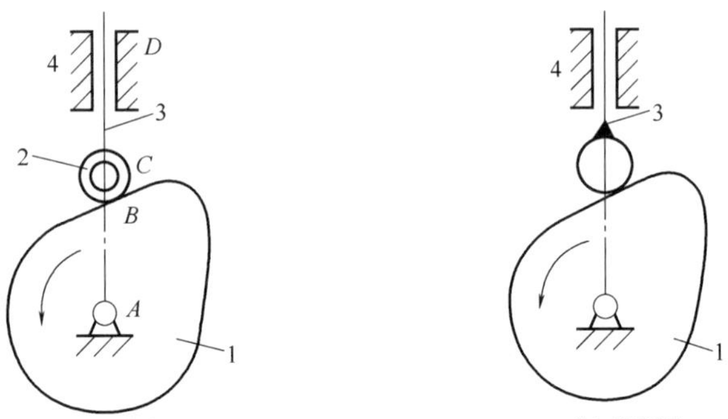

(a) 原图　(b) 处理图

图 2-2-10　凸轮机构

1—凸轮　2—滚子　3—上、下运动构件　4—固定件

如图 2-2-10（b）所示，设想将滚子 2 与安装滚子的构件 3 焊成一体，此时，$n=2$，$P_L=2$，$P_H=1$，凸轮机构的自由度为 $F=3\times2-2\times2-1=1$，计算结果与实际情况相符。

可见滚子绕 C 轴转动的自由度对从动件 3 的运动没有影响。这种不影响整个机构运动的、局部的独立运动称为局部自由度。计算机构自由度时，应将局部自由度除去不计，并将滚子和从动件焊接在一起看成一个构件，否则计算结果与实际情况不相符。

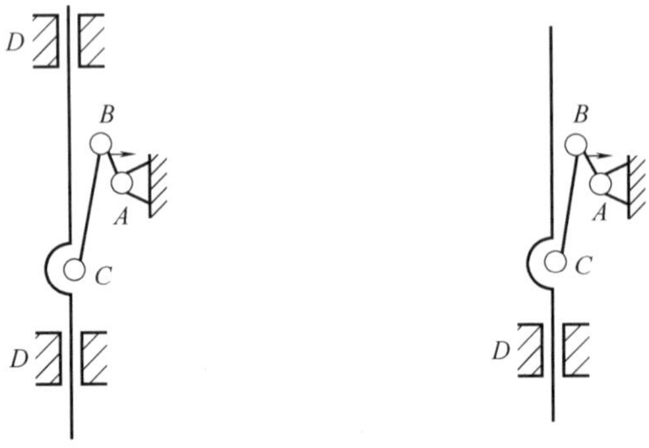

(a) 原图　(b) 处理图

图 2-2-11　缝纫机刺布机构中移动副导路重合

（3）虚约束。如图 2-2-11（a）所示缝纫机刺布机构，上下两个移动副 D 和 D' 同时约束针杆的上下移动，其约束效果与图 2-2-11（b）一样。移动副 D' 对机构的运动只起重复限制的作用。这种起重复限制作用的约束称为虚约束。在计算机构自由度时，虚约束应当除去。否则计算结果与实际情况不相符。

图 2-2-11（b）中，$n=3$，$P_L=4$，$P_H=0$，得 $F=3\times3-2\times4-0=1$。

平面机构的虚约束常出现于下列情

况中：

① 被连接件上点的轨迹与机构上连接点的轨迹重合时，这种连接将出现虚约束，如图 2-2-12（a）所示。

② 机构运动时，如果两构件上两点间的距离始终保持不变，将此两点用构件和运动副连接，则会带进虚约束，如图 2-2-12（b）所示的 A、B 两点。

③ 如果两个构件组成的移动副（图 2-2-11）相互平行，或两个构件组成多个轴线重合的转动副时，如图 2-2-12（c）所示，只需考虑其中一处，其余各处带进的约束均为虚约束。

④ 机构中起重复作用的对称部分是虚约束。如图 2-2-12（d）所示的行星轮系中，由与中心完全对称的三部分组成，每一部分的作用相同。因此，可以认为其中两个部分的约束为虚约束。

虚约束虽然对机构的运动没有影响，但可以改善机构的受力情况，增加构件的刚度。虚约束是在特定的几何条件下存在的，否则，虚约束将会变为实际约束，并将阻碍机构的正常运动。

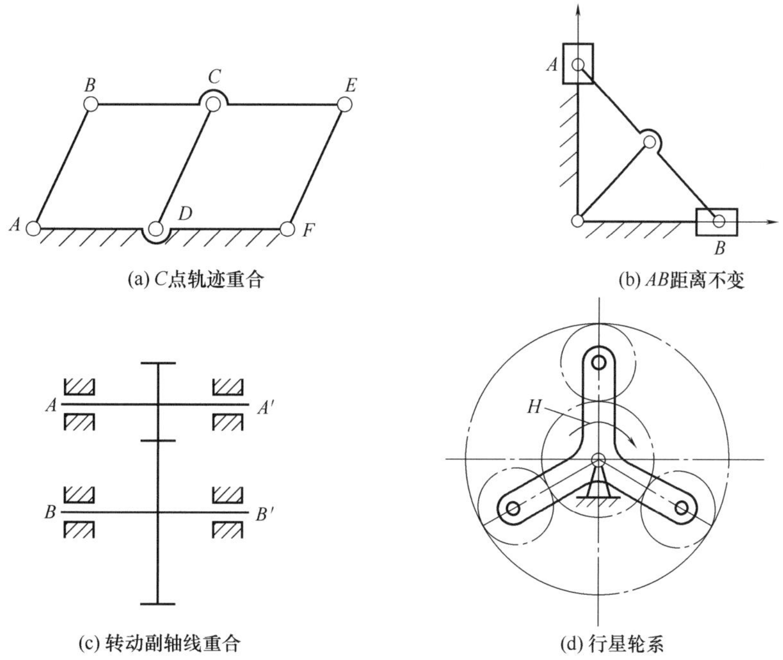

(a) C点轨迹重合　(b) AB距离不变

(c) 转动副轴线重合　(d) 行星轮系

图 2-2-12　虚约束

二、机构具有确定运动的条件

机构是由构件和运动副组成的，机构要实现预期的运动传递和变换，必须使其运动具有可能性和确定性。

如果机构的自由度为 0，则构件组合在一起形成刚性结构，各构件之间没有相对运动，故不能构成机构。

由图 2-2-3 汽车卸料机构运动简图可知，原动件每给定一个值，从动件 2、3 便有一个确定的位置。可见，自由度为 1 的机构在具有一个原动件时，运动是确定的。

如图 2-2-13 所示为铰链五杆机构，自由度 $F=3\times4-2\times5-0=2$。如果只有构件 1 为原动件，则当构件 1 处于 φ_1 位置时，从动件 2、3、4 的位置不确定（可以在图示实线或双点划线位置，也可处于其他位置），即从动件的运动不确定。如果取构件 1 和 4 为原动件，每给定一组 φ_1 和 φ_4 的数值，从动件 2 和 3 便有一个确定的相对位置。可见，自由度等于 2 的机构在具有两个原动件时运动是确定的。

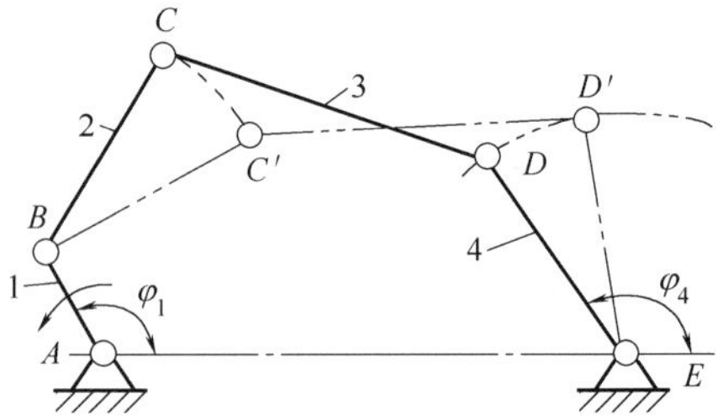

图 2-2-13　铰链五杆机构
1—原动件　2～4—从动件

综上所述，机构具有确定运动的条件是：机构自由度 F 必须大于零，且等于机构原动件的数目 W，即

$$F>0,\text{且 } F=W \tag{2-2-2}$$

当 $W\neq F$ 时，机构的运动不确定。

步骤二：案例应用

【例 2-2-2】 试计算图 2-2-14 所示铰链四杆机构的自由度。

解： 此机构有 3 个活动构件（构件 1、2、3）、4 个低副（转动副 A、B、C、D），没有高副。按公式（2-2-1）求得机构的自由度为：

$$F=3n-2P_L-P_H=3\times3-2\times4-0=1$$

【例 2-2-3】 试计算图 2-2-15 所示颚式破碎机机构的自由度，并判断机构的运动是否确定。

解： 机构中有 5 个活动构件（构件 1、2、3、4、5）、7 个低副（转动副 A、B、C、D、E、F、G），没有高副。按公式（2-2-1）求得机构的自由度为：

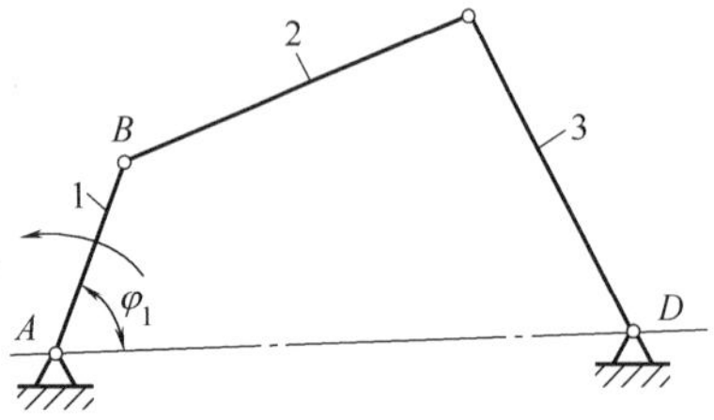

图 2-2-14　铰链四杆机构
1、2、3—活动构件

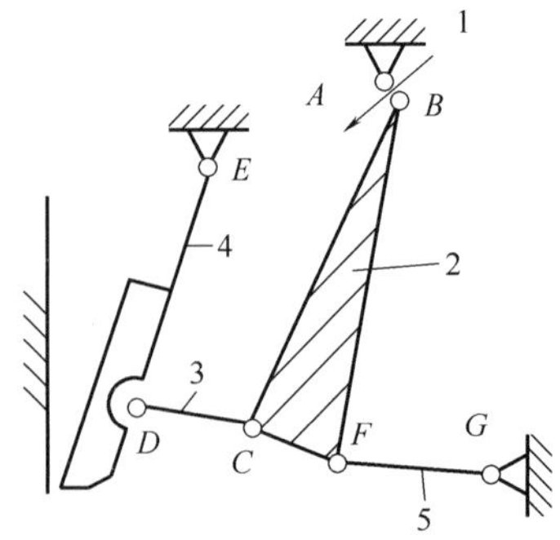

图 2-2-15　颚式破碎机
1～5—活动构件

$$F=3n-2P_L-P_H=3\times5-2\times7-0=1$$

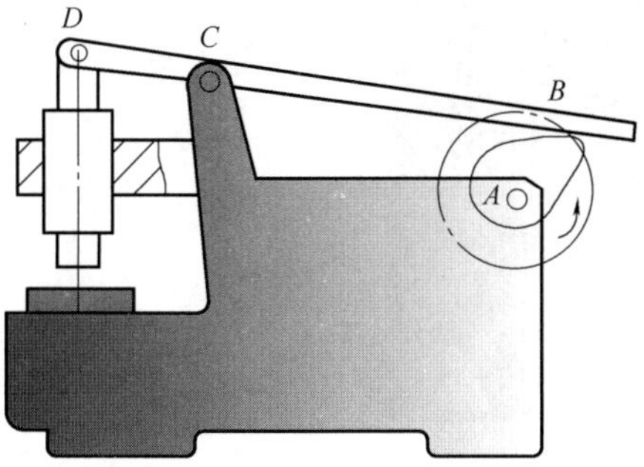

图 2-2-16　简易冲床

机构的自由度大于 0，且原动件为构件 1（带有箭头），$W=F$，故此颚式破碎机机构的运动是确定的。

思考：如图 2-2-16 所示为一简易冲床的设计图。试分析设计方案是否合理？如不合理，则绘出修改后的机构运动简图。

分析参考：根据自由度的计算公式可以计算出该机构的自由度 $F=0$，设计不合理。此时可以通过在 C 点增加一个滑块及一移动副来解决问题。

步骤三：分析惯性振动筛的自由度

在图 2-2-5 中，根据振动筛的结构形状和运动特点，结合运动简图，完成自由度计算和运动确定性的判定。过程如下：

（1）处理特殊情况。

复合铰链：图中构件 BC、CD、CG 在 C 处组成复合铰链，C 处含两个转动副。

局部自由度：图中滚子绕 F 轴转动的自由度为局部自由度，EE' 和滚子看成一个构件，F 处的转动副不计。

虚约束：构件 EE' 和机架形成导路重合的左右两个移动副中的一个是虚约束，计算时应去除。

（2）分析运动副和构件数。

机构中有 7 个活动构件（构件 AB、BC、CD、CG、EE' 及滚子、凸轮、滑块）、9 个低副（转动副 7 个：A、B、C 处 2 个、D、O、G；移动副 2 个：构件 EE' 与机架，滑块与机架），高副 1 个（凸轮副）。

（3）计算机构的自由度。$n=7$，$P_L=9$，$P_H=1$，按公式（2-2-1）计算得：

$$F=3n-2P_L-P_H=3\times7-2\times9-1=2$$

（4）判断机构运动是否确定。机构的原动件为构件 2（带有箭头），$W=F$，故此惯性振动筛机构的运动是确定的。

任务三　自动送料连杆机构的设计

任务描述

设计一自动送料连杆机构，如图 2-2-17 所示，能实现机构的行程速比系数 $K=1.5$，送料距离 $L=60\text{mm}$。

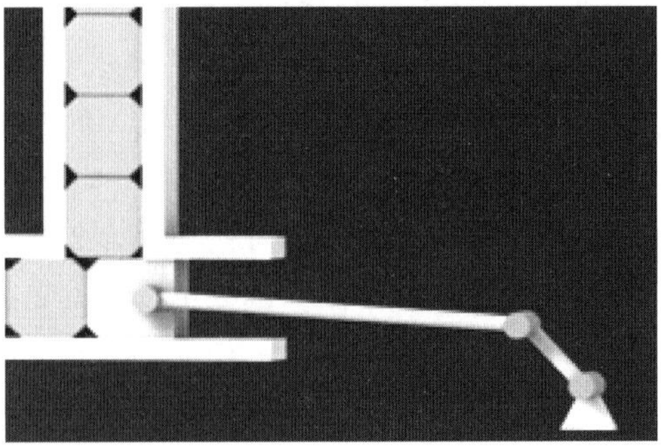

图 2-2-17 自动送料连杆机构

任务分析

该送料机构为曲柄滑块机构，根据行程速比系数 K 与极位夹角 θ 的关系，计算出机构的极位夹角，同时考虑送料距离和偏心距要求，采用图解法进行机构设计。

任务实施

步骤一：知识准备

一、平面连杆机构的传力特性

在生产实际中，不仅要求铰链四杆机构能满足机器的运动要求，而且希望运转轻便、效率较高，即具有良好的传力性能。

1. 压力角

衡量机构传力性能的特性参数是压力角。在不计摩擦力、惯性力和重力时，从动件上受力点的速度方向与所受作用力方向之间所夹的锐角称为机构的压力角，用 α 表示。

如图 2-2-18 所示为以曲柄 AB 为原动件的曲柄摇杆机构，摇杆 CD 为从动件。由于不计摩擦，连杆 BC 为二力杆，任一瞬时曲柄通过连杆作用于从动件上的驱动力 F 均沿 BC 方向。受力点 C 的速度 v_c 的方向垂直于 CD 杆。力 F 与速度 v_c 之间所夹的锐角 α 即为机构该位置的压力角。力 F 可分解为沿 v_c 方向的有效分力 $F_t=F\cos\alpha$ 和有害分力 $F_n=F\sin\alpha$。显然，压力角 α 越小，有效分力 F_t 越大，对机构传动越有利。因此，压力角 α 是衡量机构传力性能的重要指标。

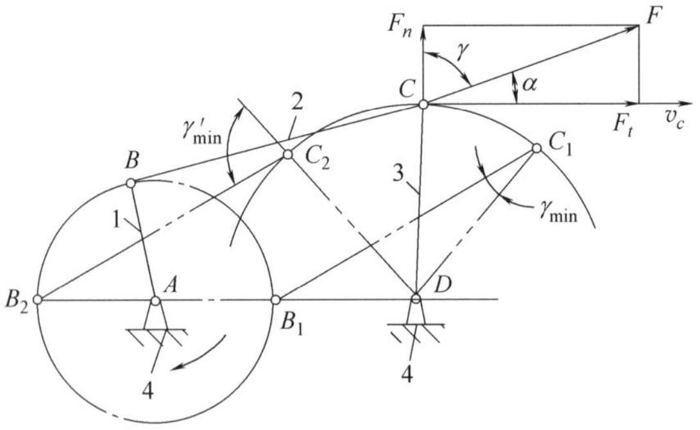

图 2-2-18 曲柄摇杆机构的压力角和传动角

2. 传动角

在具体应用中，为度量方便和更为直观，通常以连杆和从动件所夹的锐角 γ 为判断机构的传力性能，γ 称为传动角，它是压力角 α 的余角。显然，传动角 γ 越大，机构的传力性能越好。

在机构运动过程中，压力角和传动角的大小是随机构位置而变化的。为保证机构传力良好，设计时须限定最小传动角 γ_{min}。通常取 $\gamma_{min} \geqslant 40° \sim 50°$。

可以证明，如图 2-2-18 所示曲柄摇杆机构的 γ_{min} 必出现在曲柄 AB 与机架 AD 两次共线位置之一。

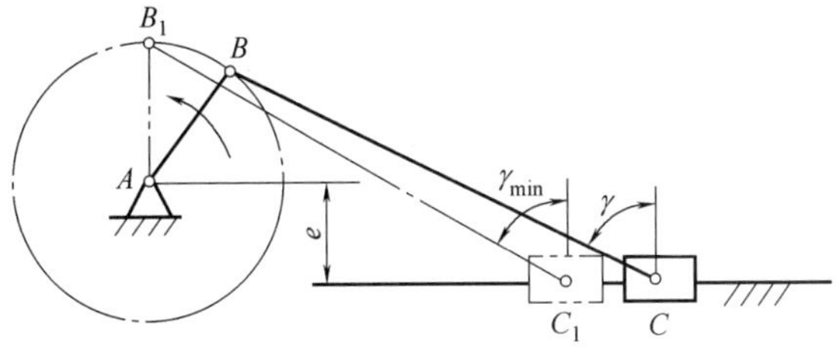

图 2-2-19　曲柄滑块机构的传动角

如图 2-2-19 所示为以曲柄为原动件的曲柄滑块机构，其传动角 γ 为连杆与导路垂线的夹角，最小传动角 γ_{min} 出现在曲柄垂直于导路时的位置。对偏置曲柄滑块机构，如图中所示，γ_{min} 出现在曲柄位于与偏距方向相反一侧的位置。

如图 2-2-20 所示为以曲柄为原动件的摆动导杆机构，因滑块对导杆的作用力始终垂直于导杆，故其传动角恒等于 90°，说明导杆机构具有最好的传力性能。

二、平面连杆机构的设计方法

连杆机构运动设计的主要任务是：根据机构的工作要求和设计条件选定机构形式，并确定出各构件的尺寸参数。

生产实践中，平面四杆机构设计的基本问题可归纳为两类：

（1）实现给定从动件的运动规律。如要求从动件按某种速度运动或具有一定的急回特性，要求满足某构件占据几个预定位置等。

（2）实现给定的运动轨迹。如要求起重机中吊钩的轨迹为一直线，搅拌机中搅拌杆端能按预定轨迹运动等。

平面连杆机构运动设计的方法有图解法、实验法和解析法三种。图解法和实验法直观、简明，但精度较低，可满足一般设计要求；解析法精确度高，适于用计算机计算。

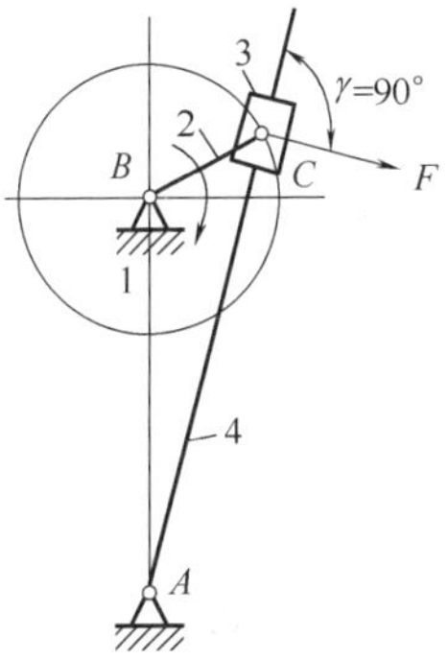

图 2-2-20　摆动导杆机构的传动角

1—支点　2—原动件

3—滑块　4—从动件

步骤二：案例应用

【例 2-2-4】 按连杆的三个预定位置设计四杆机构。

如图 2-2-21 所示，设已知连杆 BC 的长度 l_{BC} 及三个预定位置 B_1C_1、B_2C_2、B_3C_3，试设计此四杆机构。

设计分析：此设计的主要问题是根据已知条件确定固定铰链中心 A、D 的位置。由于连杆上 B、C 两点的运动轨迹分别是以 A、D 两点为圆心，以 l_{AB}、l_{CD} 为半径的圆弧，所以 A 即为过 B_1、B_2、B_3 三点所作圆弧的圆心，D 即为过 C_1、C_2、C_3 三点所作圆弧的圆心。此设计的实质已转化为已知圆弧上三点确定圆心的问题。

具体设计步骤：

（1）选取比例尺 μ_1，按预定位置画出 B_1C_1、B_2C_2、B_3C_3。

（2）连接 B_1B_2、B_2B_3、C_1C_2 和 C_2C_3，并分别做 B_1B_2 的中垂线 b_{12}、B_2B_3 的中垂线 b_{23}、C_1C_2 的中垂线 c_{12}、C_2C_3 的中垂线 c_{23}，b_{12} 与 b_{23} 的交点即为圆心 A，c_{12} 与 c_{23} 的交点即为圆心 D。

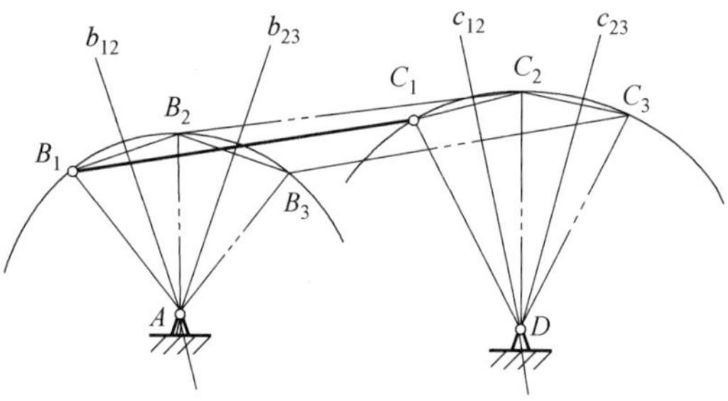

图 2-2-21　按连杆的三个预定位置设计四杆机构

（3）以点 A、D 作为两固定铰链中心，连接 AB_1C_1D，则 AB_1C_1D 即为所要设计的四杆机构，各杆长度按比例尺计算即可得出。

【例 2-2-5】 按连杆的两个预定位置设计四杆机构。

由以上分析可知，已知连杆的两个预定位置时，如图 2-2-22 所示，A 点可在 B_1B_2 中垂线 b_{12} 上的任一点，D 点可在 C_1C_2 中垂线 c_{12} 上的任一点，故有无数个解。实际设计时，一般考虑辅助条件，如机架位置、结构紧凑等，则可得唯一解。

如图 2-2-23 所示为加热炉门的启闭机构，要求加热时炉门（连杆）处于关闭位置 B_1C_1，加热后炉门处于开启位置 B_2C_2。如图 2-2-24 所示铸造车间造型机的翻台机构，要求翻台（连杆）在实线位置时填砂造型，翻台在双点划线位置时托台上升起模，也即要求翻台能实现 B_1C_1、B_2C_2 两个位置。如图 2-2-25 所示的可逆式座椅机构，也是要求椅背（连杆）能到达图中左、右两个位置。显然，这些都属于按连杆的两个预定位置设计四杆机构的问题。

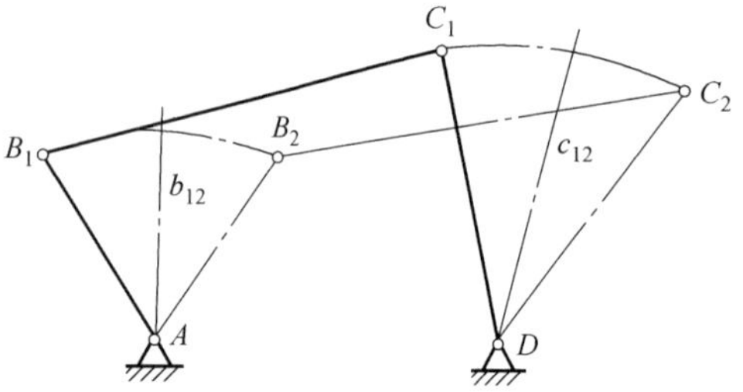

图 2-2-22　按连杆的两个预定位置设计四杆机构

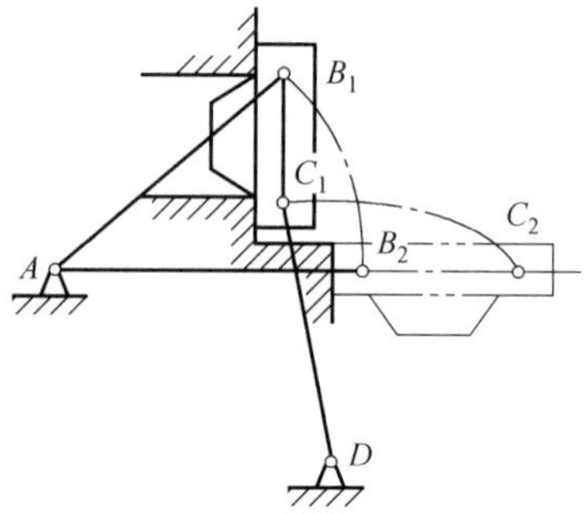

图 2-2-23　加热炉门的启闭机构

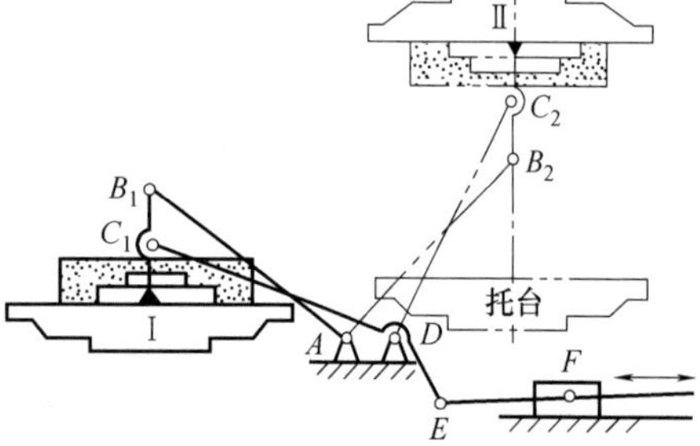

图 2-2-24　翻台机构

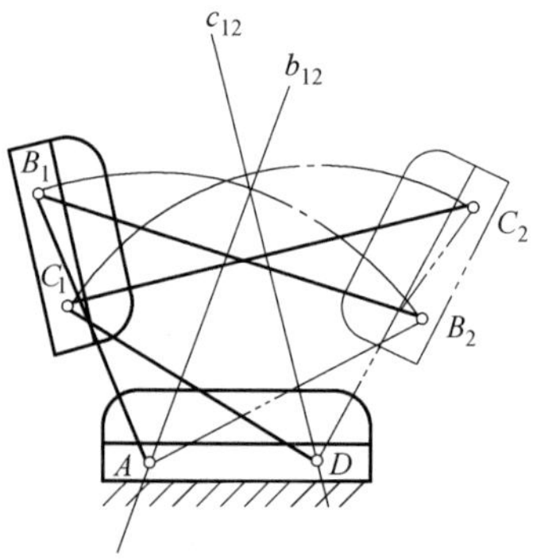

图 2-2-25　可逆式座椅机构

【例 2-2-6】 已知行程速比系数 K、摇杆长 l_{CD}、最大摆角 ψ，试用图解法完成该四杆机构的设计。

设计分析：由曲柄摇杆机构处于极位时的几何特点可知，在已知 l_{CD}、ψ 的情况下，只要能确定固定铰链中心 A 的位置，则可确定出曲柄长度 l_{AB} 和连杆长度 l_{BC}，即设计的实质是确定固定铰链中心 A 的位置。已知 K 后，可求得极位夹角 θ 的大小，这样就可把 K 的要求转换成几何要求了。假设图 2-2-26 为已经设计出的该机构的运动简图，铰链 A 的位置必须满足极位夹角 $\angle C_1AC_2=\theta$ 的要求。若能过 C_1、C_2 两点作出一辅助圆，使 C_1C_2 所对的圆周角等于 θ，那么，铰链 A 只要在这个圆上，就一定能满足 K 的要求了。显然，这样的辅助圆是容易作出的。

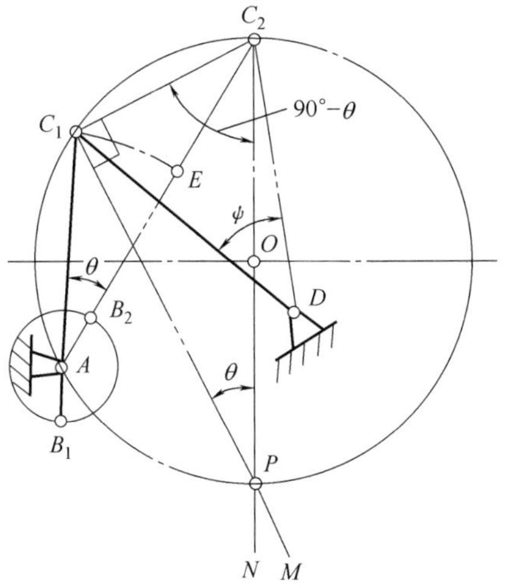

图 2-2-26　按给定的行程速比系数 K 设计四杆机构

如图 2-2-26 所示，具体设计步骤为：

(1) 按 $\theta=180^\circ\dfrac{K-1}{K+1}$ 计算出极位夹角 θ。

(2) 任取固定铰链中心 D 的位置，选取适当的长度比例尺 μ_1，根据已知摇杆长度 l_{CD} 和摆角 ψ，作出摇杆的两个极限位置 C_{1D} 和 C_{2D}。

(3) 连接 C_1、C_2 两点，作 $C_1M\perp C_1C_2$，$\angle C_1C_2N=90^\circ-\theta$，直线 C_1M 与 C_2N 交于 P 点，显然 $\angle C_1PC_2=\theta$。

(4) 以 PC_2 为直径作辅助圆。在该圆周上任取一点 A，连接 AC_1、AC_2，则 $\angle C_1AC_2=\theta$。

(5) 量出 AC_2，AC_1 的长度 l_{AC1} 和 l_{AC2}。由此可求得曲柄和连杆的长度。

$$l_{\mathrm{AB}}=\mu_1\frac{l_{AC_2}-l_{AC_1}}{2}$$

$$l_{\mathrm{AB}}=\mu_1\frac{l_{AC_2}+l_{AC_1}}{2}$$

(6) 机架的长度 l_{AD} 可直接量得，再按比例尺 μ_1 计算即可得出实际长度。

由于 A 为辅助圆上任选的一点，所以可有无穷多的解。当给定一些其他辅助条件，如机架长度 l_{AD}、最小传动角 $\gamma_{\min}$ 等，则有唯一解。

同理，可设计出满足给定行程速比系数 K 值的偏置曲柄滑块机构、摆动导杆机构等。

步骤三：设计自动送料连杆机构

如图 2-2-19 所示，按给定的行程速比系数 K 值和送料距离 L 的值，设计自动送料机构（其实就是偏置曲柄滑块机构）。过程参照【例 2-2-6】，只需将摇杆的摆动变换成滑块的移动。

任务小结

1. 机构运动简图的绘制方法

（1）思路：先定原动部分和工作部分（一般位于传动线路末端），弄清运动传递路线，确定构件数目及运动副的类型，并用符号表示出来。

（2）顺口溜：先两头，后中间，从头至尾走一遍，数数构件是多少，再看它们怎相连。

（3）步骤：

① 运转机械，搞清楚运动副的性质、数目和构件数目。

② 测量各运动副之间的尺寸，选投影面（运动平面），绘制示意图。

③ 按比例绘制运动简图。

④ 检验机构是否满足运动确定的条件。

2. 机构自由度的计算方法

（1）确定运动构件数量。

（2）判断是否存在复合铰链、局部自由度和虚约束。

（3）确定高副、低副的数量。

3. 行程速比系数 K 与极位夹角 θ 的关系

$$\theta=180°\frac{K-1}{K+1}$$

【思考与练习】

（1）机构具有确定相对运动的条件是什么？若不满足这一条件，机构会出现什么情况？

（2）什么是压力角？什么是传动角？它们对传力性能有何影响？为什么要检验传动角？

（3）绘制图所示压力机和柱塞式液压泵的机构运动简图。

（4）试计算图所示各机构的自由度，并判断机构的运动是否确定。若含有复合铰链、局部自由度或虚约束，请逐一指出。

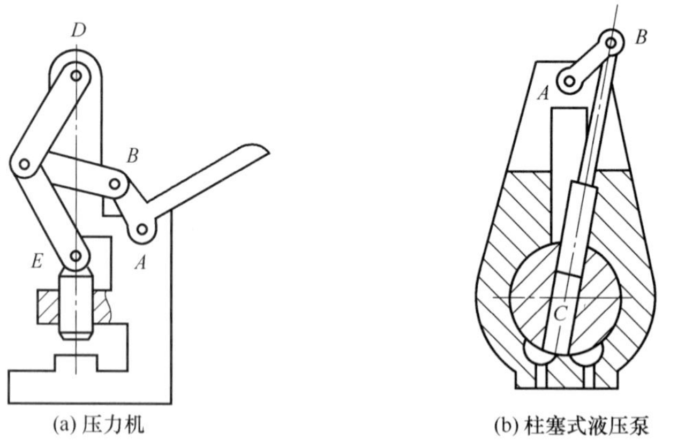

(a) 压力机 (b) 柱塞式液压泵

题（3）图

（5）图所示为曲柄摇杆机构，曲柄 AB 为原动件，摇杆 CD 为从动件，已知四杆长为：$l_{AB}=0.5\text{m}$，$l_{BC}=2\text{m}$，$l_{CD}=3\text{m}$，$l_{AD}=4\text{m}$。用长度比例尺 $\mu_1=0.1\text{m/mm}$ 绘出机构运动简图两个极位的位置图，量出极位夹角 θ 值，计算行程速比系数 K，并绘出最大压力角 α_{max} 的机构位置图。

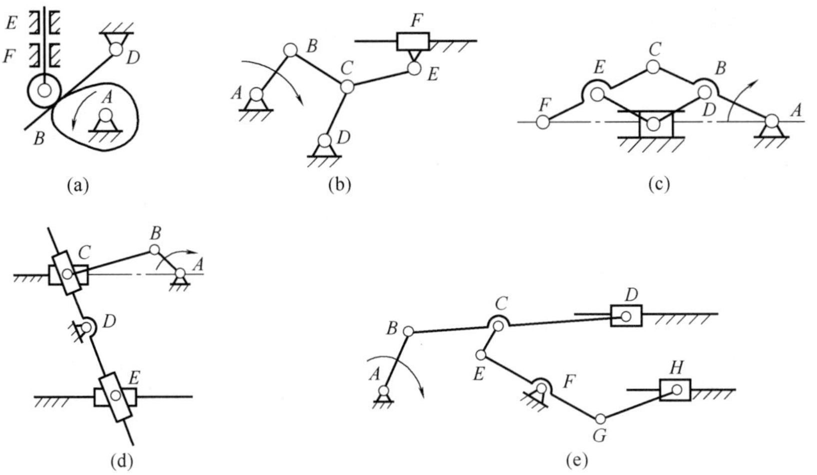

题（4）图

（6）如图所示曲柄滑块机构，以曲柄为原动件，已知曲柄 AB 长 $a=20\text{mm}$，连杆 BC 长 $b=100\text{mm}$，偏距 $e=5\text{mm}$。

① 试标出图示位置的压力角 α_1。

② 该机构的最大压力角 α_{max} 应在什么位置？并求出 α_{max} 值（提示：如图加辅助线 AD，找出 φ 与 α 的关系）。

③ 若以滑块为主动件，曲柄 AB 为从动件，试标出图示位置的压力角 α_2。

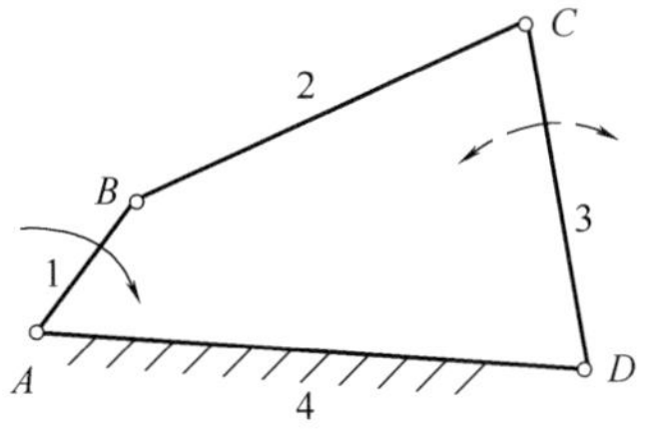

题（5）图

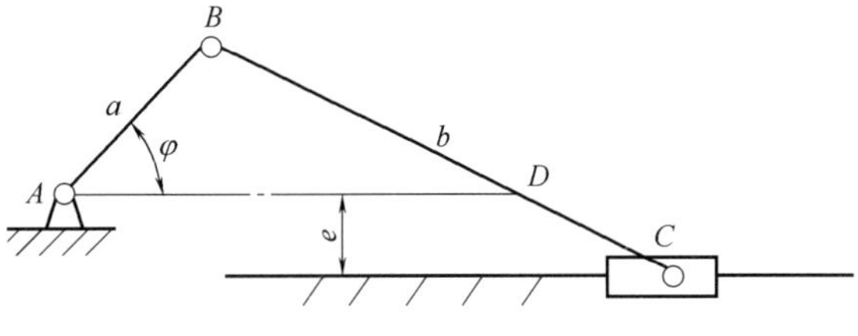

题（6）图

（7）设已知行程速比系数 $K=1.5$、摇杆长 $l_{CD}=60\text{mm}$、最大摆角 $\psi=70°$，试用图解法设计此曲柄摇杆机构。

项目三

剪板机自动送料凸轮机构的设计

项目概述

凸轮机构可以实现各种复杂的运动要求，而且结构简单、紧凑，广泛应用于各种自动机械、仪器和操纵控制装置中。

自动送料凸轮机构主要是利用凸轮的回转运动或往复运动推动从动件做规定往复移动或摆动，从而实现从动件（连接送料装置）的自动送料功能。

剪板机依靠运动的上刀片和固定的下刀片，采用合理的刀片间隙，对各种厚度的金属板材施加剪切力，使板材按所需要的尺寸断裂分离。剪板机为航空、轻工、冶金、化工、建筑、船舶、汽车、电力、电器、装潢等行业提供所需的专用机械和成套设备，其中板材的输送主要依靠凸轮机构的运动，从而完成自动送料。

学习导航

知识点	（1）凸轮机构从动件的常用运动规律 （2）凸轮机构基本尺寸的确定 （3）采用图解法设计盘形凸轮轮廓
学习目标	（1）熟悉凸轮机构从动件的常用运动规律及其应用 （2）掌握等速运动、等加速等减速运动规律位移曲线的绘制方法 （3）理解凸轮机构设计的反转法原理 （4）掌握采用图解法设计盘形凸轮轮廓
重点	（1）绘制等速运动、等加速等减速运动规律位移曲线 （2）采用图解法设计盘形凸轮轮廓

任务　设计剪板机送料凸轮机构的凸轮轮廓

任务描述

自动送料机指能自动地按规定要求和既定程序进行运作，人只需要确定控制的要求和程序，不用直接操作的送料机构，即把物品从一个位置送到另一个位置，期间过程不需人为干预即可自动准确完成的机构。自动送料机一般具有检测装置、送料装置等，主要用于各种材料和工业产品半产品的输送，也能配合下道工序使生产自动化。

如图 2-3-1 所示为剪板机的自动送料凸轮机构的运动简图和从动件的位移线图，根据凸轮的基圆直径和运动规律，利用反转法完成此机构的凸轮轮廓的设计。

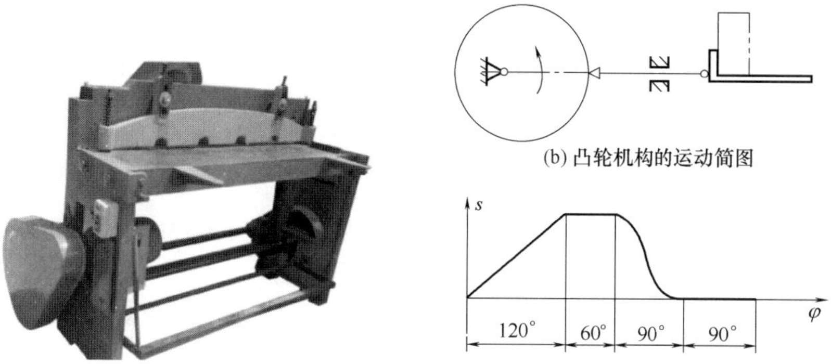

(a) 剪板机的自动送料凸轮机构　(b) 凸轮机构的运动简图　(c) 从动件的位移线图

图 2-3-1　自动送料凸轮机构

任务分析

根据凸轮机构的工作要求，在确定了凸轮机构的类型，选定了从动件的运动规律、凸轮的基圆半径和凸轮的转动方向后，便可设计凸轮的轮廓曲线了。凸轮轮廓设计的方法有图解法和解析法。图解法简单易行而且直观，但精确度有限，只适用于一般场合。不过，只要细心作图，其图解的准确度还是能够满足一般工程要求的。解析法精确度较高，但设计计算工作量大，需采用电子计算机完成。因此，本次任务主要通过图解法来完成。

任务实施

步骤一：知识准备

一、从动件的常用运动规律

1. 凸轮机构的工作过程与从动件的运动关系

如图 2-3-2（a）所示为一尖顶对心直动从动件盘形凸轮机构。在凸轮上，以凸轮轮廓的最小向径 r_b 为半径所作的圆称为基圆，r_b 称为基圆半径，点 A 为基圆与凸轮轮廓线的交点。在图示位置，从动件与凸轮在 A 点相接触。

当凸轮逆时针转动时，从动件处于上升的起始位置。当凸轮以等角速度 ω 转过 δ_0 角时，其轮廓 AB 段向径渐增，将从动件按一定的运动规律推至最远位置 B'点。这个过程称为推程或升程，对应的凸轮转角 δ_0 称为推程运动角；从动件上升的最大位移 h，称为行程。

当凸轮继续转过 δ_s 角时，由于轮廓 BC 段为向径不变的圆弧，从动件停留在最远位置不动。此过程称为远停程，对应的凸轮转角 δ_s 称为远停程角。

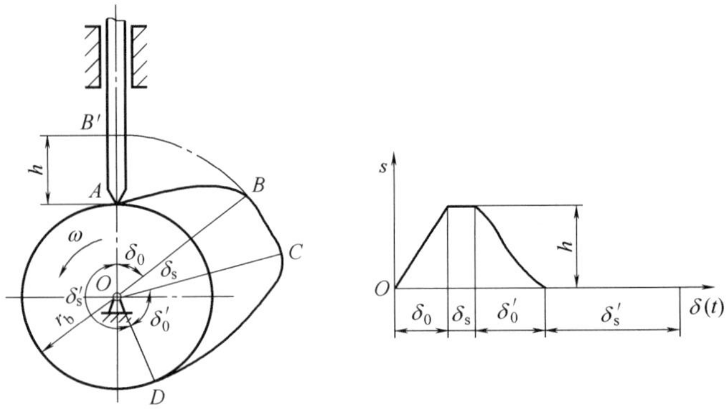

(a) 凸轮机构的工作过程　　(b) 从动件的运动位移图

图 2-3-2　凸轮机构的工作过程与从动件的运动位移图

当凸轮又继续转过 δ_0' 角时，轮廓 CD 段向径渐减，使从动件以一定的运动规律由最远位置回到最近位置（从动件与凸轮在 D 点接触）。此过程称为回程，对应的凸轮转角 δ'_0 称为回程运动角。

当凸轮继续转过 δ_s' 角时，由于轮廓 DA 段为向径不变的基圆圆弧，从动件又在最近位置停止不动。此过程称为近停程，对应的凸轮转角 δ_s' 称为近停程角。这时 $\delta_0+\delta_s+\delta_0'+\delta_s'=2\pi$，凸轮刚好转过一圈，机构完成了一个工作循环。凸轮继续转动，从动件又开始下轮升—停—降—停的运动循环。

以从动件的位移 s 为纵坐标，对应的凸轮转角 δ 为横坐标，则可以逐点画出从动件的位移 s（等于凸轮轮廓接触点到基圆的向径长）与凸轮转角 δ 或时间 t（凸轮通常以等角速度 ω 转动，$\delta=\omega t$）之间的关系曲线，如图 2-3-2（b）所示，称为从动件的运动位移线图。此曲线表明了从动件位移 s 与凸轮转角 δ 或时间 t 之间的函数关系。

从动件在运动过程中，其位移 s、速度 v、加速度 a 随时间 t（或凸轮转角 δ）的变化规律，称为从动件的运动规律。由上述可见，从动件的运动规律完全取决于凸轮的轮廓形状；反之，设计凸轮轮廓时，必须首先根据工作要求确定从动件的运动规律，并按此运动规律（位移线图）设计凸轮轮廓，以实现从动件预期的运动规律。

2. 从动件常用的运动规律

（1）等速运动规律。从动件推程或回程的运动速度为定值的运动规律，称为等速运动规律。以推程为例，设凸轮以等角速度 ω 转动，当凸轮转过推程角时，从动件升程为 h，则从动件运动方程为：

$$\left.\begin{aligned} s&=\frac{h}{\delta_0}\delta \\ v&=\frac{h}{\delta_0}\omega=\text{常数} \\ a&=0 \end{aligned}\right\} \tag{2-3-1}$$

根据上述运动方程，可作出如图 2-3-3 所示从动件推程的运动线图。

由图可知，从动件在推程（或回程）开始和终止的瞬时，速度有突变，其加速度和惯性力在理论上为无穷大（实际上由于材料的弹性变形，其加速度和惯性力不可能达到无穷大），致使凸轮机构产生强烈的冲击、噪声和磨损，这种冲击称为刚性冲击。因此，等速运动规律只适用于低速、轻载的场合。

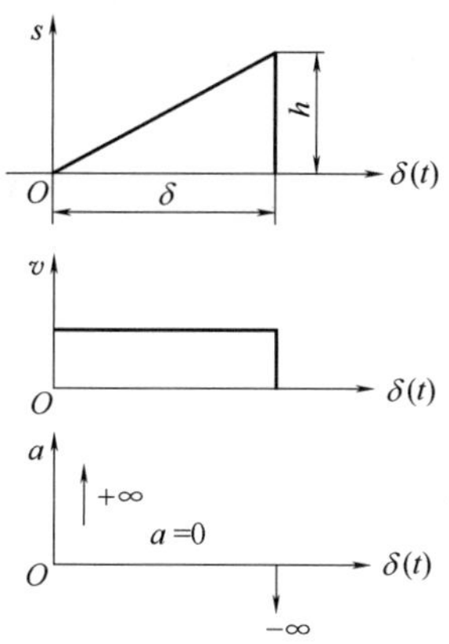

图 2-3-3　从动件推程的运动线图

（2）等加速等减速运动规律。从动件在一个行程 h 中，前半行程做等加速运动，后半行程做等减速运动，这种运动规律称为等加速等减速运动规律。通常取加速度和减速度的绝对值相等，因此，从动件做等加速和等减速运动所经历的时间相等；又因凸轮做等速转动，所以与各运动段对应的凸轮转角也相等，同为 $\delta_0/2$ 或 $\delta_0'/2$。因此，推程中从动件的运动方程为

等加速段：
$$\left.\begin{aligned} s&=\frac{2h}{\delta_0}\delta^2 \\ v&=\frac{4h\omega}{{\delta_0}^2}\delta \\ a&=\frac{4h\omega^2}{{\delta_0}^2}=常数 \end{aligned}\right\}\left(0\leqslant\delta\leqslant\frac{\delta_0}{2}\right) \tag{2-3-2a}$$

等减速段：
$$\left.\begin{aligned} s&=h-\frac{2h}{\delta_0^2}(\delta_0-\delta)^2 \\ v&=\frac{4h\omega}{{\delta_0}^2}(\delta_0-\delta) \\ a&=-\frac{4h\omega^2}{{\delta_0}^2}=常数 \end{aligned}\right\}\left(\frac{\delta_0}{2}\leqslant\delta\leqslant\delta_0\right) \tag{2-3-2b}$$

根据上述方程，可以作出从动件推程时做等加速等减速运动的运动线图。由位移方程可知，其位移曲线为两条光滑相接的反向抛物线，所以等加速等减速运动规律又称为抛物线运动规律。当凸轮转角 δ 处在相同等分转角 1，2，3，…各位置时，从动件相应的位移量 s 的比值为 1∶4∶9∶…。据此，位移线图可以方便地用作图法画出，如图 2-3-4（a）所示。同理，不难作出回程时做等加速等减速运动从动件的运动线图，如图 2-3-4（b）所示。

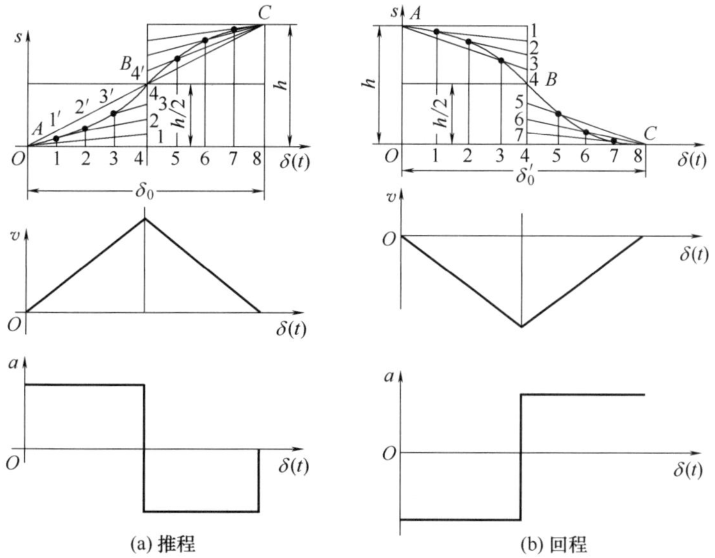

图 2-3-4　等加速等减速运动规律线图

由运动线图可知，这种运动规律的加速度在 A、B、C 三处存在有限的突变，因而会在机构中产生有限值的冲击力，这种冲击称为柔性冲击。与等速运动规律相比，其冲击程度大为减小。因此，等加速等减速运动规律适用于中速、中载的场合。

（3）简谐运动规律。当一质点在圆周上做匀速运动时，它在该圆直径上投影所形成的运动称为简谐运动。从动件做简谐运动时，其推程的运动方程为

$$\left.\begin{aligned} s&=\frac{h}{2}\left[1-\cos\left(\frac{\pi}{\delta_0}\delta\right)\right] \\ v&=\frac{\pi h\omega}{2\delta_0}\sin\left(\frac{\pi}{\delta_0}\delta\right) \\ a&=\frac{\pi^2 h\omega^2}{2{\delta_0}^2}\cos\left(\frac{\pi}{\delta_0}\delta\right) \end{aligned}\right\} \tag{2-3-3}$$

由方程可知，从动件做简谐运动时，其加速度按余弦曲线变化，故又称余弦加速度运动规律，其运动线图如图 2-3-5 所示。从图中可见其位移线图的作图方法。

由加速度线图可知，此运动规律在行程的始末两点加速度存在有限突变，故也存在柔性冲击，只适用于中速场合。但当从动件做无停歇地升—降—升连续往复运动时，则得到连续的余弦曲线，运动中完全消除了柔性冲击，这种情况下可用于高速传动。

随着生产技术的进步，工程中所采用的从动件运动规律越来越多，如摆线运动规律、复杂多项式运动规律及改进型运动规律等。设计凸轮机构时，应根据机器的工作要求，恰当地选择合适的运动规律。

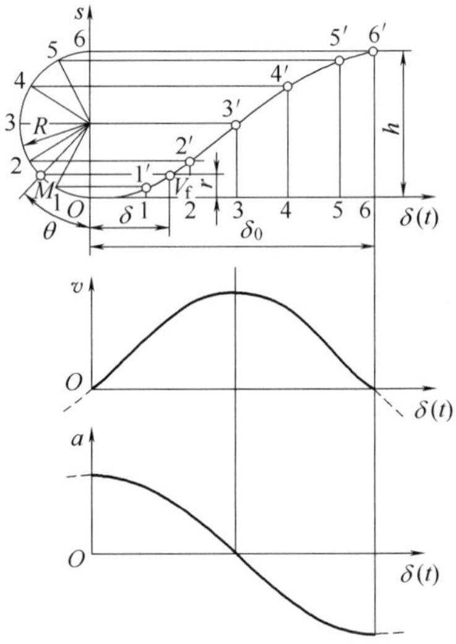

图 2-3-5 余弦加速度运动规律线图

二、反转法原理

1. 反转法

图解法绘制凸轮轮廓曲线是利用相对运动原理完成的。当凸轮机构工作时，凸轮和从动件都是运动的，而绘制凸轮轮廓时，应使凸轮相对静止。如图 2-3-6 所示，如设想给整个机构加一个与凸轮角速度 ω 大小相等、方向相反的公共角速度“$-\omega$”，则凸轮处于相对静止状态，而从动件一方面按原定运动规律相对于机架导路做往复移动，另一方面随同机架以“$-\omega$”角速度绕 O 点转动。由于从动件尖顶始终与凸轮轮廓保持接触，所以从动件在反转行程中，其尖顶的运动轨迹就是凸轮的轮廓曲线。这就是凸轮轮廓设计的“反转法”原理。

根据这一原理便可作出各种类型凸轮机构的凸轮轮廓曲线。

2. 凸轮机构基本尺寸的确定

设计凸轮机构时，除了根据工作要求合理地选择从动件运动规律外，还必须保证从动件准确地实现预期的运动规律，且具有良好的传力性能和紧凑的结构。下面讨论与此相关的几个问题。

（1）滚子半径的选择。采用滚子从动件时，应选择适当的滚子半径，要综合考虑滚子

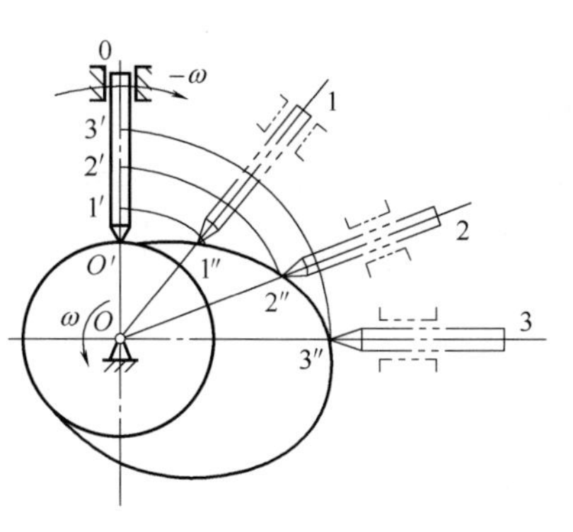

图 2-3-6　“反转法”原理

的强度、结构及凸轮轮廓曲线的形状等多方面的因素。

为了减小滚子与凸轮间的接触应力和考虑安装的可能性，应选取较大的滚子半径；但滚子半径的增大，将影响凸轮的实际轮廓。

当理论廓线内凹时，如图 2-3-7（a）所示，实际轮廓的曲率半径 ρ'，等于理论轮廓线曲率半径 ρ 与滚子半径 r_T 之和，即 $\rho'=\rho+r_T$。此时，不论滚子半径的大小，其实际轮廓线总可以作出。

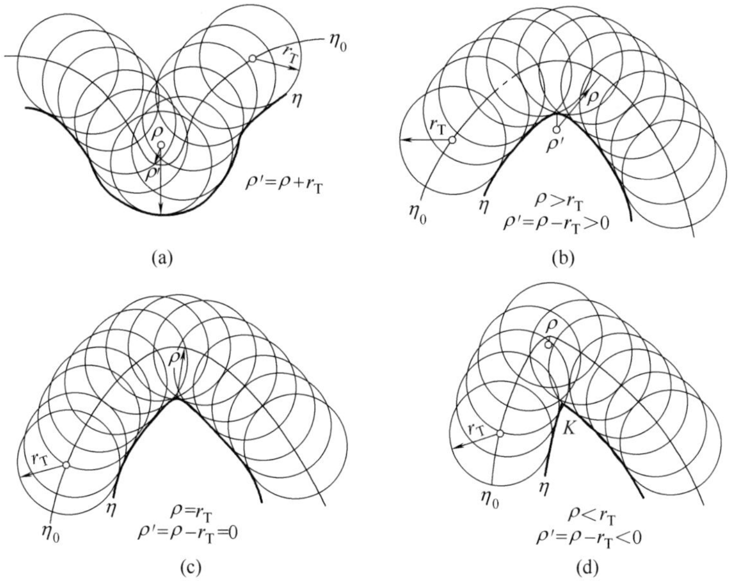

图 2-3-7　滚子半径的选择

当理论轮廓线外凸时，$\rho'=\rho-r_T$。若 $\rho>r_T$，则 $\rho'>0$，如图 2-3-7(b) 所示，实际轮廓线为一光滑曲线；若 $\rho=r_T$，则 $\rho'=0$，如图 2-3-7(c) 所示，实际廓线出现尖点，尖点极易磨损，磨损后就会改变从动件原有的运动规律；若 $\rho<r_T$，则 $\rho'<0$，如图 2-3-7（d）所示，实际轮廓线出现交叉，致使从动件不能实现预期的运动规律，这种现象称为运动失真。

因此，对于外凸的凸轮轮廓，应使滚子半径 r_T 小于理论轮廓线的最小曲率半径 ρ_{min}，通常取 $r_T\leqslant 0.8\rho_{min}$。当 r_T 太小而不能满足强度和结构要求时，应适当加大基圆半径 r_b 以增大理论廓线的 ρ_{min}。

为防止凸轮磨损过快，工作轮廓线上的最小曲率半径 $\rho'_{min}>1\sim5\text{mm}$。

实际设计凸轮机构时，一般按基圆半径 r_b 来确定滚子半径 r_T，通常取 $r_T=(0.1\sim0.5)r_b$。

（2）压力角及其许用值。如图 2-3-8 所示为尖顶对心直动从动件盘形凸轮机构在推程某个位置的受力情况。F_Q 为作用在从动件上的载荷（包括工作阻力、重力、弹簧力和惯性力等)。若不计摩擦，凸轮作用于从动件的力 F_n 将沿接触点的法线 n-n 方向，图中 α 角即为该位置的压力角。F_n 可分解为沿从动件运动方向的有效分力 F'和垂直于导路方向的有害分力 F''，F''使从动件压紧导路而产生摩擦力，F'推动从动件克服载荷 F_Q 及导路间的摩擦力向上移动，其大小分别为 $F'=F_n\cos\alpha$，$F''=F_n\sin\alpha$。

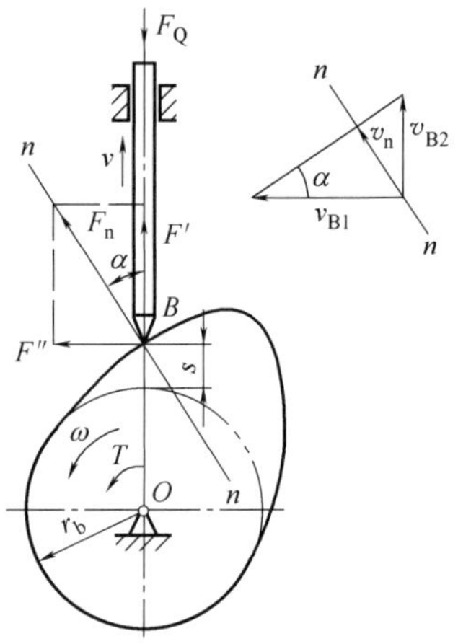

图 2-3-8　尖顶对心直动从动件盘形凸轮机构受力分析

显然，α 角越小，有效分力 F'越大，凸轮机构的传力性能越好。反之，α 角越大，有效分力 F'越小，有害分力 F''越大，机构的摩擦阻力增大、效率降低。当 α 增大到某一数值，有效分力 F'会小于由 F''所引起的摩擦阻力，此时无论凸轮给从动件多大的作用力都无法驱动从动件运动，即机构处于自锁状态。因此，为保证凸轮机构正常工作，并具有良好的传力性能，必须对压力角的大小加以限制。一般凸轮轮廓线上各点的压力角是变化的，设计时应使最大压力角不超过许用压力角 $[\alpha]$。

一般设计中，推程压力角许用值 $[\alpha]$ 推荐如下：

移动从动件 $[\alpha]=30°$，摆动从动件 $[\alpha]=45°$。

机构在回程时，从动件实际上不是由凸轮推动，而是在锁合力作用下返回的，发生自锁的可能性很小。为减小冲击和提高锁合的可靠性，回程压力角推荐许用值 $[\alpha]=80°$。

对平底从动件凸轮机构，凸轮对从动件的法向作用力始终与从动件的速度方向平行，故压力角恒等于 0，机构的传力性能最好。

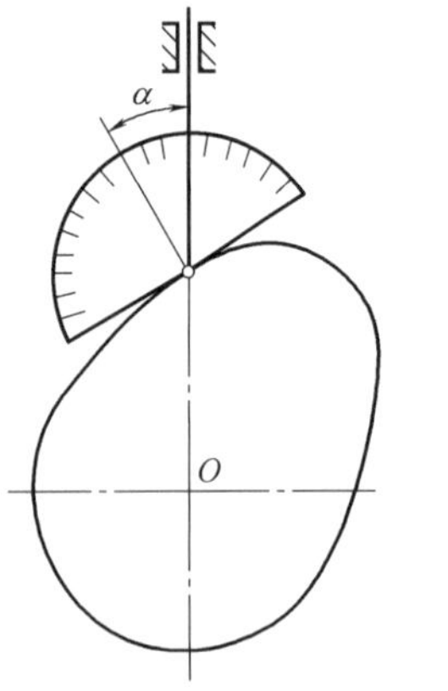

图 2-3-9　用万能角度尺直接测量压力角

凸轮机构的最大压力角 α_{max}，一般出现在理论轮廓线上较陡或从动件最大速度的轮廓附近。校验压力角时，可在此选取若干个点，作出这些点的压力角，测量其大小；也可用如图 2-3-9 所示的方法用万能角度尺直接量取检查。

如果 $\alpha_{max}>[\alpha]$，可采用增大基圆半径或改对心凸轮机构为偏置凸轮机构的方法来进行调整，以达到 $\alpha_{max}<[\alpha]$ 的目的。

如图 2-3-10 所示，同样情况下，偏置式凸轮机构比对心式凸轮机构有较小的压力角，但应使从动件导路偏离的方向与凸轮的转动方向相反。若凸轮逆时针转动，则从动件导路应偏向轴心的右侧；若凸轮顺时针转动，则从动件导路应偏向轴心的左侧。偏距 e 的大小，一般取 $e\leqslant r_b/4$。

(3) 基圆半径的选择。基圆半径是凸轮设计中的一个重要参数，它对凸轮机构的结构尺寸、运动性能、受力性能等都有重要影响。设计出凸轮轮廓后，为确保传力性能，通常需进行推程压力角的校核，检验是否满足 $\alpha_{max}\leqslant[\alpha]$ 的要求。

• 根据凸轮的结构确定 r_b。若凸轮与轴做成一体（凸轮轴），$r_b=r+r_T+(2\sim5)$ mm；若凸轮单独制造，$r_b=(1.5\sim2)r+r_T+(2\sim5)$ mm。

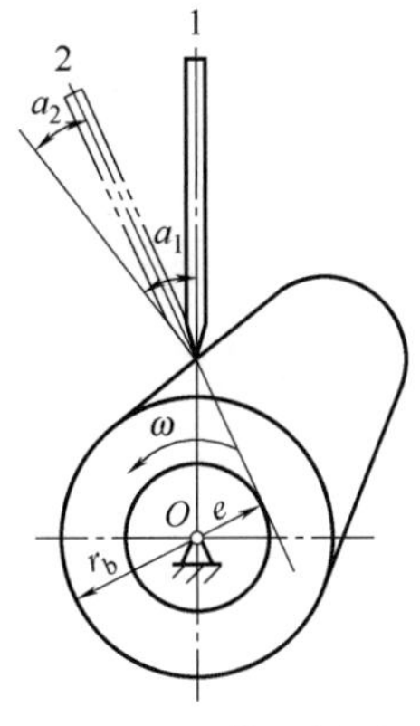

图 2-3-10 偏置从动件可减少压力角

式中的 r 为轴的半径；r_T 为滚子半径，若为非滚子从动件凸轮机构，则上式中 r_T 可不计。

这是一种较为实用的方法，确定 r_b 后，再对所设计的凸轮轮廓校核压力角。

• 根据 $\alpha_{max} \leqslant [\alpha]$，确定最小基圆半径 r_{bmin}。对于对心直动从动件盘形凸轮机构，工程上已制备了几种从动件基本运动规律的诺模图，如图 2-3-11 所示。图中上半圆的标尺代表凸轮的推程运动角 δ_0，下半圆的标尺代表最大压力角 α_{max}，直径标尺代表各种运动规律的 h/r_b 值。由图上 δ_0、α_{max} 两点连线与直径的交点，可读出相应运动规律的 h/r_b 值，从而确定最小基圆半径 r_{bmin}。

基圆半径可按 $r_b \geqslant r_{bmin}$ 选取。

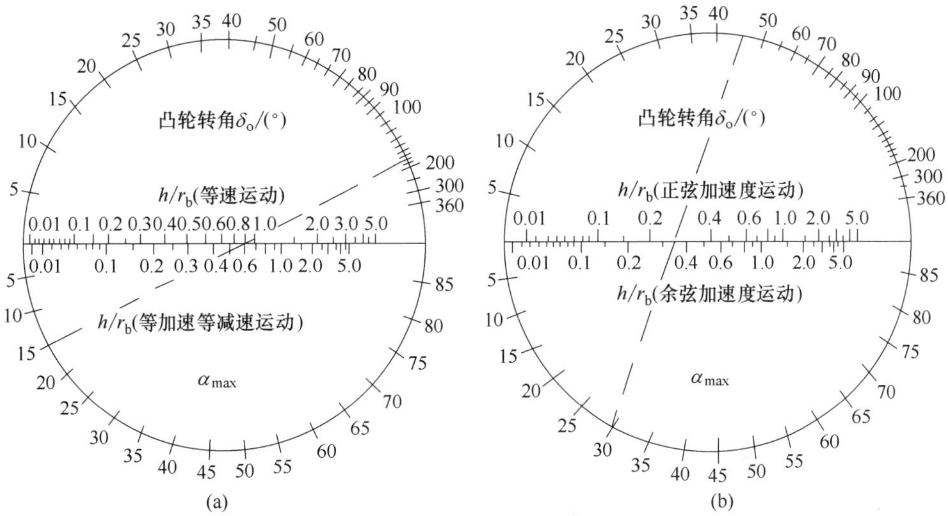

图 2-3-11 诺模图

步骤二：案例应用

【例 2-3-1】 已知某内燃机配气凸轮机构从动件（配气推杆）的升程 $h=90$mm，推程运动角 $\delta_0=70°$，远停程角 $\delta_s=40°$，回程运动角 $\delta_0'=70°$，近停程角 $\delta_s'=180°$。试绘制从动件的位移线图，其运动规律如下：以等加速等减速运动规律上升，以等加速等减速运动规律下降。

解： 按照一定长度比例把推程运动角分为 6 等份。由等加速等减速运动规律从动件位移曲线绘制方法：

根据 $s=\frac{1}{2}a_0t^2$，当 $t=1$，2，3 时：$s=1\times\frac{a_0}{2}$，$4\times\frac{a_0}{2}$，$9\times\frac{a_0}{2}$

由 $\frac{h}{2}=\frac{1}{2}a_0\times3^2$ 可得，$a_0=\frac{h}{9}$

根据升程 $h=90$mm，则 $t=1$ 时，$s=5$mm；$t=2$ 时，$s=20$mm；$t=3$ 时，$s=45$mm，以此类推。同理，不难作出回程时从动件的运动线图（图 2-3-12）。

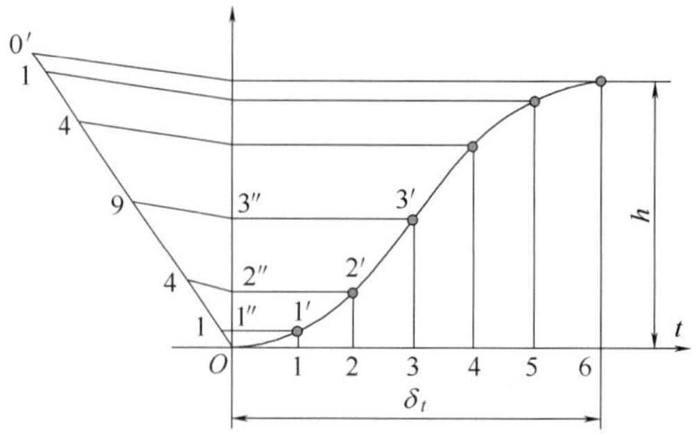

图 2-3-12　运动规律线图

【例 2-3-2】 利用图解法完成如图 2-3-13 所示的尖顶对心移动从动件盘形凸轮轮廓的设计。

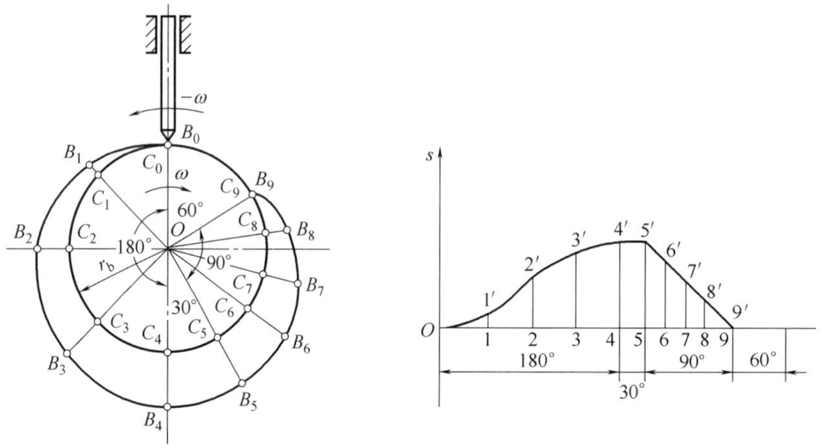

(a) 凸轮机构的工作过程　　(b) 从动件的运动位移图

图 2-3-13　尖顶对心移动从动件盘形凸轮的工作过程与从动件的运动位移图

如图 2-3-13（a）所示为尖顶对心直动从动件盘形凸轮机构。设已知条件为从动件的运动规律、凸轮的基圆半径 r_b 及转动方向 ω，则凸轮轮廓的作图步骤如下：

（1）选取适当的比例尺 μ_1，作出从动件的位移线图，如图 2-3-13（b）所示。

（2）取与位移线图相同的比例，以 r_b 为半径作基圆。基圆与导路的交点 B_0（C_0）即为从动件尖顶的起始位置。

（3）在基圆上，自 OC_0 开始，沿“$-\omega$”方向依此取 δ_0、δ_s、δ_0'、δ_s'，并将 δ_0、δ_0'分成与位移线图对应的若干等份，得 C_1、C_2、C_3、…各点，连接 OC_1、OC_2、OC_3、…各径向线并延长，便得从动件导路在反转过程中的一系列位置线。

（4）沿各位置线自基圆向外量取 $C_1B_1=11'$，$C_2B_2=22'$，$C_3B_3=33'$，…，由此得尖顶从动件反转过程中的一系列位置 B_1，B_2，B_3，…。

（5）将 B_1，B_2，B_3，…连接成光滑的曲线，即得到所求的凸轮轮廓曲线。

步骤三：设计剪板机自动送料机构中凸轮的轮廓曲线

如图 2-3-1 所示，分析凸轮的结构形状，根据从动件的运动规律、凸轮的基圆半径 r_b

及转动方向 ω 作出位移线图，确定从动件的起点位置，等分运动角和从动件位移图，位移线图量取尺寸自基圆向外确定从动件的位置，光滑连接得所求凸轮轮廓曲线。

任务小结

凸轮机构在应用中的基本特点在于能使从动件获得较复杂的运动规律，因为从动件的运动规律取决于凸轮轮廓曲线，所以在应用时，只要根据从动件的运动规律来设计凸轮的轮廓曲线就可以了。利用反转法来设计盘形凸轮轮廓曲线的关键在于透彻理解反转法中各构件的相对运动规律，并结合实际运动规律按照一定的步骤方可进行绘制。

【思考与练习】

(1) 如图所示为一偏心圆凸轮机构，O 为偏心圆的几何中心，偏心距 $e=15$mm，$d=60$mm。试在图中标出：

① 该凸轮的基圆半径、从动件的最大位移 h 和推程运动角 δ_0 的值。

② 凸轮转过 90°时从动件的位移 s。

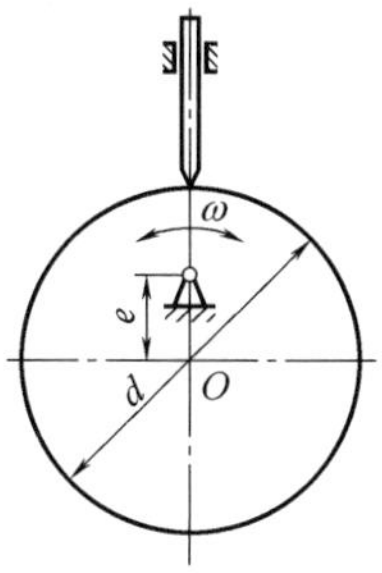

题 (1) 图

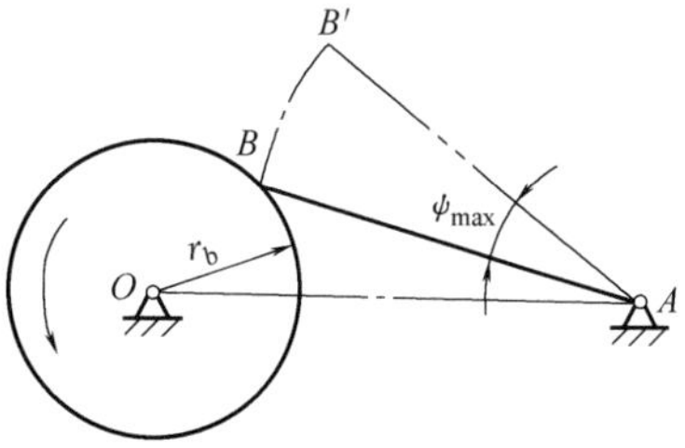

题 (2) 图

(2) 设计一尖顶摆动从动件盘形凸轮机构。凸轮转动方向和从动件初始位置如图所示。已知 $l_{OA}=70$mm、$l_{AB}=75$mm、基圆半径 $r_b=30$mm，从动件运动规律如下：当凸轮匀速转动 120°时，从动件以简谐运动规律向上摆动 $\psi_{max}=30°$；当凸轮从 120°转到 180°时，从动件停止不动，然后以等速运动规律回到原处。试用图解法绘制凸轮轮廓曲线。

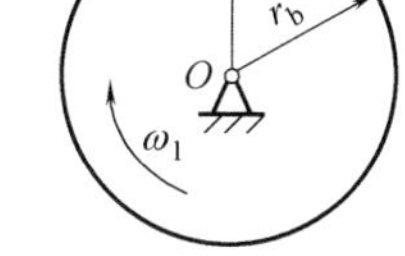

题 (3) 图

(3) 设计一偏置直动滚子从动件盘形凸轮机构。凸轮转动方向和从动件初始位置如图所示。已知 $e=10$mm、$r_b=40$mm、$r_T=10$mm，从动件运动规律如下：$\delta_0=180°$、$\delta_s=30°$、$\delta_0'=120°$、$\delta_s'=30°$，从动件推程以等加速等减速运动规律上升，升程 $h=30$mm，回程以简谐运动规律回到原处。试用图解法绘制凸轮轮廓曲线。

项目四

联轴器的机械连接设计

项目概述

为便于机器的制造、装配、运输、维修及提高劳动生产率，在机器的设计与制造中，广泛地使用各种连接。连接可分为可拆连接和不可拆连接。可拆连接是不损坏连接中任一零件就可拆开的连接，故多次拆装不影响其使用性能，常见的有螺纹连接、键连接、销连接等。

不可拆连接则是拆开连接时至少要损坏连接中某一部分才能拆开的连接，常见的有焊接、铆接、粘接等。此外过盈配合也是常用的连接手段，它介于不可拆连接和可拆连接之间。

作为一名工程技术人员，无论从事哪一个行业的工作，都必须了解机械中常用的各种连接及其应用情况，掌握常用连接的设计和选用方法。

学习导航

知识点	（1）普通平键的选用与设计 （2）受轴向载荷的普通螺纹连接的强度计算 （3）受横向载荷的普通螺纹连接的强度计算
学习目标	（1）能根据工作要求确定普通平键类型和尺寸 （2）能对普通平键进行挤压强度计算 （3）能对承受轴向载荷、横向载荷的普通螺栓连接进行拉伸强度计算
重点	（1）普通平键连接的设计计算 （2）承受轴向载荷的螺纹连接的强度计算

任务一　设计联轴器的平键连接

任务描述

如图 2-4-1 所示为某水泵用凸缘联轴器，这种联轴器是把两个带有凸缘的半联轴器用普通平键分别与两轴连接，然后用螺栓把两个半联轴器连成一体，以传递运动和转矩。已知联轴器材料为 HT250，传递的最大转矩为 630N·m，孔径 $d=50$mm，键槽宽度为 16mm，半联轴器宽度 $B=84$mm，键和轴的材料均为 45 钢，载荷有轻微冲击，试设计该联轴器中的平键连接。

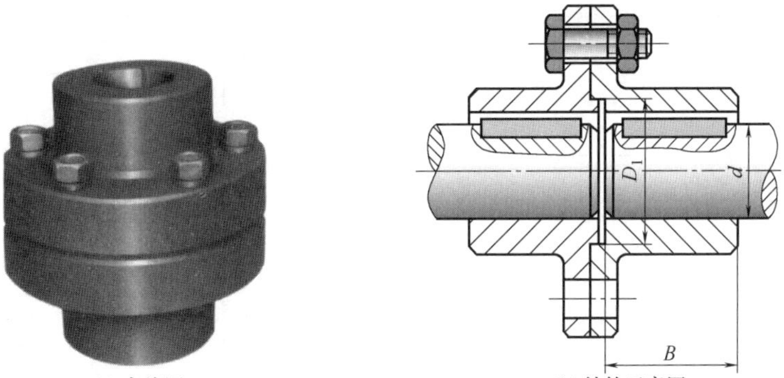

(a) 实物图　　(b) 结构示意图

图 2-4-1　凸缘联轴器

任务分析

普通平键已标准化，设计时根据具体工作情况选择普通平键的类型、确定其尺寸。在确定了平键的结构和尺寸之后，还需按强度准则对键连接进行强度校核。

任务实施

步骤一：知识准备

一、普通平键的选用

1. 类型的选择

普通平键按端部形状不同，有圆头（A 型）、方头（B 型）和单圆头（C 型）三种。平键的类型通常是根据工作条件和使用要求来选择的。

A 型键和 C 型键，键在槽中的轴向固定较好，但键槽端部会引起较大的应力集中，其中 C 型键多用于轴端；对于 B 型键，键槽的应力集中较小，但键在键槽中轴向固定不好。

2. 尺寸的确定

普通平键的尺寸主要有键宽（b）、键高（h）和键长（L）等。平键的截面尺寸 $b\times h$ 根据轴的直径 d 查表 2-4-1 确定；键的长度 L 可按轮毂的宽度确定，键长略短于轮毂的宽度（一般比轮毂宽度短 5～10mm），并符合表 2-4-1 中的标准长度系列。

二、普通平键的强度计算

1. 失效形式

普通平键连接是依靠键和键槽两侧面的挤压来传递转矩，其主要的失效形式是较弱零件工作面的压溃，因此需对键连接进行挤压强度校核。

表 2-4-1　　普通平键、导向平键和键槽的截面尺寸及公差　　单位：mm

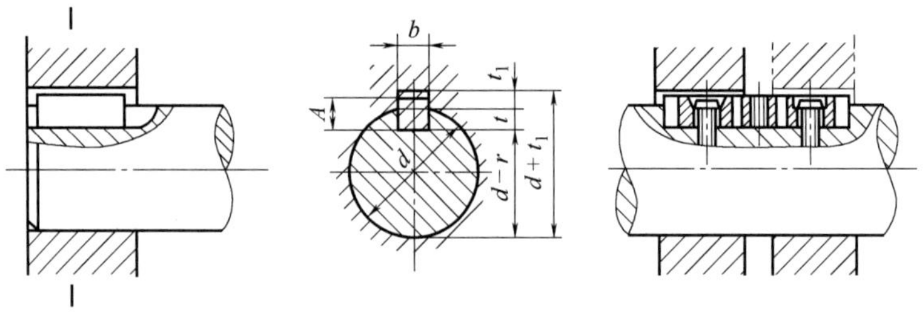

轴	键			键槽										
				宽度 b					深度				半径 r	
				极限偏差					轴 t		毂 t_1			
				较松键连接		一般键连接		较紧键连接						
公称直径 d	b	h	L	轴 H9	毂 D10	轴 N9	毂 Js9	轴和毂 P9	公称尺寸	极限偏差	公称尺寸	极限偏差	最小	最大
>10～12	4	4	8～45	+0.030 0	+0.078 +0.030	0 −0.036	±0.015	−0.012 −0.042	2.5	+0.1 0	1.8	+0.1 0	0.08	0.16
>12～17	5	5	10～56						3.0		2.3		0.16	0.25
>17～22	6	6	14～70						3.5		2.8			
>22～30	8	7	18～90	+0.036 0	+0.098 +0.040	0 −0.036	±0.018	−0.015 −0.051	4.0	+0.2 0	3.3	+0.2 0		
>30～38	10	8	22～110						5.0		3.3		0.25	0.40
>38～44	12	8	28～140	+0.043 0	+0.120 +0.050	0 −0.043	±0.0215	−0.018 −0.061	5.0		3.3			
>44～50	14	9	36～160						5.5		3.8			
>50～58	16	10	45～180						6.0		4.3			
>58～65	18	11	50～200						7.0		4.4			
>65～75	20	12	56～220	+0.052 0	+0.149 +0.065	0 −0.052	±0.026	−0.022 −0.074	7.5		4.9		0.40	0.60
>75～85	22	14	63～250						9.0		5.4			
>85～95	25	14	70～280						9.0		5.4			
>95～110	28	16	80～320						10.0		6.4			
L 系列	6,8,10,12,14,16,18,20,22,25,28,32,36,40,45,50,56,63,70,80,90,100,110,125,140,160,180,200,220,250,280,320,360,400,450,500													

注：1. 在工作图中，轴槽深用 t 或（$d-t$）标注，但（$d-t$）的偏差应取负号；毂槽深用 t_1 或（$d+t_1$）标注；轴槽的长度公差用 H14。

2. 较松键连接用于导向平键；一般键连接用于载荷不大的场合；较紧键连接用于载荷较大、有冲击和双向转矩的场合。

3. 轴槽对轴的轴线和轮毂槽对孔的轴线的对称度公差等级，一般取为 7～9 级。

2. 强度校核

如图 2-4-2（a）所示为平键连接工作时的受力情况示意图，假设载荷沿键长分布均匀，则普通平键连接的强度条件为

$$\sigma_p=\frac{4T}{dhl}\leqslant[\sigma_p] \tag{2-4-1}$$

式中　σ_P——平键所受工作应力，MPa；

T——传递转矩，N·mm；

d——轴的直径，mm；

h——键高，mm；

l——键的工作长度，mm，如图 2-4-2（b）所示；

$[\sigma_P]$——键连接的许用挤压应力，MPa，计算时应取连接中较弱材料的值，常见材料的许用挤压应力见表 2-4-2。

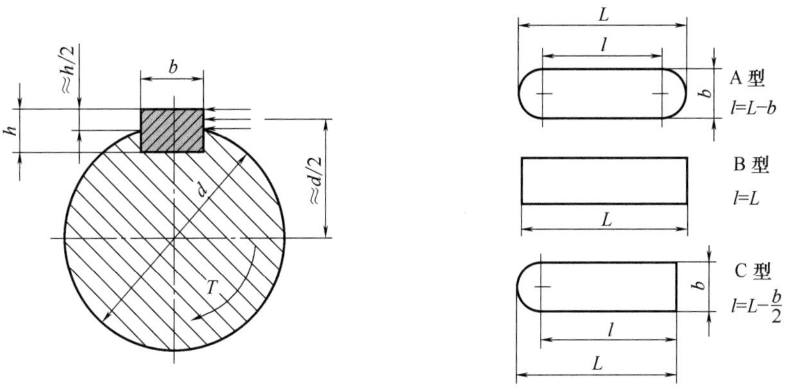

(a)　　(b)

图 2-4-2　平键连接的受力分析

表 2-4-2　　**键连接材料的许用应力**　　单位：MPa

许用应力	连接方式	轴、毂或键的材料	载荷性质		
			静载荷	轻微冲击	冲击
$[\sigma_p]$	静连接	钢	120～150	100～120	60～90
		铸铁	70～80	50～60	30～45
	动连接	钢	50	40	30

注：1. 对静连接，$[\sigma_p]$ 是指许用挤压应力；对动连接，$[\sigma_p]$ 是指许用压强 $[P]$。

2. 若动连接的相对滑动表面经表面淬火，则 $[\sigma_p]$ 应提高 2～3 倍。

若强度不够，可适当增加键长，或采用两个键按 180°布置，同时考虑载荷的不均匀性，在强度计算中按 1.5 个键计算。

步骤二：实例应用

【例 2-4-1】 设计一普通平键连接设计。已知轴、轮毂和键均为 45 钢，轴径 $d=45$mm，传递转矩 $T=600$N·m，轮毂宽度 $B=80$mm，载荷平稳。

解：（1）选择普通平键的类型。

为便于安装固定，选用 A 型平键。

（2）确定平键的尺寸。

按轴径 $d=45$mm，查表 2-4-1 得键宽 $b=14$mm，键高 $h=9$mm。

按轮毂宽度 $B=80$mm，键长应略短于轮毂宽度，查表 2-4-1，取键长 $L=70$mm。

标记为：键 14×70　GB/T 1096—2003。

（3）校核键连接强度。

确定键的工作长度 l：A 型键，$l=L-b=70-14=56$（mm）

确定许用挤压应力 $[\sigma_P]$：查表 2-4-2，对于钢，$[\sigma_P]=120\sim150$MPa

$$\sigma_p=\frac{4T}{dhl}=\frac{4\times600\times10^3}{45\times9\times56}=105.82(\text{MPa})\leqslant[\sigma_p]$$

所以，键连接强度足够。

步骤三：设计凸缘联轴器的普通平键设计

按连接的工作情况完成普通平键的选用及键连接挤压强度校核。在确定平键尺寸时，注意平键的宽度与联轴器键槽的宽度必须一致，同时需要注意键高与键宽两个尺寸的关联性。

任务小结

（1）普通平键的宽度（b）和高度（h）根据轴径的大小确定，而长度（L）根据轮毂宽度确定，键长应略短于轮毂宽度，并符合标准值。

（2）平键连接的强度计算中的 l 是指键的工作长度而非键长 L，而不同类型的平键，工作长度与键长的关系不相同。

（3）如果键连接的强度不够，可适当增加键长或采用双键连接。

任务二　气缸缸盖的连接螺栓设计

任务描述

螺纹连接结构简单、装拆方便，在机械结构中广泛应用。如图 2-4-3 所示为一气缸缸盖螺栓组连接。已知气缸工作压力 $p=0.8$MPa，缸筒内径 $D=160$mm，螺栓分布圆直径 $D_0=200$mm，连接处上、下凸缘厚均为 20mm，缸盖与缸体均为钢制，要求螺栓间距 $t\leqslant120$mm，试设计此普通螺栓连接。

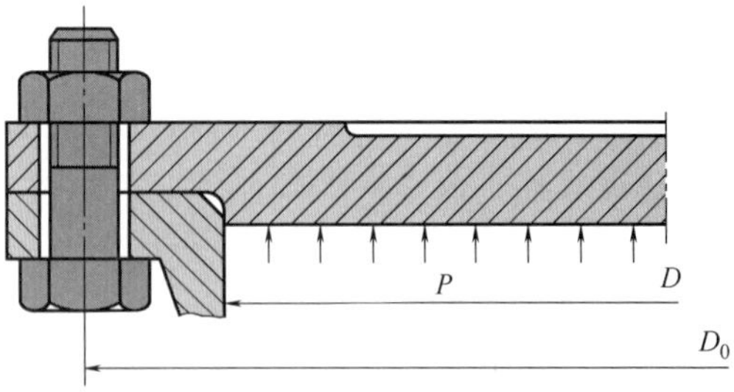

图 2-4-3　气缸盖的螺栓连接

任务分析

气缸缸盖和缸体之间采用普通螺栓组连接，连接螺栓主要承受轴向载荷作用，载荷的大小与缸内气体的压力和缸盖的作用面积有关。

设计时需根据螺栓分布直径确定螺栓的数目，按拉伸强度条件确定螺栓的公称直径。

任务实施

步骤一：知识准备

一、螺纹连接的预紧力

大多数螺纹连接在承受工作载荷之前就需拧紧，称为预紧。通过预紧可增强连接的可靠性和紧密性，防止受载后被连接件之间出现间隙或发生相对滑动。对于承受横向载荷的普通螺栓连接，则依靠预紧力使被连接件间产生正压力，预紧力的大小决定了其承载能力。

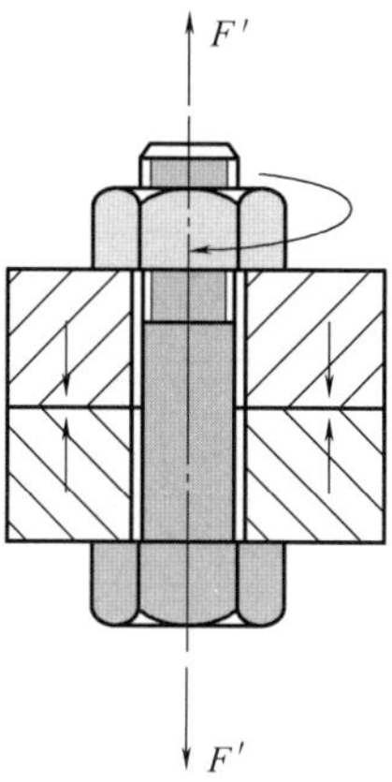

图 2-4-4 螺纹连接的预紧力

预紧时，螺栓所受到的轴向拉力称为预紧力 F_0，如图 2-4-4 所示。预紧力的大小要合适，若预紧力过小，则达不到预紧的目的；若预紧力过大，即螺纹紧固件拧得过紧，螺栓可能被拧断、螺纹牙被剪断而滑扣，被连接件也可能被压溃。因此，对于重要的螺栓连接，在装配时需要控制预紧力。

对于一般的连接，可凭经验来控制预紧力的大小；对于重要连接需严格控制其预紧力，可通过控制预紧力矩来间接实现。

分析表明，对于 M10～M64 的普通粗牙钢制螺栓，预紧力矩的近似计算公式为

$$T = 0.2F_0 d \tag{2-4-2}$$

式中 T——预紧力矩，N·mm；

F_0——预紧力，N；

d——螺栓的公称直径，mm。

生产中通常采用测力矩扳手［图 2-4-5（a）］和定力矩扳手［图 2-4-5（b）］来控制拧紧力矩的大小。

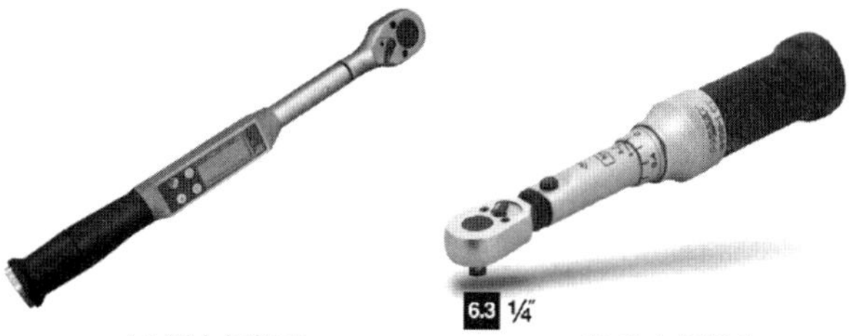

(a) 测力矩扳手 (b) 定力矩扳手

图 2-4-5 控制预紧力扳手

二、普通螺栓连接的强度计算

对于普通螺栓连接，无论是受何种形式的载荷作用，螺栓都主要是承受轴向拉力，其主要失效形式是螺栓螺纹部分的塑性变形或断裂，因此其强度计算主要考虑拉伸强度。

在工作载荷作用前连接件无预紧的螺栓连接称为松螺栓连接，这种连接应用较少。生产中广泛采用的是进行了预紧的紧螺栓连接。

对于紧螺栓连接，螺栓除了受轴向拉力外，还要受摩擦力矩的作用。在强度计算时，仍然按拉伸强度进行计算，同时考虑摩擦力矩的影响，将螺栓所受的轴向拉力增大 30%。因此螺栓的强度条件为

$$\sigma=\frac{1.3F}{\frac{\pi d_1^2}{4}}\leqslant[\sigma] \tag{2-4-3}$$

螺栓的设计公式为

$$d_1\geqslant\sqrt{\frac{5.2F}{\pi[\sigma]}} \tag{2-4-4}$$

式中 F——螺栓所受的轴向拉力，N；

d_1——螺栓小径，mm；

$[\sigma]$——螺栓材料的许用应力，MPa，见表 2-4-4、表 2-4-5。

受轴向载荷的紧螺栓连接是工程上使用最为广泛的一种连接方式，这种情况必须同时考虑预紧力和外载荷对连接的综合影响。

如图 2-4-6 所示为螺栓连接的预紧和工作的全过程中螺栓与被连接件受力变形过程的结构示意图。当螺栓未拧紧时，螺栓和被连接件都处于自然状态［图 2-4-6（a）］。当施加预紧力 F_0，螺栓连接拧紧后，螺栓因受到拉力而伸长 δ_b；被连接件受到压缩力而缩短 δ_c［图 2-4-6（b）］；在连接承受轴向载荷 F_a 时，螺栓将继续伸长，其增量为 $\Delta\delta$，与此同时被连接件因压力减小而产生部分弹性恢复，其变形恢复量也等于 $\Delta\delta$，此时被连接件上的残余压力称为残余预紧力，用 F_0'表示［图 2-4-6（c）］。

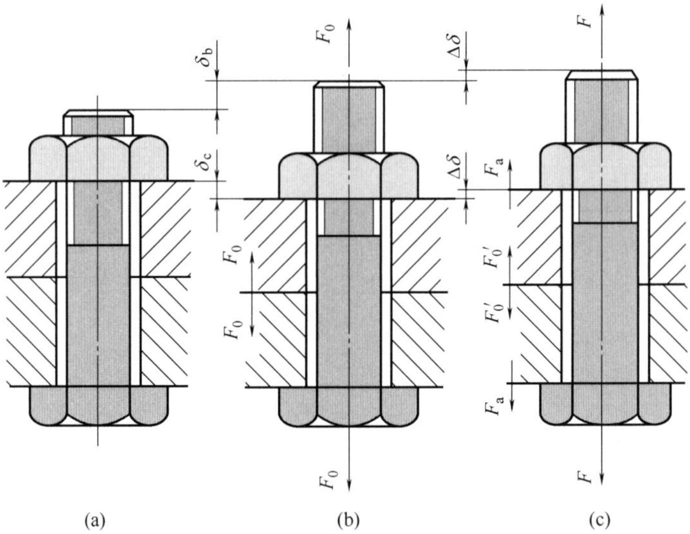

图 2-4-6 螺栓连接受力变形图

显然，螺栓所受的总的拉力 F 为轴向载荷和残余预紧力之和，即

$$F=F_a+F_0' \tag{2-4-5}$$

为保证连接的紧固性和紧密性，残余预紧力 F_0'应大于零，F_0'的推荐值如表 2-4-3 所示。

表 2-4-3　残余预紧力 F_0'的推荐值

连接性质		残余预紧力 F_0'的推荐值
一般连接	工作载荷稳定	$(0.2\sim0.6)F_a$
	工作载荷不稳定	$(0.6\sim1.0)F_a$
紧密连接		$(1.5\sim1.8)F_a$
地脚螺栓连接		$\geqslant F_a$

三、螺栓的材料和许用应力

螺栓的常用材料有低碳钢 Q215、Q235、35 和 45 钢，重要和特殊用途的螺纹连接件可采用 15Cr、40Cr、30CrMnSi 等力学性能较高的合金钢。螺栓常用材料的力学性能见表 2-4-4。

表 2-4-4　　螺纹连接件常用料料的力学性能　　单位：MPa

材料	Q215	Q235	35	45	40Cr
强度极限 σ_B	335～410	375～460	530	600	980
屈服点 σ_S	185～215	205～235	315	355	785

螺纹连接件的许用应力及安全系数见表 2-4-5。

表 2-4-5　　螺纹连接在静载荷下的许用应力和安全系数

<table>
<tr><td>类型</td><td>许用应力</td><td colspan="4">相关因素</td><td colspan="3">安全系数</td></tr>
<tr><td rowspan="5">普通螺栓连接</td><td rowspan="5">$[\sigma]=\sigma_s/s$</td><td colspan="4">松连接</td><td colspan="3">1.2～1.7</td></tr>
<tr><td rowspan="4">紧连接</td><td>要控制预紧力</td><td colspan="2"></td><td colspan="3">1.2～1.5</td></tr>
<tr><td rowspan="3">不控制预紧力</td><td colspan="2">螺纹直径</td><td>M6～M16</td><td>M16～M30</td><td>M30～M60</td></tr>
<tr><td rowspan="2">材料</td><td>碳钢</td><td>4～3</td><td>3～2</td><td>2～1.3</td></tr>
<tr><td>合金钢</td><td>5～4</td><td>4～2.5</td><td>2.5～2</td></tr>
<tr><td rowspan="3">铰制孔用螺栓连接</td><td>许用剪切应力
$[\tau]=\sigma_s/s_\tau$</td><td rowspan="3">紧连接</td><td>螺栓材料</td><td colspan="2">钢</td><td colspan="3">$S_\tau=2.5$</td></tr>
<tr><td rowspan="2">许用挤压应力
$[\sigma_p]=\sigma_{lim}/s_p$</td><td rowspan="2">螺栓或孔壁材料</td><td colspan="2">钢
$\sigma_{lim}=\sigma_s$</td><td colspan="3">$S_p=1～1.25$</td></tr>
<tr><td colspan="2">铸铁
$\sigma_{lim}=\sigma_B$</td><td colspan="3">$S_p=2.0～2.5$</td></tr>
</table>

步骤二：实例应用

【例 2-4-2】 如图 2-4-7 所示液压缸缸体与缸盖的普通螺栓连接，若螺栓规格为 M20，数量为 10 个，螺栓材料为 45 钢，缸筒内径 $D=250\text{mm}$，缸内油液压力 $p=2.5\text{MPa}$，试校核螺栓的强度。

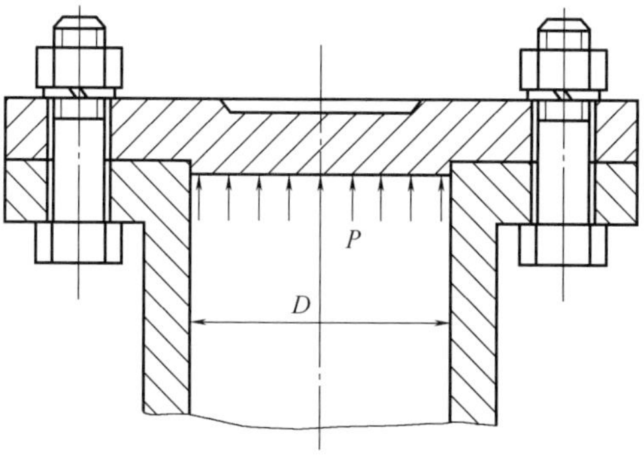

图 2-4-7　液压缸的螺栓连接

解：（1）计算单个螺栓所承受的轴向载荷。

螺栓组承受的轴向载荷

$$F_Q=\frac{\pi D^2}{4}p\approx\frac{3.14\times250^2}{4}\times2.5$$

$$=1.23\times10^5\text{(N)}$$

单个螺栓承受的轴向载荷

$$F_{a}=\frac{F_{Q}}{z}==\frac{1.23\times10^{5}}{10}=1.23\times10^{4}\,(\mathrm{N})$$

(2) 计算螺栓的总的轴向拉力 F。

查表 2-4-3，紧密连接，残余预紧力 $F_0'=(1.5\sim1.8)F_a$，取 $F_0'=1.8F_a$，

所以螺栓所受的总的轴向拉力

$$F=F_a+F_0'=2.8F_a=2.8\times1.23\times10^{4}\approx3.44\times10^{4}\,(\mathrm{N})$$

(3) 校核螺栓强度。

查表 2-4-4，45 钢螺栓的屈服点 $\sigma_S=355\mathrm{MPa}$；

查表 2-4-5，液压缸要控制预紧力，安全系数 $S=1.2\sim1.5$，取 $S=1.5$，

所以螺栓的许用拉应力

$$[\sigma]=\frac{\sigma_s}{S}=\frac{355}{1.5}\approx236.67\,(\mathrm{MPa})$$

查相关机械设计手册，M20 螺栓的小径 $d_1=17.3\mathrm{mm}$。

按式 (2-4-3) 计算

$$\sigma=\frac{1.3F}{\frac{\pi d_1^2}{4}}=\frac{4\times1.3\times3.44\times10^{4}}{3.14\times17.3^2}\approx190.34(\mathrm{MPa})\leqslant[\sigma]$$

所以强度足够。

步骤三：设计气缸缸盖的螺栓连接

考虑连接的密封性，根据螺栓连接间距的要求确定螺栓个数。为了便于零件加工，螺栓的个数要求为偶数。

通过连接的强度计算确定螺栓的小径，再根据螺栓小径的大小和连接处凸缘的厚度，查阅机械设计手则，确定螺栓的公称直径和长度。

任务三　联轴器的螺栓连接设计

任务描述

如图 2-4-8 所示凸缘联轴器，左右两半联轴器间采用普通螺栓连接。已知联轴器的公

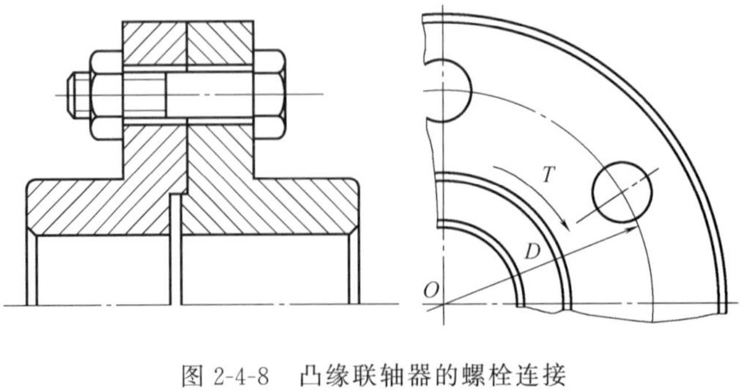

图 2-4-8　凸缘联轴器的螺栓连接

称转矩 $T=900\text{N}\cdot\text{m}$，螺栓材料为35钢，接合面间的摩擦因数 $f=0.15$，接合面的内径 $D_1=100\text{mm}$，接合面的外径 $D_2=160\text{mm}$，两半联轴器连接处凸缘厚分别为22mm，试设计此螺栓连接。

任务分析

此类联轴器是依靠两个半联轴器接合面间的摩擦来传递转矩。工作时，螺栓连接承受横向载荷作用，横向载荷的大小与传递转矩的大小和接合面的位置相关。

螺栓主要承受轴向拉力作用，总拉力就等于螺纹预紧力。为防止打滑，要求预紧力要足够大，以产生足够大的摩擦力而传递转矩。设计时需根据连接要求确定螺栓的数目、按拉伸强度条件确定螺栓的公称直径。

任务实施

步骤一：知识准备

受横向载荷的普通螺栓连接的强度计算

如图2-4-9所示螺栓连接，在横向载荷 F_R 的作用下，被连接件接合面间有相对滑移趋势，为防止滑移，接合面间的摩擦力需足够大。螺栓所需的轴向拉力 F 应为

$$Ffmz \geqslant CF_R \tag{2-4-6}$$

显然，螺栓所受总拉力实际上就等于预紧力，即有

$$F=F_0 \geqslant \frac{CF_R}{fmz} \tag{2-4-7}$$

式中　F_0——单个螺栓所受的轴向预紧力，N；

C——连接的可靠性系数，一般取 $C=1.1\sim1.3$；

F_R——连接螺栓所受横向工作载荷，N；

f——被连接件接合面的摩擦因数，对于干燥的钢铁件表面，取 $f=0.1\sim0.16$；

m——接合面的数目，如图2-4-9所示；

z——连接螺栓数。

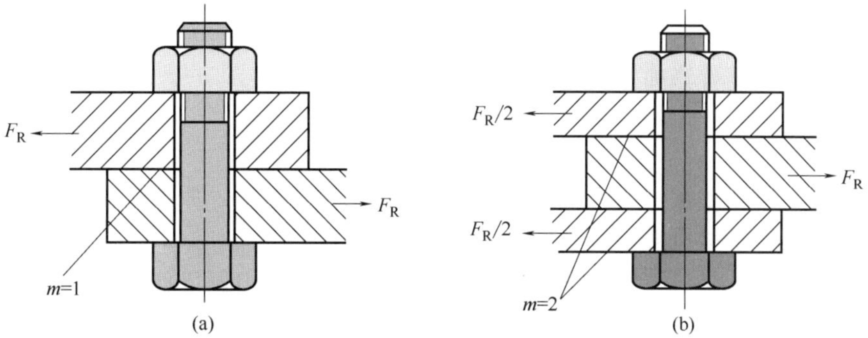

图2-4-9　普通螺栓连接受横向载荷

步骤二：实例应用

【例 2-4-3】 如图 2-4-9（a）所示的普通螺栓连接，已知横向载荷 $F_R=18000N$，被连接件间的摩擦因数 $f=0.12$，螺栓数 $z=4$，螺栓材料用 Q235，预紧时不控制预紧力，试确定螺栓的公称直径。

解：（1）计算螺栓的预紧力。

螺栓受横向工作载荷作用。连接的可靠性系数，取 $C=1.2$；连接接合面的数目 $m=1$。

螺栓所受的轴向力，即预紧力按式（2-4-7）

$$F=F_0\geqslant\frac{CF_R}{fmz}=\frac{1.2\times1.8\times10^4}{0.12\times1\times4}=4.5\times10^4(\text{N})$$

（2）计算螺栓的公称直径。

螺栓屈服点：查表 2-4-4，Q235 材料，$\sigma_S=205\sim235\text{MPa}$，取 $\sigma_S=220\text{MPa}$。

初选螺栓 M16，查螺纹标准得螺纹小径 $d_1=13.85\text{mm}$；

查表 2-4-5，$S=4\sim3$ 取 $S=3$，则 $[\sigma]=\sigma_S/S=220/3\approx73.33$（MPa）。由式（2-4-4）得：

$$d_1\geqslant\sqrt{\frac{5.2F_0}{\pi\times[\sigma]}}=\sqrt{\frac{5.2\times45000}{3.14\times73.33}}=31.88\ (\text{mm})>13.85(\text{mm})$$

计算所得螺纹小径 d_1 大于初选螺栓的 d_1，强度不够，故需重算。

重选螺栓 M30，查标准得螺纹小径 $d_1=26.21\text{mm}$；

查表 2-4-5，$S=3\sim2$，取 $S=2$，则 $[\sigma]=\sigma_S/S=220/2=110$（MPa）

$$d_1\geqslant\sqrt{\frac{5.2F_0}{\pi\times[\sigma]}}=\sqrt{\frac{5.2\times45000}{3.14\times110}}=26.03\ (\text{mm})<26.21\ (\text{mm})$$

所以，M30 的螺栓合格。

步骤三：设计联轴器的普通螺栓连接

（1）根据接合面内径 D_1 和外径 D_2，确定连接螺栓分布圆周直径 D，并以此确定螺栓个数。

（2）根据传递转矩 T 和分布圆周直径 D，计算螺栓连接所受横向载荷的大小。

（3）计算单个螺栓的预紧力。

（4）按拉伸强度计算确定螺栓直径。

任务小结

（1）对于紧螺栓连接，无论是承受轴向载荷还是横向载荷，都是按拉伸强度进行强度计算，计算时需把螺栓所受拉力增大 30%。

（2）承受轴向载荷的螺栓连接，螺栓受到的总的轴向拉力包括轴向外载荷和残余预紧力两部分；承受横向载荷的螺栓连接，螺栓受到的总的轴向拉力就等于预紧力，所需预紧力需根据所承受的横向力的大小进行计算。

【思考与练习】

（1）普通平键连接设计时，怎样确定平键的尺寸？

（2）螺纹连接预紧的目的是什么？怎样控制预紧力的大小？

（3）紧螺栓强度计算时，为什么要把螺栓所受轴向拉力增大30%？

（4）轴与轮毂均为钢制，采用普通平键连接，试在图上标注轴、毂键槽公差。

（5）如图所示，凸缘联轴器及圆柱齿轮，分别用键与减速器的低速轴相连接。试选择两处键的类型及尺寸，并校核其连接强度。已知：轴的材料为45钢，传递的转矩 $T=1000N\cdot m$，齿轮用钢制成，联轴器用灰铸铁制成，工作时有轻微冲击。

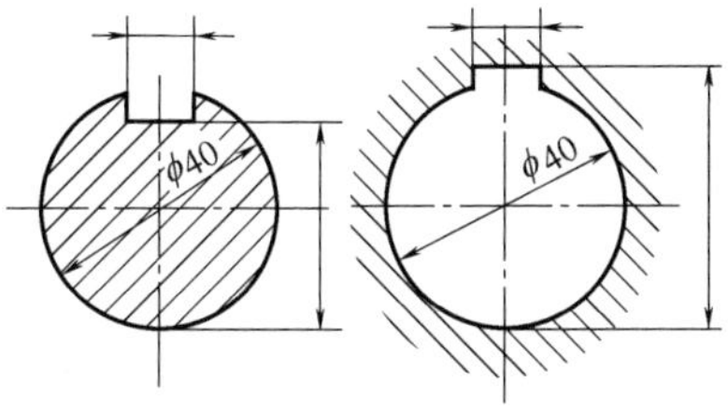

题（4）图

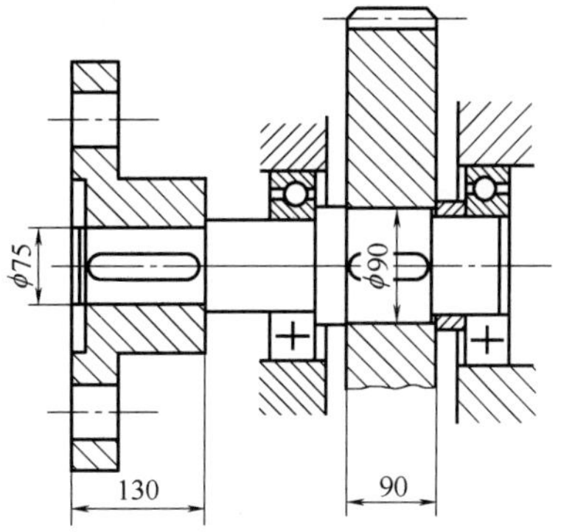

题（5）图

（6）已知作用在如图所示轴承端盖上的力 $F=10kN$，端盖用4个螺钉（材料：Q235）固定于铸铁箱体上，预紧时不控制预紧力，试确定螺钉公称直径。

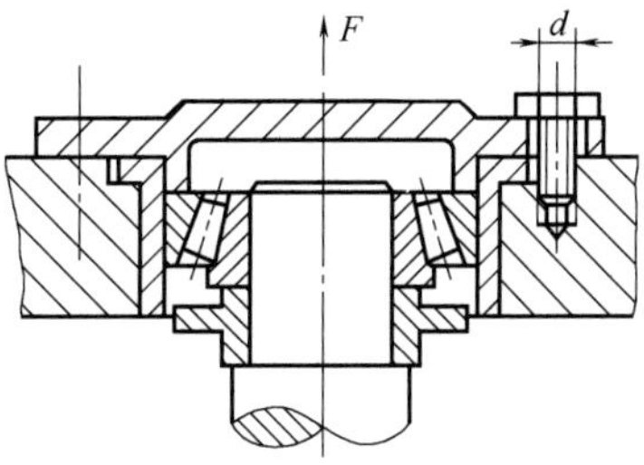

题（6）图

项目五

5

带式输送机的齿轮传动设计

项目概述

带式输送机是一种运输物料的机械，广泛应用于现代化的各种工业企业中。输送机将物料从最初的供料点运输到最终的卸料点过程中，减速器实现降低转速，增加扭矩。输送机的主体是减速器中的齿轮传动机构，通过输入轴上齿数少的小齿轮啮合输出轴上齿数多的大齿轮来实现减速。

分析输送机的工作条件和使用要求，对减速器中的齿轮进行参数测定和传动设计。

学习导航

知识点	（1）标准渐开线直齿圆柱齿轮基本参数的测定方法 （2）切削法加工齿轮的方法及其应用 （3）齿轮传动的常用材料、失效形式及设计准则 （4）齿轮的结构设计及润滑方式 （5）直齿圆柱齿轮传动的设计
学习目标	（1）正确使用游标卡尺和公法线千分尺等常用量具，测量标准直齿圆柱齿轮的参数 （2）熟悉齿轮的加工方法和根切现象 （3）熟悉齿轮传动的失效形式及设计准则 （4）掌握齿轮材料及热处理的选择，以及齿轮的结构设计 （5）初步掌握直齿圆柱齿轮传动的参数选择和设计步骤，会查阅相关图表、手册
重点	（1）准确测定直齿圆柱齿轮的参数 （2）直齿圆柱齿轮传动的设计计算

任务一　渐开线直齿圆柱齿轮参数的测定

任务描述

如图 2-5-1 所示为某减速器中的渐开线直齿圆柱齿轮，利用游标卡尺和公法线千分尺测定齿轮的基本参数，并完成相关记录与数据处理。

图 2-5-1　渐开线直齿圆柱齿轮

任务分析

渐开线圆柱齿轮的基本参数包括齿数 z、模数 m、压力角 α、齿顶高系数 h_a^* 和顶隙系数 c^*。可通过公法线千分尺完成跨齿长度的测量，根据公法线长度差确定齿轮模数 m 和压力角 α。通过游标卡尺完成齿轮的齿根圆直径 d_f 的测量，根据齿根高 h_f 与齿根圆直径 d_f 的尺寸关系在两组齿顶高系数 h_a^* 和顶隙系数 c^* 数值中确定一组标准值。

任务实施

步骤一：知识准备

一、标准直齿圆柱齿轮的主要参数和尺寸计算（见基础篇第三章）

二、渐开线直齿圆柱齿轮参数的测定方法

1. 确定齿轮的模数和压力角

测量齿轮公法线的长度，如图 2-5-2 所示。

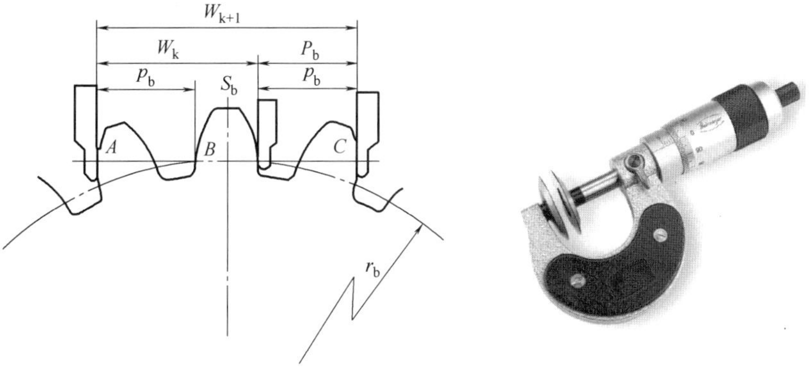

图 2-5-2　齿轮公法线长度的测量

标准直齿圆柱齿轮公法线长度的计算如下：若卡尺跨 k 个齿，其公法线长度为：

$$W_k=(k-1)p_b+S_b \tag{2-5-1}$$

同理，若卡尺跨 $k+1$ 个齿，其公法线长度则应为：

$$W_{k+1}=kp_b+S_b \tag{2-5-2}$$

所以
$$W_{k+1}-W_k=p_b \tag{2-5-3}$$

又因
$$p_b=p\cos\alpha=\pi m\cos\alpha \tag{2-5-4}$$

所以
$$m=\frac{p_b}{\pi\cos\alpha} \tag{2-5-5}$$

式（2-5-5）中 p_b 为齿轮基圆齿距，它由测量得到的公法线长度 W_k 和 W_{k+1} 作差求得。α 可能是 15°，也可能是 20°，故分别用 15°和 20°代入式中算出模数，取模数最接近标准值（P36 表 1-3-4）的一组 m 和 α，即所求齿轮的模数和压力角。

为了使卡尺的两个卡脚能保证与齿廓的渐开线部分相切，所需的跨齿数 k 按下式（2-5-6）计算或直接由表 2-5-1 查出。

$$n=\frac{\alpha}{180}z+0.5 \tag{2-5-6}$$

表 2-5-1 **跨齿数计算表**

z	12～18	19～27	28～36	37～45	46～54	55～63	64～72
k	2	3	4	5	6	7	8

2. 确定齿轮的齿顶高系数 h_a^* 和顶隙系数 c^*

根据齿轮齿根高的计算公式

$$h_f=\frac{mz-d_f}{2} \tag{2-5-7}$$

又
$$h_f=m(h_a^*+c^*) \tag{2-5-8}$$

式中齿根圆直径 d_f 可用游标卡尺测定，因此可求出齿根高 h_f。

在式中仅 h_a^* 和 c^* 未知，由于 h_a^* 和 c^* 均为已知标准值，故分别用正常齿制 $h_a^*=1$、$c^*=0.25$ 和短齿制 $h_a^*=0.8$、$c^*=0.3$ 两组标准值代入，符合式的一组即所求的值。

注：当 z 为偶数时，可用游标卡尺直接量出 d_f，如图 2-5-3（a）所示；当 z 为奇数时，可间接测出 d_f，如图 2-5-3（b）所示，其计算式为：

$$d_f=D+2H_2 \tag{2-5-9}$$

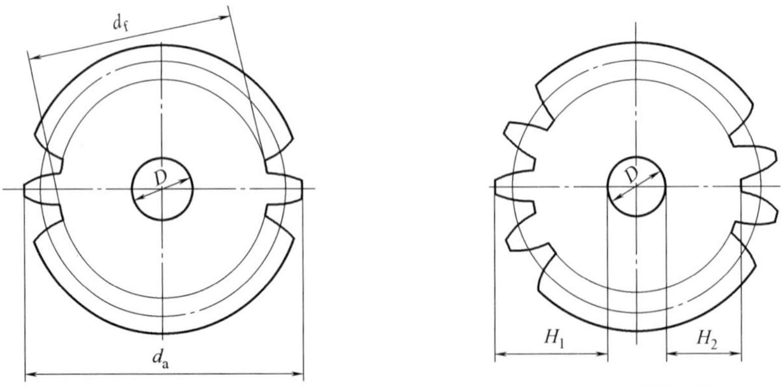

(a) 齿数为偶数　(b) 齿数为奇数

图 2-5-3　齿根圆直径 d_f 的测量

步骤二：案例应用

轴系组合箱中的一大、一小齿轮（编号为齿轮 1、齿轮 2），齿数为一奇一偶，进行参数的测定并将结果数据填入表 2-5-2 中。

表 2-5-2　　齿轮参数测量数据表

项　目	齿轮 1				齿轮 2			
齿数 z								
跨齿数 k								
测量次数	1	2	3	平均值	1	2	3	平均值
$k+1$ 齿公法线长度 W_{k+1}								
k 齿公法线长度 W_k								
孔径 D								
尺寸 H_2								
基圆齿距 p_b								
模数 m								
压力角 α								
齿顶高系数 h_a^*								
顶隙系数 c^*								
分度圆直径 d								

步骤三：测定渐开线直齿圆柱齿轮的参数

对带式输送机减速器的渐开线直齿圆柱齿轮（图 2-5-1）进行测定。

（1）根据齿数，选择测量方法。

（2）分析测量结果，计算尺寸。

（3）整理数据，做好记录。

任务二　带式输送机减速器的齿轮传动机构设计

任务描述

带式输送机的传动装置如图 2-5-4 所示，用于运输碎粒物体。由电动机驱动，载荷有轻微冲击，连续单向运转，试设计其中的直齿圆柱齿轮减速器的齿轮传动，如图 2-5-5 所示。已知传递功率 $P=13\text{kW}$，主动齿轮转速 $n_1=1140\text{r/min}$，传动比 $i=4.6$。

任务分析

齿轮传动设计的内容包括：齿轮材料及其热处理的选择；根据主要失效形式及强度准

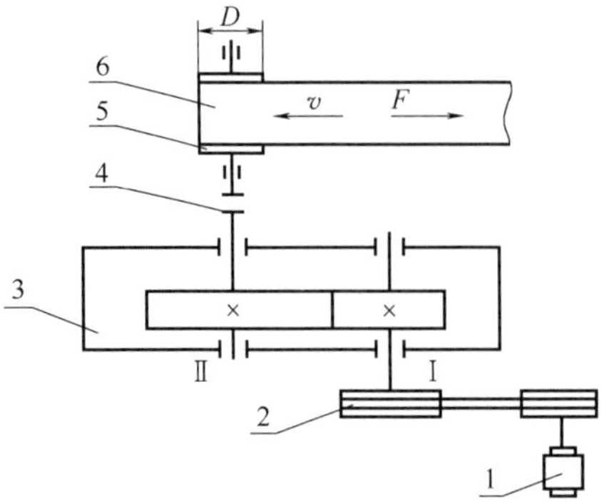

图 2-5-4 带式输送机的传动装置简图
1—电动机 2—V 带传动 3—减速器
4—联轴器 5—传动滚筒 6—带运输机

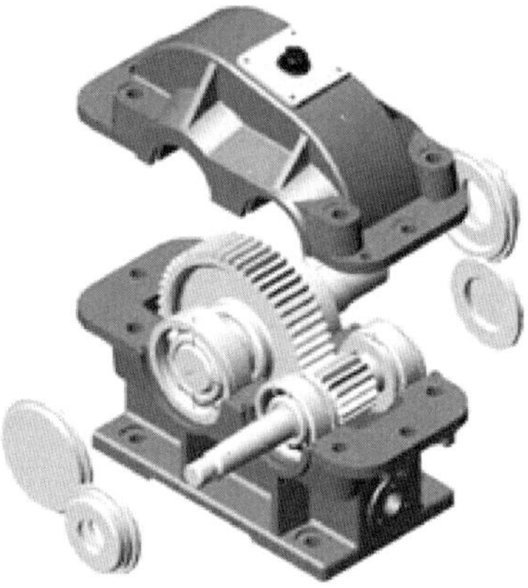

图 2-5-5 一级圆柱齿轮减速器

则进行相应的强度计算，以此确定齿轮的参数和尺寸；对齿轮进行结构设计等。

任务实施

步骤一：知识准备

一、渐开线齿轮不产生根切的最少齿数

1. 齿轮的加工方法

渐开线齿轮轮齿的成型方法很多，如精密铸造、模锻、热轧、冷冲、切削加工等，生产中最常用的是切削法。切削法按其原理又可分为仿形法和展成法两种。

仿形法加工就是在普通铣床上，采用与齿廓形状相同的成型铣刀进行铣削加工。图 2-5-6（a）所示为采用盘形铣刀加工齿轮，图 2-5-6（b）所示为采用指状铣刀加工齿轮。铣出一个齿槽后，将齿坯转过 $360°/z$，再铣第二个齿槽，直至全部齿槽加工完毕。

这种方法加工简单，在普通铣床上便可进行，但生产率低，精度差，故常用于机械修

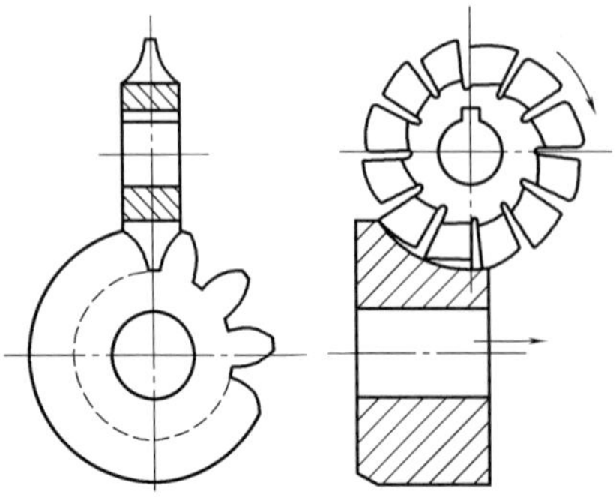

(a) 盘形铣刀

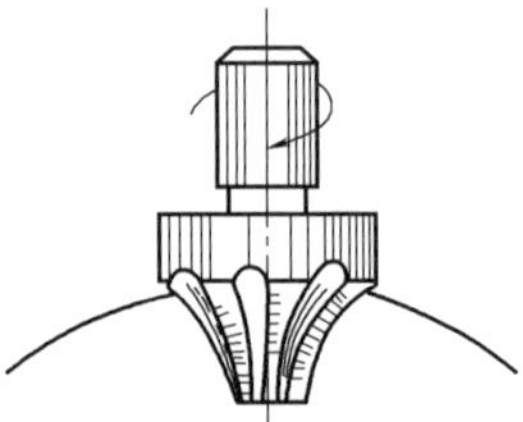

(b) 指状铣刀

图 2-5-6 仿形法切削轮齿

配和单件生产。

展成法是利用一对齿轮啮合时，其轮齿齿廓互为包络的原理来切削轮齿齿廓的。加工时刀具与齿坯的运动就像一对互相啮合的齿轮，最后刀具将齿坯切出渐开线齿廓。这种方法加工的齿轮不仅精度高，而且生产率也高。这种方法采用的刀具主要有以下三种：

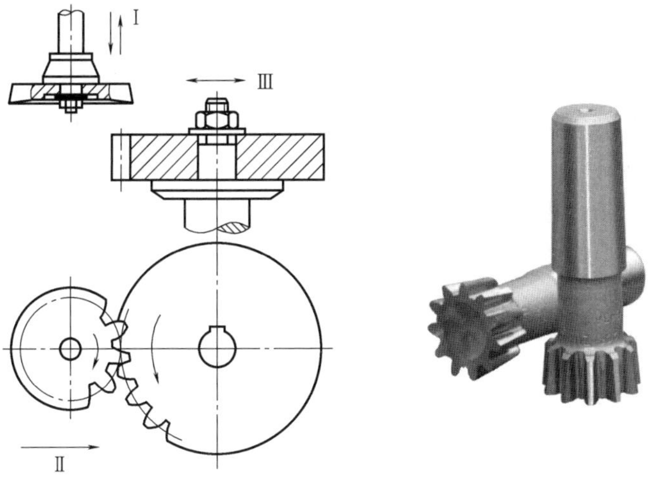

图 2-5-7　齿轮插刀插齿

（1）齿轮插刀插齿。齿轮插刀的刀具顶部比正常轮齿高出 $c^* m$，以便切出齿轮的顶隙。插齿时，插刀沿轮坯轴线方向做往复切削运动，同时强迫插刀与轮坯以一定的角速比转动，直至切出全部齿廓，如图 2-5-7 所示。

因齿轮插刀的齿廓是渐开线，所以插制的齿轮也是渐开线。根据正确啮合条件，被切齿轮的模数和压力角必定与插刀的模数和压力角相等，故用同一把刀具可加工出具有相同模数和压力角，但齿数不同的齿轮。

（2）齿条插刀插齿。当齿轮插刀的齿数增加到无穷多时，其基圆半径也增至无穷大，渐开线齿廓变成直线齿廓，齿轮插刀就变为齿条插刀，如图 2-5-8 所示。齿条插刀的刀刃形状，其齿顶比传动齿条的齿顶高出 $c=c^* m$ 的距离，同样是为了保证切制出齿轮的顶隙。齿轮插刀插制齿轮时，其展成运动相当于齿条与齿轮的啮合传动，插刀的移动速度与轮坯分度圆上的圆周速度相等。

（3）齿轮滚刀滚齿。上述两种刀具切削齿轮都属间断切削，生产率还不是很高。如图 2-5-9 所示为齿轮滚刀切削齿轮轮坯的情形。滚刀形状很像螺旋，它的轴向截面为一齿条。当滚刀绕其轴线回转时，就相当于齿条在连续不断地移动。当滚刀和轮坯分别绕各自轴线转动时，便按展成原理切制出轮坯的渐开线齿廓。由于滚刀是连续切削，因此生产率高，是目前广泛采用的一种轮齿切削方法。

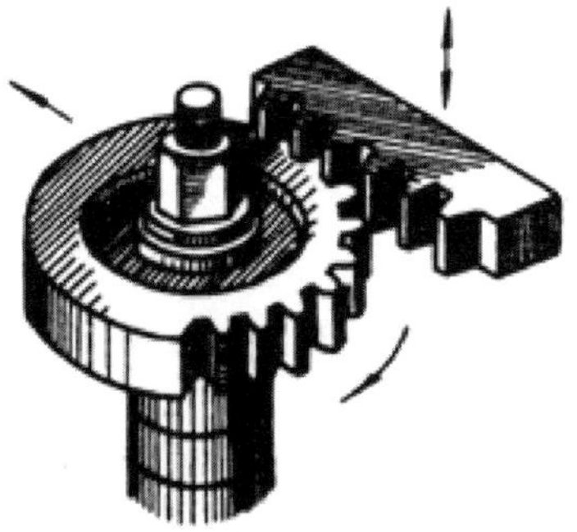
图 2-5-8　齿条插刀

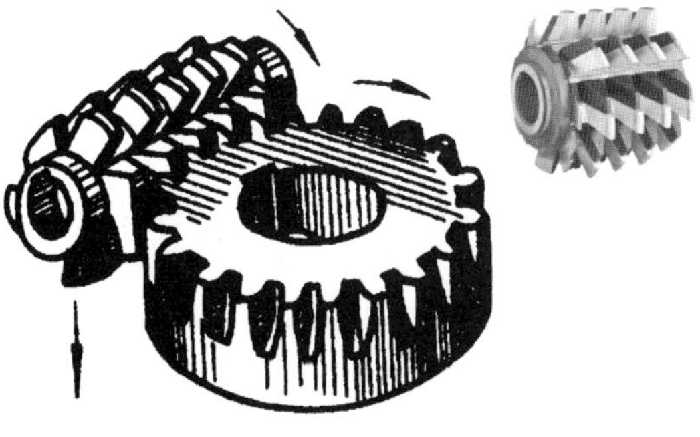
图 2-5-9　齿轮滚刀切削齿轮轮坯

2. 齿轮根切现象和最少齿数

采用展成法用齿条刀具加工齿轮时，若被加工齿轮的齿数过少，则齿轮坯的渐开线齿廓根部会被刀具的齿顶过多地切削，如图 2-5-10 所示中的虚线齿廓所示。这种现象称为齿轮的根切。根切不仅使轮齿根部削弱，弯曲强度降低，而且使重合度减小，因此应设法避免。

产生根切的直接原因是：刀具顶线（不包括 $c^* m$ 部分）超过了理论啮合线的上界点 N_1。由于基圆以内无渐开线，则超过 N_1 的刀刃不能展成渐开线齿廓。因此在刀具与被加工轮坯所进行展成运动中，这部分刀刃必然会将被加工齿轮根部的渐开线齿廓多切去一部分。为了防止根切，必须保证 N_1 点不低于刀具顶线。由于加工标准齿轮时刀具的相对位置固定，若欲使齿根不被切去，则必须使 N_1 沿啮合线向上移动，由此将增大被切齿轮的基圆半径 r_b，而 $r_b = r\cos\alpha = (mz\cos\alpha)/2$，显然，根切发生与否，与被加工齿轮的齿数有关，如图 2-5-11 所示。可以证明，满足不根切的条件是

$$z \geqslant \frac{2h_a^*}{\sin^2\alpha} \tag{2-5-10}$$

当 $\alpha = 20°$、$h_a^* = 1$ 时，可推出不产生根切的最少齿数为

$$z_{\min} = \frac{2h_a^*}{\sin^2\alpha} = \frac{2\times1}{\sin^2 20°} \approx 17 \tag{2-5-11}$$

因此为避免根切，通常选择齿数不小于 17。

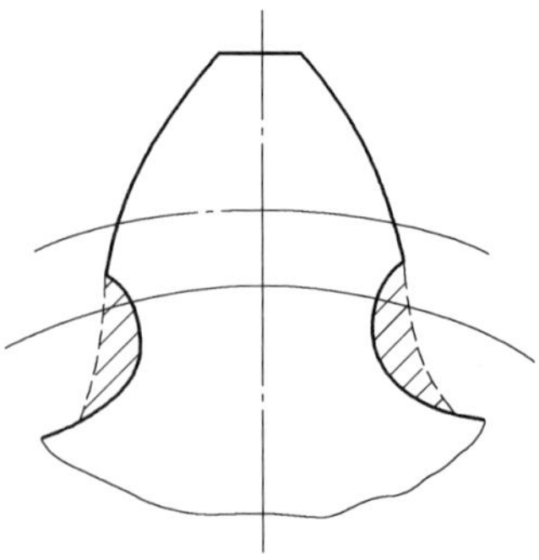

图 2-5-10 根切现象

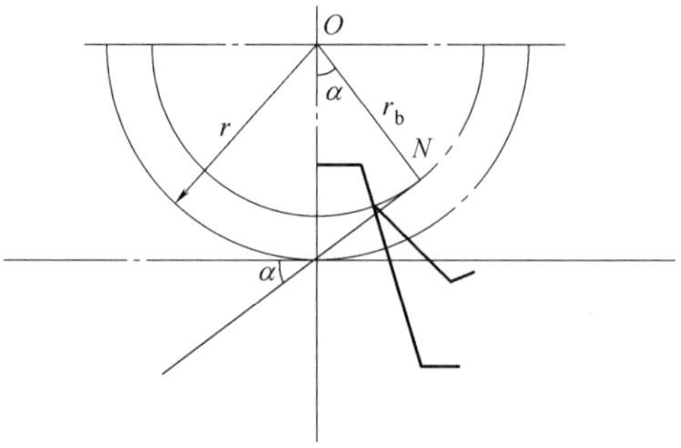

图 2-5-11 根切的原因

二、齿轮材料及热处理的选择

制造齿轮的常用材料主要是锻钢和铸钢，其次是铸铁，特殊情况可采用有色金属和非金属材料（表 2-5-3）。

1. 锻钢

钢材经锻造镦粗后，改善了材料内部纤维组织，其强度较直接用轧制钢材为好。所以，重要齿轮都采用锻钢。从齿面硬度和制造工艺来分，可把钢制齿轮分为软齿面（齿面硬度 HBS≤350）和硬齿面（齿面硬度 HBS>350）两类。

软齿面轮齿是热处理（调质或正火）以后进行精加工（切削加工），因此其齿面硬度就受到限制，通常硬度 HBS 在 180～280。一对齿轮中，小齿轮的齿面硬度最好比大齿轮的高 30～50。软齿面齿轮由于硬度较低，所以承载能力也不高，但易于跑合，这类齿轮

制造工艺较简单，适用于一般机械中。

硬齿面轮齿是在精加工后进行最终热处理的，其热处理方法常为淬火、表面淬火等。通常硬度 HRC 为 40～60。最终热处理后，轮齿不可避免地会产生变形，因此，可用磨削或研磨的方法加以消除。硬齿面齿轮承载能力大、精度高，但制造工艺复杂，一般用于高速重载及结构要求紧凑的机械中，如机床、运输机械、煤矿机械中的齿轮多为硬齿面齿轮。

表 2-5-3　　齿轮常用材料

种类	材料	热处理方法	硬度 HBS
碳素钢	45	正火	170～210
		调质	210～230
		表面淬火	HRC43～48
合金钢	40Cr	调质	240～285
		表面淬火	HRC48～55
	40MnB	调质	240～280
	42SiMn	调质	217～286
		表面淬火	HRC45～55
	20Cr	渗碳、淬火、回火	HRC56～62
	20CrMnTi	渗碳、淬火、回火	HRC56～62
铸钢	ZG310-570	正火	160～200
	ZG340-640	正火	179～207
灰铸铁	HT200		163～255
	HT300		169～255
球墨铸铁	QT500-5		147～241
	QT600-2		229～302

注：表中列出齿轮常用材料及热处理后的硬度，供参考。

2. 铸钢

当齿轮直径大于 500mm，轮坯不宜锻造，可采用铸钢。铸钢轮坯在切削加工以前，一般要进行正火处理，以消除铸件残余应力和硬度的不均匀，以便切削。

3. 铸铁

铸铁齿轮的抗弯强度和耐冲击性均较差，常用于低速和受力不大的地方。在润滑不足的情况下，灰铸铁本身所含石墨能起润滑作用，所以开式传动中常采用铸铁齿轮。球墨铸铁的力学性能与铸钢比较接近，在闭式传动中可用球墨铸铁代替铸钢。

4. 非金属材料

尼龙或塑料齿轮能减小高速齿轮传动的噪声，适用于高速小功率及精度要求不高的齿轮传动。

三、齿轮传动的失效形式与设计准则

1. 齿轮的失效形式

常见的齿轮失效形式有轮齿折断和齿面损伤，齿面损伤可分为齿面点蚀、胶合、磨损和塑性变形等。

（1）轮齿折断。齿轮工作时，若危险截面的弯曲应力超过极限值，轮齿将发生折断。轮齿折断一般发生在根部。

使轮齿发生折断的原因有两种：一种是由于轮齿短时过载或冲击载荷而产生的过载折断；另一种是齿根处的交变弯曲应力超过了材料的极限应力时，齿根圆角处会产生疲劳裂纹（图 2-5-12），随着载荷的继续作用，裂纹不断扩展，最终导致弯曲疲劳断裂。

为防止轮齿折断，应尽量避免过载和冲击，并对齿轮进行弯曲疲劳强度计算。

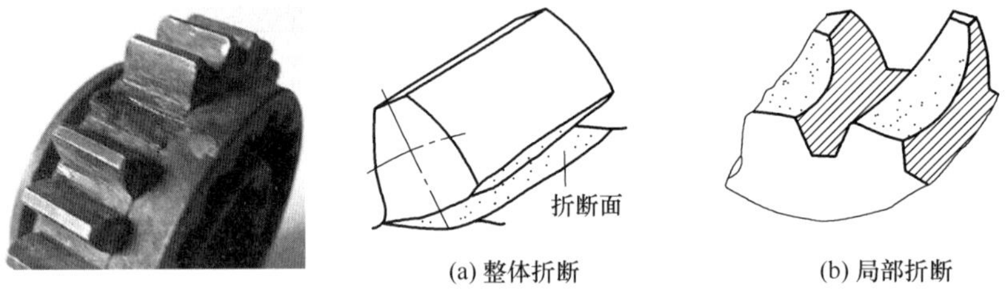

图 2-5-12　轮齿折断

（2）齿面点蚀。轮齿工作时，齿面接触应力是循环变化的。当齿面交变接触应力超过一定次数时，轮齿表层出现裂纹，由于润滑油渗入裂纹并参与挤压，加速了裂纹的扩展，从而导致了轮齿表面的金属脱落而使齿面形成麻点状凹坑，这种现象称为点蚀（图 2-5-13）。齿轮啮合过程中，由于轮齿靠近节线处同时啮合的齿对数最少，齿面接触应力较大，齿面润滑状况较差，所以疲劳点蚀多出现于齿根表面靠近节线处。

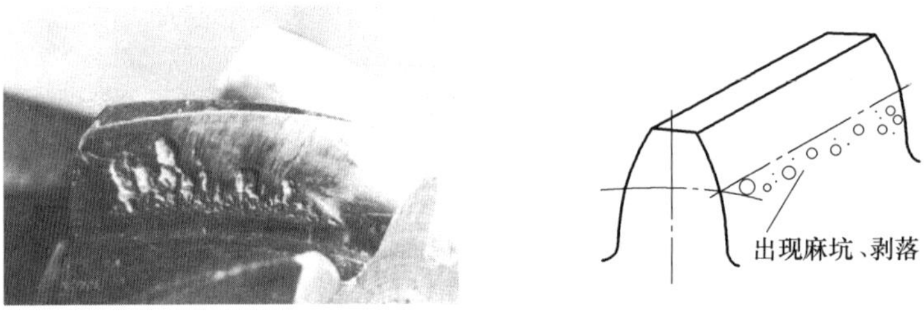

图 2-5-13　齿面点蚀

对于软齿面（齿面硬度 HBS≤350）的闭式齿轮传动，齿轮的主要失效形式是齿面疲劳点蚀。而开式齿轮传动，由于磨损严重，一般不出现蚀点。

（3）齿面胶合。对于高速重载的齿轮传动，由于啮合区受到高压、高速滑动摩擦作用，瞬时产生很大的摩擦热，导致局部高温，油膜破裂，造成齿面金属直接接触并相互黏着。随着齿面的相对运动，金属被从齿面上撕落而引起黏附磨损，这种现象称为齿面胶合（图 2-5-14）。

为防止或减缓齿面胶合，可提高齿面硬度，降低齿面粗糙度，采用抗胶合能力强的润滑油等。

（4）齿面磨损。开式齿轮传动过程中，由于齿面间落入灰尘、硬颗粒等磨料物质时会引起齿面摩擦磨损。磨损后，齿廓变形，引起冲击、振动和噪声，齿厚减薄，导致轮齿因

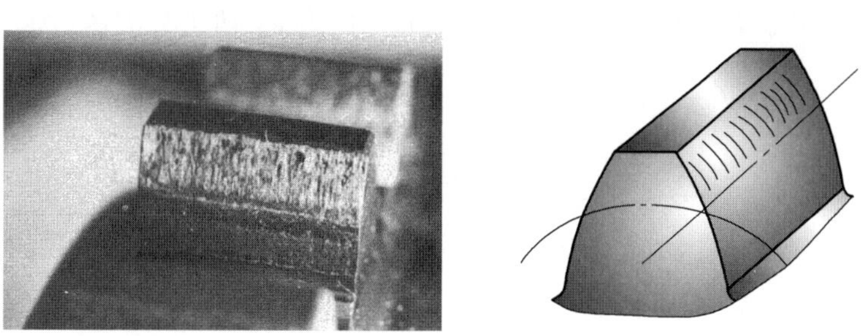

图 2-5-14　齿面胶合

强度不足而折断。齿面磨损是开式齿轮传动的主要失效形式（图 2-5-15）。

为防止齿面磨损，可提高齿面硬度，改善密封和润滑条件等。

（5）齿面塑性变形。在过大的载荷和摩擦力作用下，软齿面齿轮材料因屈服而产生塑性变形（图 2-5-16），导致啮合不平稳，产生振动和噪声，致使齿轮传动失效。

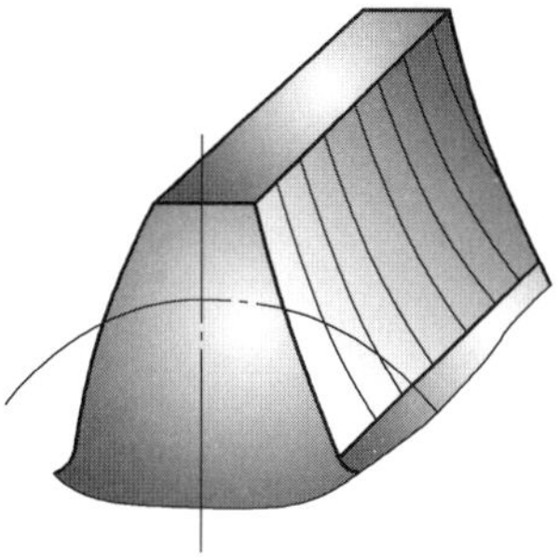

图 2-5-15　齿面磨损

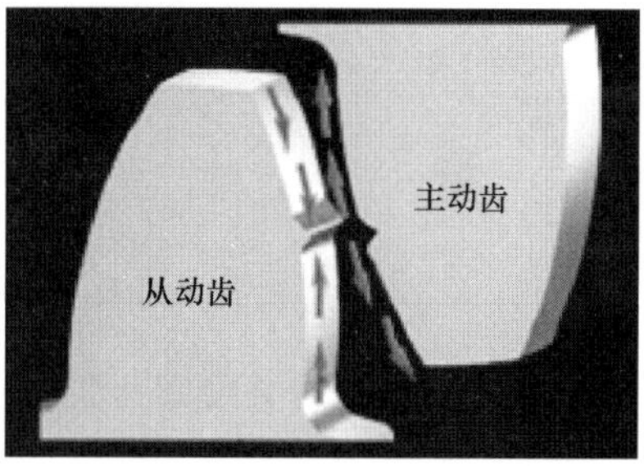

图 2-5-16　齿面塑性变形

为防止齿面塑性变形失效，可提高齿面硬度，采用高黏度润滑油等。

2. 设计准则

齿轮的失效形式很多，但对于某个具体情况而言，它们不可能同时发生。因此，可以针对其主要失效形式确定相应的设计准则。

对于闭式齿轮传动：

（1）软齿面（硬度 HBS≤350）。齿轮的主要失效形式是齿面点蚀，故应先按齿面接触疲劳强度进行齿轮几何参数设计，然后按齿根弯曲疲劳强度进行校核。

（2）硬齿面（硬度 HBS＞350）。齿轮的主要失效形式是齿根的弯曲疲劳折断，故应先按齿根弯曲疲劳强度进行齿轮几何参数设计，然后按齿面接触疲劳强度进行校核。

对于开式齿轮传动，齿轮的主要失效形式是齿面磨粒磨损和齿根的弯曲疲劳折断。对齿面磨损目前尚无成熟的计算方法，故通常按齿根弯曲疲劳强度进行齿轮几何参数设计，并将计算结果增大 10%～20%，以补偿磨损量。

四、标准直齿圆柱齿轮传动的设计

1. 轮齿受力分析

为计算齿轮强度，首先确定作用在轮齿上的力。如图 2-5-17 所示，一对标准安装的标准齿轮传动中，如果略去齿面摩擦力，则在啮合平面内的正压力 F_n 将垂直作用于齿面，且与啮合线重合。F_n 可分解为圆周力 F_t 和径向力 F_r 两个分力。

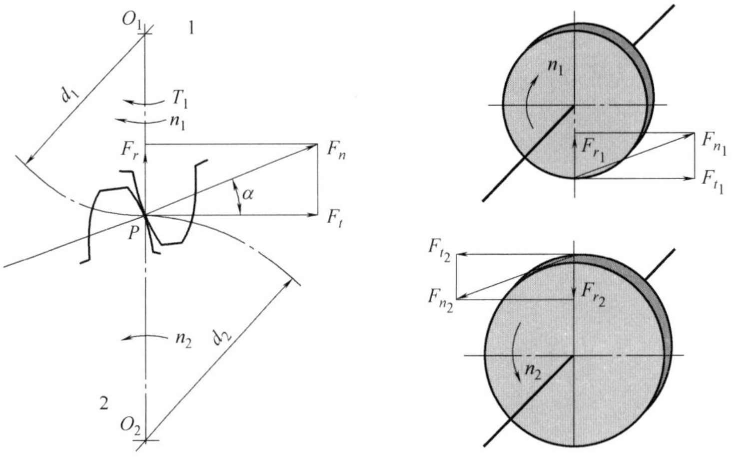

图 2-5-17 轮齿的受力

圆周力
$$F_{t1}=\frac{2T_1}{d_1} \tag{2-5-12}$$

径向力
$$F_{r1}=F_{t1}\tan\alpha \tag{2-5-13}$$

式中：T_1——小齿轮传递的扭矩，N·mm，可根据传递功率和转速计算：$T_1=9.55\times10^6\dfrac{P}{n_1}$；

d_1——小齿轮分度圆直径，mm；

α——压力角。

圆周力 F_t 的方向在主动轮上与运动方向相反，在从动轮上与运动方向相同。径向力 F_r 的方向对于两轮都是指向轮心。

2. 载荷与载荷系数

上述的正压力 F_n 为名义载荷。实际上由于轴和轴承的变形、齿轮的制造和安装等误差，载荷沿齿宽并不是均匀分布的，因而出现了载荷集中现象。另外，由于原动机、工作机的特性不同，还会引起附加动载荷。考虑到上述因素的影响，计算轮齿强度时，采用计算载荷，即把名义载荷乘以系数 K，作为齿轮受力的依据。载荷系数 K 值可根据动力源和工作机的工作状况由表 2-5-4 选取。

表 2-5-4 载荷系数 K

原动机	工作机械载荷系数		
	均匀	中等冲击	大的冲击
电动机	1～1.2	1.2～1.6	1.6～1.8
多缸内燃机	1.2～1.6	1.6～1.8	1.9～2.1
单缸内燃机	1.6～1.8	1.8～2.0	2.2～2.4

注：1. 直齿、圆周速度高、精度低、齿宽系数大时取大值。
2. 斜齿、圆周速度低、精度高、齿宽系数小时取小值。
3. 齿轮在两轴承间对称布置时取小值，不对称布置取大值，悬臂布置时取大值。

3. 直齿圆柱齿轮的强度计算

齿轮强度计算是根据齿轮可能出现的失效形式和设计准则进行的，对于一般闭式齿轮传动，只进行齿根弯曲疲劳强度计算和齿面接触疲劳强度计算。

（1）齿根弯曲疲劳强度计算。齿根弯曲疲劳强度计算是针对齿轮疲劳折断进行的。

由实验研究表明，当齿轮顶部承受载荷作用，且将齿轮视作悬臂梁时，轮齿的危险截面在与齿轮对称中心成30°夹角，且与齿根圆角相切的切点间连线的位置经整理后，得齿根弯曲疲劳强度的校核公式：

$$\sigma_F=\frac{M}{W}=\frac{2KT_1Y_{FS}}{d_1bm}\leqslant[\sigma_F] \qquad (2\text{-}5\text{-}14)$$

式中 M——危险截面的最大弯矩，N·mm；

W——危险截面的抗弯截面系数，mm^3；

σ_F——齿根弯曲应力，MPa；

K——载荷系数，查表2-5-4确定；

T_1——主动轮传递的转矩，N·mm；

Y_{FS}——复合齿形系数，它是考虑齿根应力集中，以及压应力、切应力对弯曲应力的影响系数，Y_{FS}可由图2-5-18查得；

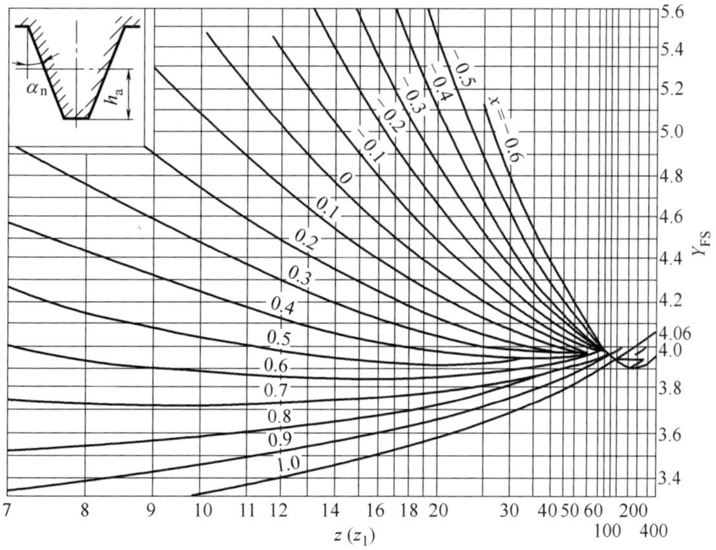

图2-5-18　齿轮的复合齿形系数

d_1——小齿轮分度圆直径，mm；

b——齿宽（接触宽度），mm；

m——齿轮模数，mm；

$[\sigma_F]$——轮齿的许用弯曲应力，MPa，按式（2-5-15）计算：

$$[\sigma_F]=\frac{\sigma_{Flim}}{S_{Fmin}} \qquad (2\text{-}5\text{-}15)$$

σ_{Flim}——试验齿轮单向旋转时的弯曲疲劳极限，MPa，其值按图2-5-19查取，齿轮双向旋转时σ_{Flim}值应乘以0.7；

S_{Flim}——齿根弯曲强度的最小安全系数，其值可按表2-5-5查取。

表 2-5-5　　最小安全系数

齿轮传动的重要性	S_{Hmin}	S_{Fmin}
一般	1	1
齿轮失效会产生严重后果	1.25	1.5

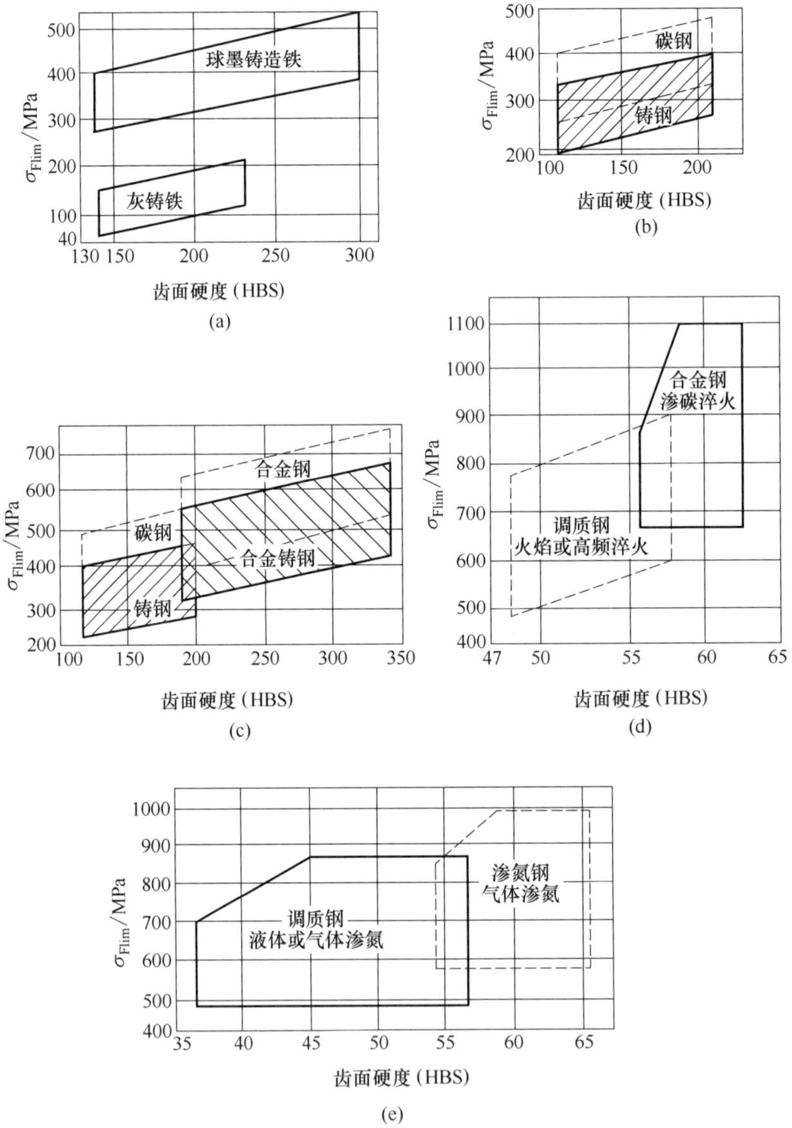

图 2-5-19　齿轮的弯曲疲劳极限 σ_{Flim}

由齿宽系数的定义 $\psi_d = b/d_1$，将 ψ_d 代入公式（2-5-15）整理得齿根弯曲疲劳的设计公式：

$$m \geqslant \sqrt[3]{\frac{2KT_1Y_{FS}}{Z_1^{\ 2}\varphi_d[\sigma_F]}} \tag{2-5-16}$$

齿宽系数 ψ_d 可按表 2-5-6 选取。

表 2-5-6 **齿宽系数 ψ_d**

小齿轮相对于轴承的位置	齿面硬度	
	软齿面(硬度 HBS≤350)	硬齿面(硬度 HBS>350)
对称分布	0.8～1.4	0.4～0.9
非对称分布	0.6～1.2	0.3～0.6
悬臂布置	0.3～0.4	0.2～0.25

注：直齿圆柱齿轮取小值，斜齿圆柱齿轮取大值，载荷稳定、轴的刚度大取大值，反之取小值。

应用公式（2-5-15）和公式（2-5-16）进行弯曲疲劳强度计算时应注意以下几点：

① 为了使计算得到的模数 m 能同时满足一对啮合传动两齿轮的弯曲强度条件，应将 $Y_{FS1}/[\sigma_{F1}]$ 和 $Y_{FS2}/[\sigma_{F2}]$ 中的较大值代入公式。

② 应将由公式（2-5-16）计算得到的模数 m 圆整成标准值。传递动力的齿轮模数 m 一般应不小于 2mm。

③ 由于一对啮合齿轮的齿面硬度和齿数不同，因此两齿轮的许用应力和复合齿形系数也不相等，所以应使用公式（2-5-14）分别验算大、小齿轮的弯曲强度，即应使 $\sigma_{F1} \leqslant [\sigma_{F1}]$ 和 $\sigma_{F2} \leqslant [\sigma_{F2}]$。

（2）齿面接触疲劳强度计算。如图 2-5-20 所示，两曲率半径不同的平行圆柱体，无载荷接触时，应是线接触，作用一法向力 F_n 后，接触表面在压力作用下产生弹性变形，变为面接触，接触面上的局部应力称为接触应力，此时，由该压力引起的强度问题称为接触疲劳强度。计算齿面接触疲劳强度是为了防止发生齿面疲劳点蚀失效。

一对渐开线齿轮啮合时的状况相当于以 N_1、N_2 为圆心，ρ_1、ρ_2 为半径的两圆柱体的接触情况（图 2-5-21），法向力 F_n 作用于轮齿上。实践证明，疲劳点蚀一般发生在两齿轮啮合的节线附近。因此，选取齿轮在节点处的接触应力作为强度分析和计算依据。

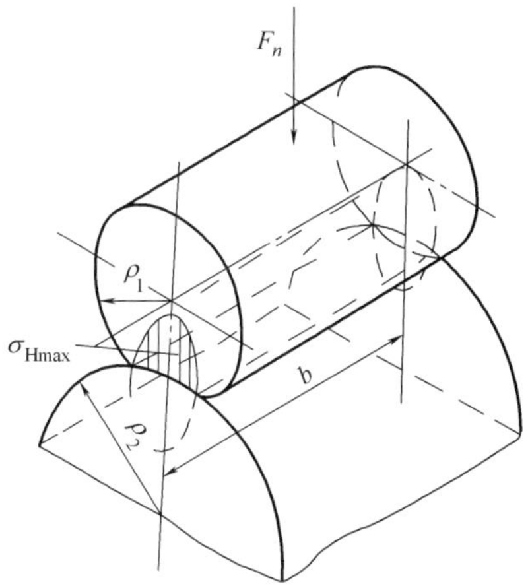

图 2-5-20 平行圆柱体接触应力简图

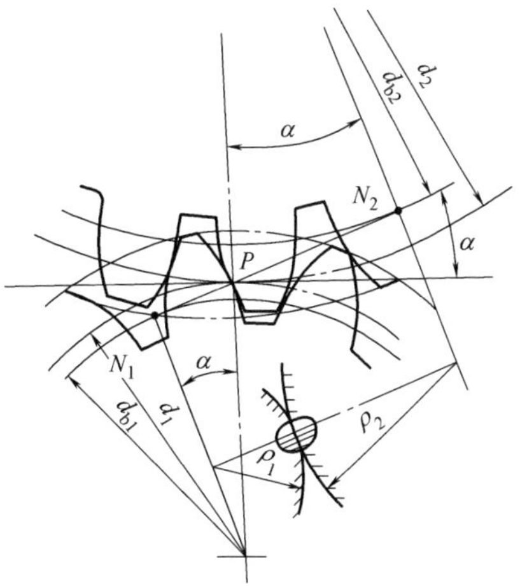

图 2-5-21 渐开线齿廓接触应力计算简图

根据弹性力学接触应力计算公式，经整理后，得一对钢制标准直齿轮圆柱齿轮齿面接触疲劳强度校核公式：

$$\sigma_H = 671\sqrt{\frac{KT_1(\mu \pm 1)}{bd_1^{\,2}\mu}} \leqslant [\sigma_H] \tag{2-5-17}$$

式中 σ_H——齿面接触应力，MPa；

K——载荷系数，由表 2-5-4 查取；

T_1——主动轮传递转矩，N·mm，根据传递功率和齿轮转速计算；

μ——齿数比，$\mu=z_2/z_1$；

b——齿宽，mm；

d_1——小齿轮分度圆直径，mm；

$[\sigma_H]$——轮齿的许用接触应力 MPa，按式（2-5-18）计算：

$$[\sigma_H]=\frac{\sigma_{Hlim}}{S_{Hmin}} \tag{2-5-18}$$

σ_{Hlim}——试验齿轮的接触疲劳极限，MPa，其值按图 2-5-22 查取；

S_{Hmin}——齿根接触强度的最小安全系数，由表 2-5-5 查取。

将 $b=\psi_d$ 代入上式，经整理得直齿圆柱齿轮传动齿面接触疲劳强度设计公式：

$$d_1\geqslant\sqrt[3]{\left(\frac{671}{[\sigma_H]}\right)^2\frac{KT_1(\mu\pm1)}{\varphi_d\mu}} \tag{2-5-19}$$

公式（2-5-17）和公式（2-5-19）中的正号用于外啮合，负号用于内啮合。

考虑到齿轮制造和安装误差，通常取小齿轮齿宽 b_1 比大齿轮齿宽 b_2 宽 5～10mm，在设计计算时，齿宽取小值。

一对齿轮啮合时，两齿面接触处的接触应力相等，即 $\sigma_{H1}=\sigma_{H2}$。但由于两齿轮的材料及齿面硬度可能不同，两齿轮的许用应力 $[\sigma_{H1}]$ 和 $[\sigma_{H2}]$ 也可能不同。故在接触强度计算时，应取较小的许用应力值代入计算公式。如果设计一对非钢制齿轮，则式中常数 671 应修正为 $671Z_E/189.8$，其中的 Z_E 为材料系数，可查表 2-5-7 选取。

表 2-5-7　　材料系数 Z_E

小齿轮材料	大齿轮材料			
	钢	铸钢	球墨铸铁	灰铸铁
钢	189.8	188.9	181.4	162.0
铸钢		188.0	180.5	161.4
球墨铸铁			173.9	156.6
灰铸铁				143.7

注：通常，应使大小齿轮强度趋于相等，故表中只取小齿轮材料优于大齿轮材料的组合。

4. 齿轮传动参数的选择

（1）齿数 z 和模数 m。齿轮不根切的最小齿数为 17，如果提高齿轮传动的重合度，使传动平稳，应适当增加齿轮齿数。因此，一般在满足弯曲强度条件的前提下，齿数适当多些，模数取小些。对于闭式硬齿面齿轮传动或开式传动，齿数通常取 $z_1=17\sim30$；对于闭式软齿面齿轮传动，通常取 $z_1=24\sim40$。齿轮齿数的选取应满足强度计算要求。一对啮合传动齿轮的齿数 z_1 和 z_2 最好互为质数，以防止轮齿的磨损集中在几个轮齿上。

齿轮模数的确定应满足齿轮的强度条件要求，并取标准值。

（2）传动比 i。对于一般齿轮传动，常取 $i\leqslant5\sim7$；若 $i\geqslant7$，应采用多级传动，以减少传动装置的尺寸。对于开式齿轮传动，传动比可以取得更大一些，$i_{max}=8\sim12$。一般情况下，齿轮的实际传动比与名义传动比的相对误差允许值为±3%。

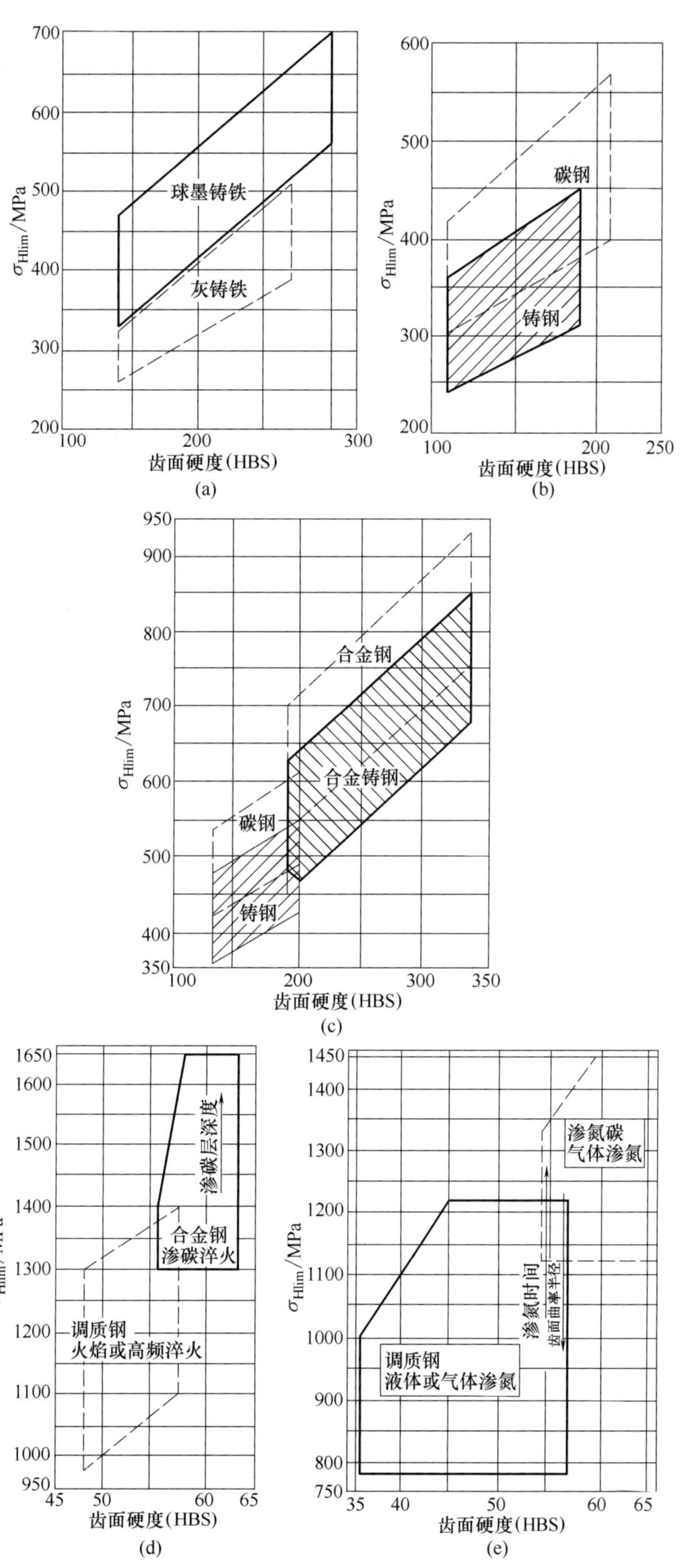

图 2-5-22　齿轮的接触疲劳极限 σ_{Hlim}

(3) 齿宽系数 φ_d。由公式（2-5-17）和公式（2-5-18）可知，增大齿宽系数，可以提高齿轮承载能力，减小分度圆直径。但同时会使载荷在齿面上分布更不均匀，增大载荷系数 K。因此，应合理选择齿宽系数。支承刚性较好时，齿宽系数可以取大些，支承刚性较差时，齿宽系数可以取小些。一般直齿圆柱齿轮的齿宽系数可参考表 2-5-6 选取。

5. 圆柱齿轮的结构形式

在确定了齿轮基本参数和尺寸的基础上，考虑材料、制造工艺等因素，确定齿轮的结构形状及尺寸是齿轮设计的任务之一。齿轮结构形式的选择一般根据齿顶圆直径的大小选定，具体结构尺寸根据强度及工艺要求，由经验公式计算（查阅相关设计手册）。

圆柱齿轮的常见结构形式有齿轮轴、实心式齿轮、腹板式齿轮和轮辐式齿轮等，如图 2-5-23 所示。

6. 齿轮传动的设计步骤

虽然齿轮传动的设计准则不同，但其设计步骤基本相同。齿轮传动的一般设计步骤如下：

(1) 根据设计任务要求，选择合适的齿轮材料、热处理方法。

(2) 根据设计准则，按齿面接触疲劳强度计算齿轮分度圆直径 d_1 或按齿根弯曲疲劳强度计算齿轮的模数 m。

(3) 确定齿轮传动的主要参数和计算几何尺寸。

(4) 根据设计准则校核齿轮的齿根弯曲疲劳强度或齿面接触疲劳强度。

(5) 计算齿轮的圆周速度，确定齿轮精度。

(6) 齿轮结构设计，绘制齿轮零件图。

(a) 齿轮轴　(b) 实心式齿轮　(c) 腹板式齿轮　(d) 轮辐式齿轮

图 2-5-23 圆柱齿轮结构

步骤二：案例应用

【例 2-5-1】 电动卷扬机，由电动机驱动，载荷平稳，单向运转，试设计其中减速器的齿轮传动。已知传递功率 $P=11\text{kW}$，主动齿轮转速 $n_1=980\text{r/min}$，传动比 $i=4.3$。

解： 减速器是闭式传动，传递载荷不大，可以采用齿面硬度 HBS≤350 的软齿面钢制齿轮。

(1) 选择齿轮材料，确定热处理方法。

该齿轮传动无特殊要求，故可采用普通的齿轮材料，根据表 2-5-3，并考虑小齿轮的齿面硬度大于大齿轮的齿面硬度 HBS30～50 的要求，选小齿轮的材料 42SiMn，调质处理，齿面硬度 HBS217～286；大齿轮的材料 45 钢，正火处理，齿面硬度 HBS170～210。

查图 2-5-19 得齿轮的弯曲疲劳极限：$\sigma_{Flim1}=550MPa$，$\sigma_{Flim2}=380MPa$；

查图 2-5-22 得齿轮的接触疲劳极限：$\sigma_{Hlim1}=700MPa$，$\sigma_{Hlim2}=540MPa$；

查表 2-5-5 取安全系数：$S_{Fmin}=1$，$S_{Hmin}=1$。

由公式（2-5-15）和公式（2-5-18）计算得：$[\sigma_{F1}]=550MPa$，$[\sigma_{F2}]=380MPa$，$[\sigma_{H1}]=700MPa$，$[\sigma_{H2}]=540MPa$。

（2）按接触疲劳强度条件计算小齿轮直径 d_1。

首先确定公式 2-5-19 中各参数：

查表 2-5-4 取 $K=1.2$；

查表 2-5-6 取 $\psi_d=1$；

主动轮传递转矩　$T_1=9.55\times10^6P/n_1=9.55\times10^6\times11/980\approx107194$（N·mm）；

齿数比 $\mu=i=4.3$；

许用接触应力 $[\sigma_H]$ 应为两个齿轮中较小的，即：$[\sigma_H]=[\sigma_{H2}]=540$（MPa）。

按公式计算小齿轮直径：

$$d_1=\sqrt[3]{\left(\frac{671}{[\sigma_H]}\right)^2\frac{KT_1(u\pm1)}{\varphi_d u}}=\sqrt[3]{\left(\frac{671}{540}\right)^2\frac{1.2\times107194\times(4.3+1)}{1\times4.3}}$$

$$\approx62.6\ (\text{mm})$$

（3）确定齿轮的主要参数和计算几何尺寸。

① 确定齿轮齿数。

取小齿轮齿数 $z_1=26$，则大齿轮齿数 $z_2=iz_1=4.3\times26=111.8$，取 $z_2=110$。

传动比误差　$\Delta i=|i-i'|/i=|4.3-110/26|/4.3\approx2.98\%<3\%$，合格。

② 确定齿轮模数。

$$m=d_1/z_1=62.6/26\approx2.408\ (\text{mm})$$

查表 1-3-4 取 $m=2.5$mm。

③ 计算齿轮传动中心距。

$$a=m(z_1+z_2)/2=2.5(26+110)/2=170\ (\text{mm})$$

④ 计算齿轮的几何参数。

分度圆直径　$d_1=mz_1=2.5\times26=65$（mm），$d_2=mz_2=2.5\times110=275$（mm）

齿宽　$b=\varphi_d d_1=1\times65=65$（mm），取 $b_2=65$（mm），$b_1=70$（mm）

其他几何参数计算从略。

（4）校核齿轮传动的弯曲疲劳强度。

查图 2-5-18 取标准齿轮（$x=0$）的复合齿形系数 $Y_{FS1}=4.2$，$Y_{FS2}=3.96$。

按公式（2-5-14）校核齿根弯曲疲劳强度

$$\sigma_{F1}=\frac{2KT_1Y_{FS1}}{d_1bm}=\frac{2\times1\times107194\times4.2}{65\times65\times2.5}\approx85.25(\text{MPa})<[\sigma_{F1}]$$

$$\sigma_{F2}=\sigma_{F1}\frac{Y_{FS2}}{Y_{FS1}}=85.25\times\frac{3.96}{4.2}\approx80.38(\text{MPa})<[\sigma_{F2}]$$

齿根弯曲疲劳强度满足要求，故合格。

（5）计算齿轮的圆周速度，确定齿轮精度。

$$v=\frac{n_1\pi d_1}{60\times1000}\approx3.33\text{m/s}<5\text{m/s}$$

查表 2-5-8，取齿轮传动为 8 级精度。

（6）绘制齿轮零件图。

根据齿轮齿顶圆直径，小齿轮设计成齿轮轴，大齿轮设计成腹板式结构。具体结构尺寸及齿轮零件图略。

表 2-5-8　齿轮的常用精度等级

			6 级（高精度）	7 级（较高精度）	8 级（普通）	9 级（低精度）
圆周速度 v/(m/s)	圆柱齿轮	直齿	≤15	≤10	≤5	≤3
		斜齿	≤25	≤17	≤10	≤3.5
	圆锥齿轮	直齿	≤9	≤6	≤3	≤2.5

步骤三：设计带式输送机减速器的齿轮传动

根据图 2-5-4 和图 2-5-5 给出的条件和数据，确定设计步骤如下：

（1）根据设计任务要求，结合所学知识，设计齿轮传动。

选择合适的齿轮材料、热处理方法，计算齿轮分度圆直径 d_1，确定齿轮的主要参数并计算其他几何尺寸，校核齿轮的弯曲疲劳强度，计算齿轮的圆周速度，确定齿轮精度。

（2）处理数据，并做结果记录。

（3）完成设计计算说明书。

（4）使用 A4 纸绘制齿轮的零件图。

【知识拓展】——齿轮传动的润滑

齿轮传动时，相啮合的齿面间有相对滑动，因此要发生摩擦和磨损，增加动力消耗，降低传动效率，特别是高速传动，就更需要考虑齿轮的润滑。

轮齿啮合面间加注润滑剂，可以避免金属直接接触，减少摩擦损失，还可以散热及防锈蚀。因此，对齿轮传动进行适当的润滑，可以大为改善齿轮的工作状况，且保持运转正常及预期的寿命。

1. 润滑方式

通用的闭式齿轮传动，其润滑方法根据齿轮的圆周大小而定。当齿轮的圆周速度 $v<12$m/s 时，常将大齿轮的轮齿进入油池中进行浸油润滑［图 2-5-24（a）］。这样，齿轮在传动时，就把润滑油带到啮合的齿面上，同时也将油甩到箱壁上，借以散热。齿轮浸入油中的深度可视齿轮的圆周速度大小而定，对圆柱齿轮通常不宜超过一个齿高，但一般也不应小于 10mm；对圆锥齿轮应浸入全齿宽，至少应浸入齿宽的一半。在多级齿轮传动中，可借带油轮将油带到未进入油池内的齿轮的齿面上［图 2-5-24（b）］。

油池中的油量多少取决于齿轮传递功率的大小。对单级传动，每传递 1kW 的功率，需油量为 0.35～0.7L。对于多级传动，需油量按级数成倍地增加。

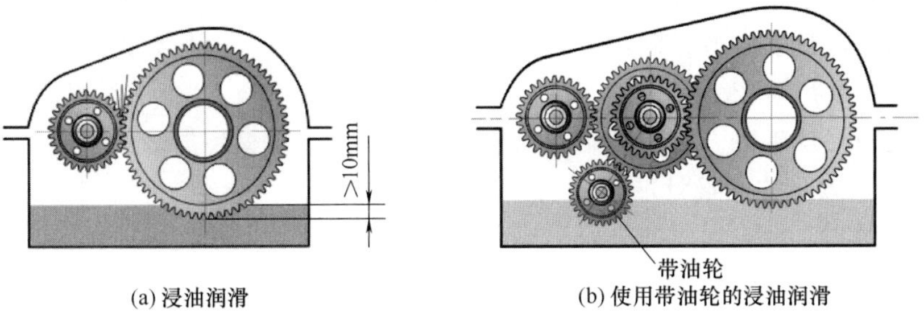

图 2-5-24　浸油润滑

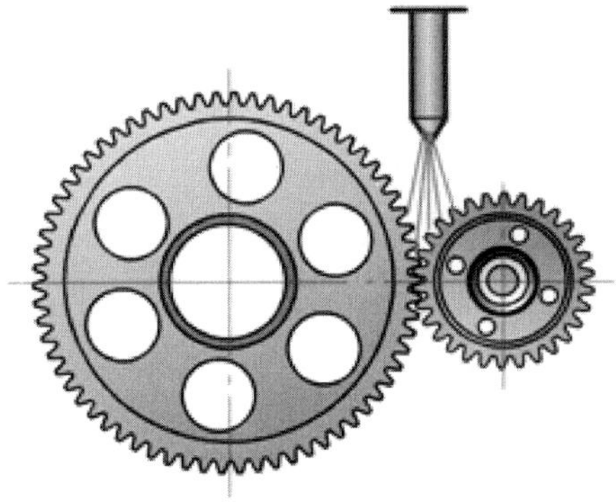

图 2-5-25　喷油润滑

当齿轮的圆周速度 $v>12\mathrm{m/s}$ 时，应采用喷油润滑（图 2-5-25），即由油泵或中心油站以一定的压力供油，借喷嘴将润滑油喷到轮齿的啮合面上。当 $v\leqslant 25\mathrm{m/s}$ 时，喷嘴位于轮齿啮入边或啮出边均可；当 $v>25\mathrm{m/s}$ 时，喷嘴应位于轮齿啮出的一边，以便借润滑油及时冷却刚啮合过的轮齿，同时也对轮齿进行润滑。

对于开式齿轮传动，由于其传动速度较低，通常采用人工定期加油润滑的方式。

2. 润滑剂的选择

选择润滑油时，先根据齿轮的工作条件以及圆周速度查得运动黏度值，再根据选定的黏度确定润滑油的牌号。

必须经常检查齿轮传动润滑系统的状况（如润滑油的油面高度等）。油面过低则润滑不良，油面过高会增加搅油功率的损失。对于压力喷油润滑系统还需检查油压状况，油压过低会造成供油不足，油压过高则可能是因为油路不畅通所致，需及时调整油压。

任务小结

1. 齿轮的参数测定

（1）测量公法线长度时，游标卡尺卡脚放在渐开线齿廓工作段上（保持与齿廓相切）。

（2）在测量齿根圆直径 d_f 时，对齿数为偶数和奇数的齿轮在测量方法上有所不同。

（3）多次测量取平均值，减少测量误差和读数误差等。

2. 齿轮的常用材料及热处理

对齿轮材料的要求是："齿面要硬、齿芯要韧"。

（1）软齿面齿轮。常用材料有 45 钢、40Cr 等，经正火或调质处理。为使大、小齿轮的强度和寿命接近，应使小齿轮硬度 HBS 比大齿轮高 30～50。

（2）硬齿面齿轮。常用材料有 40Cr、20CrMnTi 等。对于中碳钢或中碳合金钢，切齿后应进行表面淬火；低碳合金钢切齿后应进行渗碳淬火处理。

3. 齿轮的加工及根切现象

（1）齿轮的加工。齿轮的加工最常用的是切削法，切削法根据原理不同可分为仿形法和展成法。

仿形法是采用成型刀在普通铣床上加工，仿形法不会产生根切现象。

展成法加工，只要模数相同的齿轮都可采用同一把刀具，但如果齿数过少，会产生根切现象，且须在专用机床上加工。

(2) 齿轮的根切现象。正常齿制的标准直齿轮，不产生根切的最少齿数是17。

4. 齿轮的失效形式和设计准则

(1) 失效形式。齿轮主要的失效形式有轮齿折断、齿面点蚀、齿面胶合、齿面磨损和塑性变形等。

齿轮工作情况不一样，具体的失效形式也不相同。在闭式高速重载传动中，容易发生齿面胶合；对于开式齿轮传动，齿面磨损是其主要的失效形式。

(2) 设计准则。一般载荷的闭式齿轮传动，主要的失效形式有两种，即：齿面点蚀和轮齿折断。

对于闭式软齿面齿轮，易发生齿面点蚀，因此应按齿面接触疲劳强度进行设计，校核齿根弯曲疲劳强度。

对于闭式硬齿面齿轮，易发生轮齿折断，因此应按齿根弯曲疲劳强度进行设计，校核齿面接触疲劳强度。

5. 直齿圆柱齿轮的强度计算

(1) 齿面接触疲劳强度计算。由于一对齿轮啮合时的接触面积相等，两齿轮所受接触应力是相等的，即：$\sigma_{H1}=\sigma_{H2}$。

如果齿轮的材料或热处理不同，则齿轮的许用接触应力也不相等，即：$[\sigma_{H1}]\neq[\sigma_{H2}]$，在强度计算时应代较小值计算。

齿轮的齿面接触疲劳强度与小齿轮分度圆直径 d_1 有关。

(2) 齿根弯曲疲劳强度计算。一对齿轮相啮合时，由于两齿轮的齿形不同，两齿轮所受弯曲应力是不相等的，即：$\sigma_{F1}\neq\sigma_{F2}$。同时由于两齿轮的材料或热处理方式不同，齿轮的许用弯曲应力一般也不相等，即：$[\sigma_{F1}]\neq[\sigma_{F2}]$。

齿轮的齿根弯曲疲劳强度与齿轮模数 m 有关。

6. 齿轮传动的设计要点

齿轮传动几何参数和尺寸有严格要求，应分别进行标准化、圆整或计算其精确值。如模数必须标准化、齿宽尽量圆整，啮合尺寸必须计算精确值，长度尺寸精确到小数点后2～3位。

【思考与练习】

(1) 偶数和奇数齿轮如何测量齿根圆直径 d_f？

(2) 齿轮轮齿失效形式常见的有哪几种？如何避免和减轻？

(3) 闭式齿轮传动中，齿面硬度HBS≤350和HBS>350的设计观点和方法有什么不同？为什么？

(4) 为保证轮齿不折断，有足够弯曲疲劳强度时，为什么要计算模数 m？

(5) 自己总结一下，闭式齿轮传动HBS≤350时的设计步骤。

(6) 设计硬齿面齿轮，若齿轮材料选用中碳钢、低碳钢，分别进行何种热处理？

(7) 已知某单级直齿圆柱齿轮减速器的公称功率 $P=10\text{kW}$，主动轴转速 $n_1=970\text{r/min}$，单向运转，载荷平稳，齿轮模数 $m=3\text{mm}$，$z_1=24$，$z_2=96$，小齿轮齿宽 $b_1=80\text{mm}$，大齿轮齿宽 $b_2=72\text{mm}$，小齿轮材料是 40Cr，调质，大齿轮材料是 45 钢，调质，试校核此对齿轮的强度。

（8）试设计单级直齿圆柱齿轮减速器中的齿轮传动。已知公称功率 $P=8\text{kW}$，低速轴转速 $n_2=200\text{r/min}$，传动比 $i=3.6$，单向运转，载荷为中等冲击，用电动机驱动。

项目六

6

机床变速箱传动系统分析

项目概述

为了适应刀具材料、工件材料和加工尺寸等条件的变化，满足成型运动的要求，机床主运动和进给运动的速度需要在一定范围内变化，这就要求主轴箱或进给箱等传动装置中具有调节速度的变速机构。

机床变速箱中有级变速的方式通常采用滑移齿轮、离合器和交换齿轮等或它们的组合，通过改变两平行轴间的传动比，使从动轴得到不同的转速。

学习导航

知识点	(1) 滑移齿轮变速机构分析 (2) 周转轮系的运动分析
学习目标	(1) 能写滑移齿轮变速机构的传动路线表达式 (2) 能判断变速机构输出轴的转速级数，并能计算各级转速 (3) 进一步熟悉周转轮系的结构组成 (4) 掌握周转轮系传动比的计算方法
重点	(1) 滑移齿轮变速机构各级转速的计算 (2) 周转轮系传动比的计算

任务一　机床变速系统分析

任务描述

某机床变速箱的传动系统如图 2-6-1 所示，已知电机的转速 $n=1440$r/min，V 带轮直径 $D_1=125$mm、$D_2=240$mm，各齿轮齿数 $z_1=26$、$z_2=60$、$z_3=52$、$z_4=18$、$z_5=42$、$z_6=58$、$z_7=92$、$Z_8=68$。试分析输出轴Ⅲ可获得几种转速？其最高和最低输出转速分别为多少？

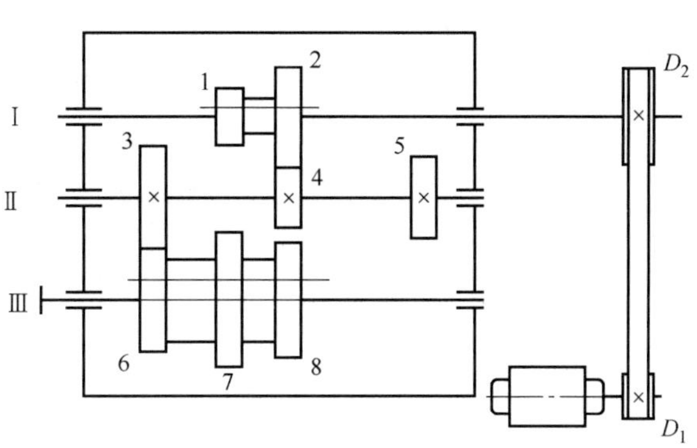

图 2-6-1　机床主轴箱的传动系统

1～8—带轮

任务分析

传动系统图是用规定符号表示传动系统中各传动件的类型、连接方式、运动的传动路线，运动的变速、换向等，是对机床进行调整计算的依据。

正确地阅读机床传动系统图，弄清传动路线，写出传动路线表达式，在此基础上分析输出轴的转速级数及各级转速。

任务实施

步骤一：知识准备——滑移齿轮变速机构

变速机构是实现机床分级变速传动的基本单元。常用的有塔齿轮机构、滑移齿轮变速机构、离合器变速机构、配换齿轮变速机构等，其中滑移齿轮变速机构在机床传动系统中应用最为普遍。

图 2-6-2 为双联滑移齿轮变速机构，齿轮 z_3、z_4 固定在Ⅱ轴上，双联滑移齿轮组 z_1、z_2 以花键与轴Ⅰ连接，当它移动到左、右两个不同位置时，分别为 z_1/z_3、z_2/z_4 相啮合，使轴Ⅰ与轴Ⅱ间获得两种不同的传动比。对应轴Ⅰ的每一种转速，轴Ⅱ都可获得两种不同的转速。使用得最多的是双联和三联滑移齿轮，也有少数使用四联滑移齿轮。这种变速机构结构紧凑、刚性好、变速方便。

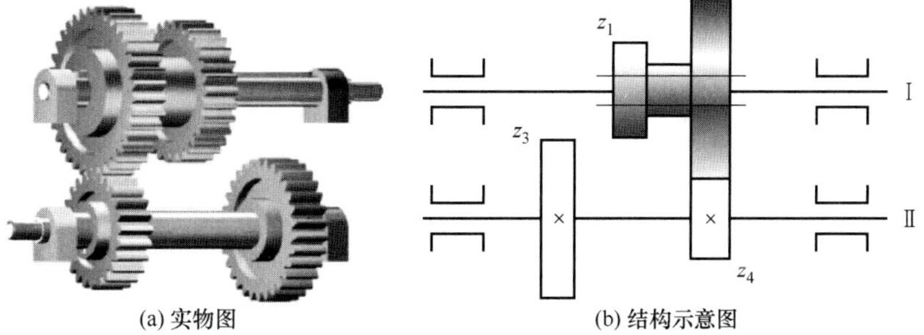

图 2-6-2　双联滑移齿轮变速机构

图 2-6-3 所示为某轿车上用的变速箱的传动示意图，在该变速系统中，利用滑移齿轮 4、6 和牙嵌离合器 *A*-*B* 便可使Ⅲ轴获得四种不同的转速。

第一挡：齿轮 6 与齿轮 5 啮合，齿轮 4 与齿轮 3、离合器脱开；

第二挡：齿轮 4 与齿轮 3 啮合，齿轮 6 与齿轮 5、离合器脱开；

第三挡：离合器 A、B 嵌合，齿轮 6 与齿轮 5、齿轮 4 与齿轮 3 脱开；

倒车挡：齿轮 6 与齿轮 8 啮合，齿轮 4 与齿轮 3、离合器脱开。

此外，还有空挡，即滑移齿轮 4、6 及离合器全都脱开。

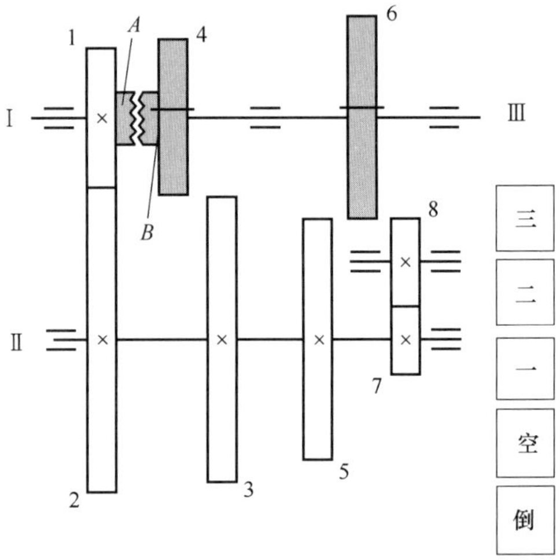

图 2-6-3 某轿车变速器的传动示意图
1～8—齿轮

步骤二：实例应用

【例 2-6-1】 图 2-6-4 所示为某机床传动系统图，电动机的转速 $n_d=1430$r/min，V 带轮直径 $D_1=80$mm、$D_2=165$mm，试分析Ⅲ轴的各级转速。

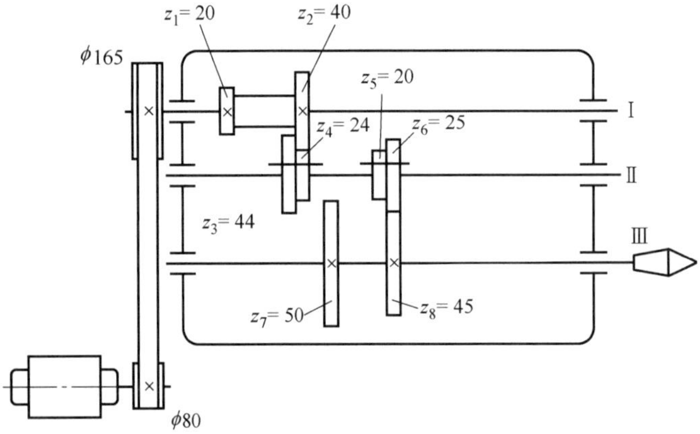

图 2-6-4 某机床传动系统

系统运动由 1430r/min 的电动机驱动，经 $\phi80/\phi165$ 带传动，使轴Ⅰ获得旋转运动，再经过轴Ⅰ-轴Ⅱ间、轴Ⅱ-轴Ⅲ间的双联滑移齿轮变速传给轴Ⅲ。

由电动机到轴Ⅲ的运动关系，可用传动路线表达式表示

$$\text{电动机}-\frac{\phi80}{\phi165}-\text{Ⅰ}-\begin{pmatrix}\frac{40}{24}\\ \frac{20}{44}\end{pmatrix}-\text{Ⅱ}-\begin{pmatrix}\frac{25}{45}\\ \frac{20}{50}\end{pmatrix}-\text{Ⅲ}$$

轴Ⅲ可获得 1×2×2=4 级转速，各级转速分别为

$$n_1=1430\times\frac{80}{165}\times\frac{40}{24}\times\frac{25}{45}$$

$$n_2=1430\times\frac{80}{165}\times\frac{40}{24}\times\frac{20}{50}$$

$$n_3=1430\times\frac{80}{165}\times\frac{20}{44}\times\frac{25}{45}$$

$$n_4=1430\times\frac{80}{165}\times\frac{20}{44}\times\frac{20}{50}$$

步骤三：分析机床变速箱的传动系统

分析变速系统，写出传动路线表达式，分析输出轴转速的级数；判断输出轴最高及最低转速的传动路线，并计算转速。

任务二　收音机短波调谐装置的运动分析

任务描述

收音机的机械式调谐装置是采用拉线机构直接改变可变电容器的容量，再与电感配合，利用谐振，进行选台。用手拨动调谐旋钮，通过传动机构带动绳轮和指针缓慢运动，并利用机械指针来指示，如图 2-6-5（b）所示，若 $z_1=83$，$z_2=z_2'=17$，$z_3=82$。试分析旋钮转动一圈，刻度线盘会转动多少圈？

(a) 实物图

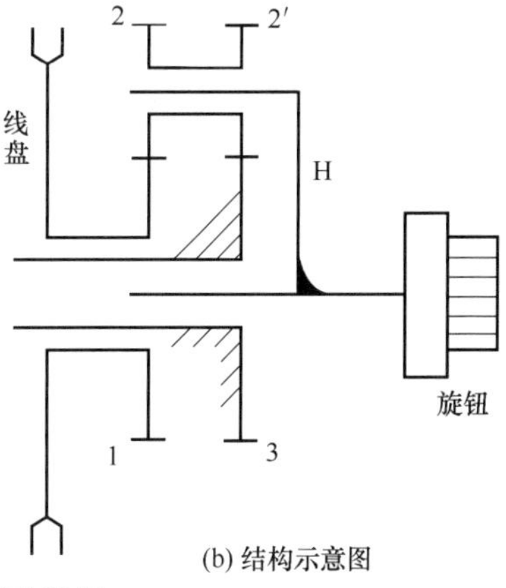

(b) 结构示意图

图 2-6-5　短波调谐缓动装置

1～3—齿轮

任务分析

该装置传动系统为一周转轮系，可通过计算轮系传动比的方式来分析各构件间的转速关系。周转轮系传动比的计算采用“反转法”，即在其转化轮系中，参照定轴轮系的分析方法进行计算。

任务实施

步骤一：知识准备——周转轮系传动比的计算

在如图 2-6-6 所示周转轮系中，行星轮 2 既绕本身的轴线自转，又绕 O 公转，因此周转轮系的传动比不能直接用定轴轮系传动比公式来进行计算。

目前通常采用“反转法”，即假想给整个周转轮系加上一个与行星架 H 的转速 n_H 大小相等、方向相反的公共转速“$-n_H$”，根据相对运动原理，各构件间的相对运动关系并不发生改变。而此时行星轮架 H 相对静止不动，这样原来的周转轮系就转化为一个假想的定轴轮系，这样的定轴轮系称为周转轮系的“转化轮系”，如图 2-6-7 所示。各构件在转化前后的转速见表 2-6-1。

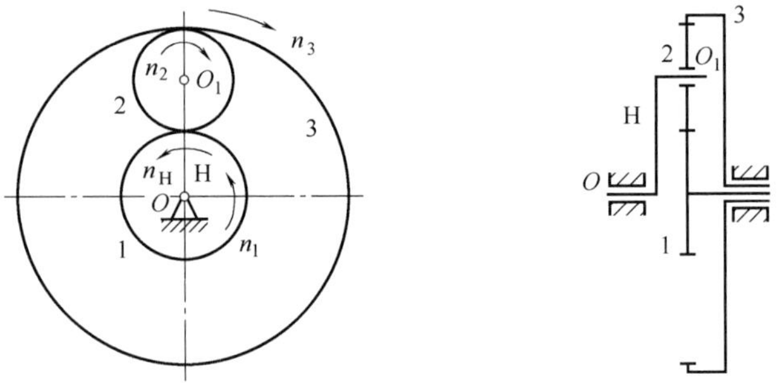

图 2-6-6 周转轮系

1、3—中心轮 2—行星轮

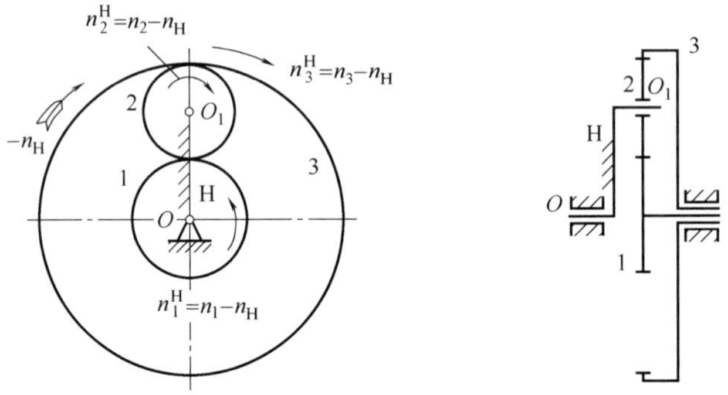

图 2-6-7 周转轮系的转化轮系

1、3—中心轮 2—行星轮

表 2-6-1 各构件在转化前后的转速

构件	周转轮系中各构件转速	转化轮系中各构件转速
中心轮 1	n_1	$n_1^H=n_1-n_H$
行星轮 2	n_2	$n_2^H=n_2-n_H$
中心轮 3	n_3	$n_3^H=n_3-n_H$
行星架 H	n_H	$n_H^H=n_H-n_H=0$

转化轮系的传动比，可按定轴齿轮系的方法进行计算，即

$$i_{13}^H=\frac{n_1^H}{n_3^H}=\frac{n_1-n_H}{n_3-n_H}=(-1)^1\frac{z_2z_3}{z_1z_2}=-\frac{z_3}{z_1} \tag{2-6-1}$$

式中“－”表示在转化轮系中齿轮 1、3 的转向相反。

推广到一般情况，周转轮系任意两个齿轮 A、B 的转速关系一般公式

$$i_{AB}^H=\frac{n_A^H}{n_B^H}=\frac{n_A-n_H}{n_B-n_H}=(-1)^m\frac{\text{从}A\text{ 至 }B\text{ 所有从动齿数连乘积}}{\text{从}A\text{ 至 }B\text{ 所有主动齿数连乘积}} \tag{2-6-2}$$

利用式（2-6-2）可计算周转轮系的传动比及各未知构件的转速，使用时应注意以下事项：

（1）i_{AB}^H 表示转化轮系的传动比，$i_{AB}^H\neq i_{AB}$。

（2）齿轮 A、B 与行星架的轴线必须重合，否则不能应用此公式。

（3）n_A、n_B、n_H 方向相同或相反须用“+”及“−”号区别，并与数值一起代入计算。

（4）公式中，齿数比之前的正负由 n_A^H 和 n_B^H 的转向关系确定：若转化轮系中所有齿轮轴线平行，可用 $(-1)^m$ 判断（m 为齿轮 A 至齿轮 B 之间外啮合齿轮的对数），否则只能用画箭头的方法判定，如图 2-6-8 所示空间周转轮系。

步骤二：实例应用

【例 2-6-2】 如图 2-6-9 所示轮系，已知 $z_1=15$，$z_2=25$，$z_3=20$，$z_4=60$，两太阳轮 1、4 转向如图所示，转速 $n_1=200\text{r/min}$，$n_4=50\text{r/min}$。试求行星架转速 n_H 及行星轮转速 n_3。

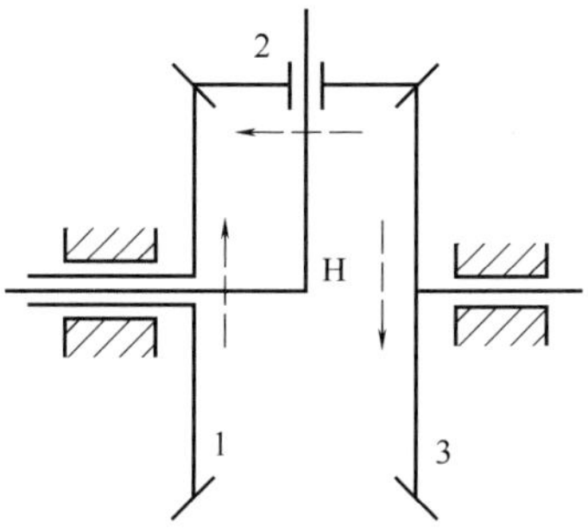

图 2-6-8　空间周转轮系

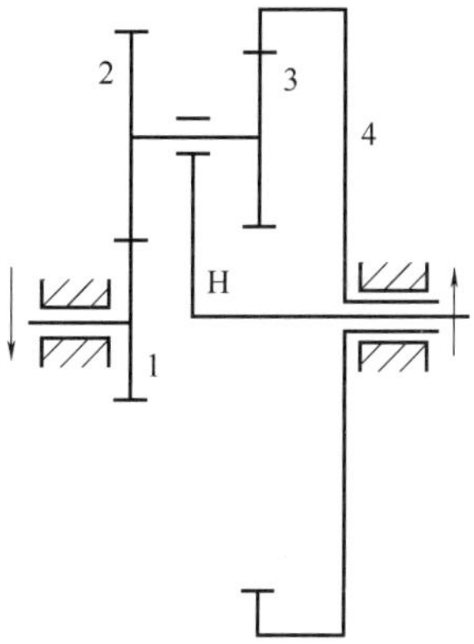

图 2-6-9　【例 2-6-2】图

解：（1）计算行星架转速 n_H。

$$\frac{n_1-n_H}{n_4-n_H}=(-1)^1\frac{z_2z_4}{z_1z_3}$$

$$\frac{200-n_H}{-50-n_H}=(-1)^1\frac{25\times60}{15\times20}$$

计算得 $n_H\approx-8.33\text{r/min}$。

（2）计算行星轮转速 n_3。

$$\frac{n_3-n_H}{n_4-n_H}=\frac{z_4}{z_3}$$

$$\frac{n_3-(-8.33)}{50-(-8.33)}=\frac{60}{20}$$

计算得 $n_3=166.66\text{r/min}$。

步骤三：分析计算收音机的机械式调谐装置

调谐旋钮转动一圈，刻度线盘所转动的圈数，实际上就是求轮系传动比 i_{1H} 的问题。计算时可在其转化轮系中，通过计算传动比 i_{13}^H 的方式来求得。

任务小结

（1）在周转轮系运动分析时，所计算的是转化轮系的传动比，因此每个构件的转速应为转化后的转速。

（2）各构件的转速为代数量，计算时要代入正负号：可先假定某一方向的转速为正，则与之相反方向的转速为负。

（3）齿数比之前的正负号取决于转化轮系中首、末轮的转向关系。

【思考与练习】

（1）如下图所示轮系中，已知各齿轮的齿数为：$z_1=20$、$z_2=18$、$z_3=56$。求传动比 i_{1H}。

（2）如下图所示轮系，已知各齿轮齿数为：$z_1=16$，$z_2=24$，$z_3=64$，轮 1 和轮 3 的转速分别为 $n_1=1\text{r/min}$，$n_3=4\text{r/min}$，转向如图所示，求行星架的转速 n_H。

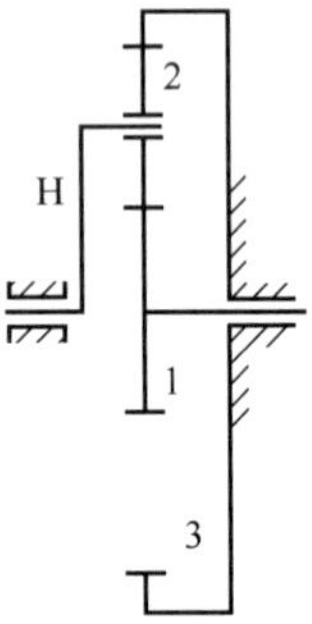

题（1）图

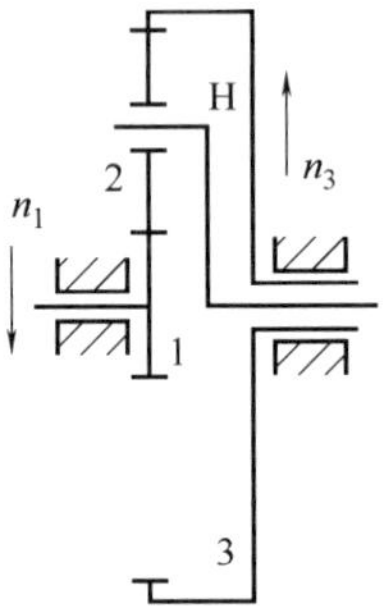

题（2）图

（3）在如下图所示的齿轮系中，已知 $z_1=20$，$z_2=40$，$z_2'=20$，$z_3=30$，$z_4=60$，均为标准齿轮传动，试求 i_{1H}。

（4）分析如下图所示传动系统图，列出其传动链，并求主轴 V 有几级转速，其中最高转速和最低转速各为多少？

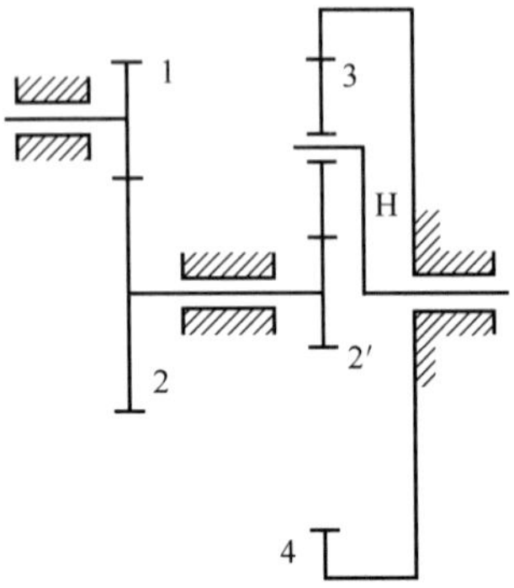

题（3）图

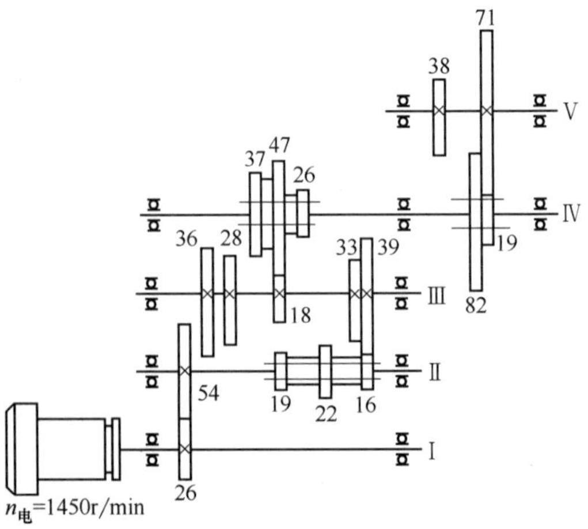

题（4）图

项目七

台式钻床的V带传动设计

项目概述

台式钻床简称台钻，是一种体积小巧、操作简便、通常安装在专用工作台上使用的小型孔加工机床，台式钻床钻孔直径一般在13mm以下，不超过25mm。根据钻床的工作条件和要求，对钻床中的带传动进行设计和选用。

学习导航

知识点	（1）带传动的设计准则 （2）普通V带传动的设计计算
学习目标	（1）掌握普通V带传动的设计方法和步骤 （2）掌握普通V带传动相关参数的确定方法 （3）熟悉相关手册、图表的查取，以及数据处理
重点	（1）普通V带传动的相关参数的要求和确定 （2）普通V带传动的设计方法

任务　设计台式钻床的普通V带传动

任务描述

如图2-7-1所示台钻是一种应用广泛的小型钻床，其主轴竖直布置，由电动机经V带传动驱动做旋转运动。已知电机的转速 $n_1=1440\text{r/min}$，额定功率 $P=8\text{kW}$，两班制工作，根据钻头直径和加工材料，要求该级传动比 $i=2.8$，试设计此普通V带传动。

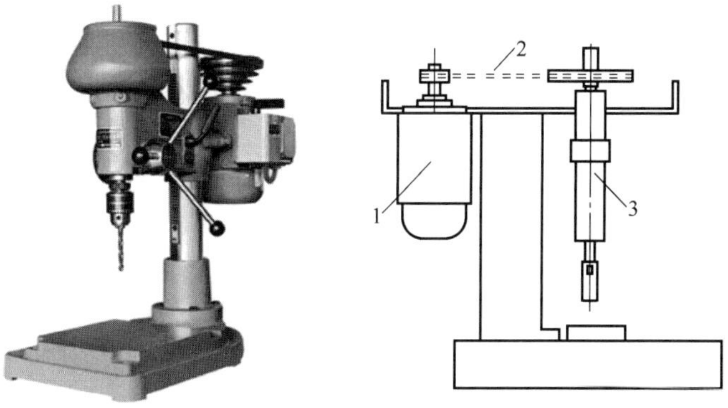

图2-7-1　台式钻床

1—电动机　2—V带传动　3—主轴

任务分析

普通 V 带传动设计内容主要包括确定 V 带的型号、基准长度、根数，以及传动中心距和带轮基准直径等，并对带速、带轮包角等参数进行验算。台式钻床的原动机为电动机，可根据其转速和功率，设备的工作条件和主轴的运动，在带传动的失效形式和设计准则的基础上，按照普通 V 带传动设计步骤和参数的确定方法进行设计和选用。

任务实施

步骤一：知识准备

一、传动带的传动能力分析

带传动安装时，带必须张紧，即以一定的初拉力紧套在两个带轮上，这时带上下两边所受到的拉力相等，都为初拉力 F_0，如图 2-7-2（a）所示。

在负载转动时，由于带与带轮接触面摩擦力的作用，进入主动轮一边的带被拉紧，拉力由 F_0 增到 F_1，称为紧边；绕出主动轮一边的带被放松，拉力由 F_0 减为 F_2，称为松边，如图 2-7-2（b）所示。

紧边与松边的拉力差值即为带传动的有效拉力 F，也就是带所传递的圆周力，即

$$F=F_1-F_2 \tag{2-7-1}$$

式中　F——有效拉力，在数值上等于带与带轮接触弧上摩擦力的总和 $\sum F_f$。

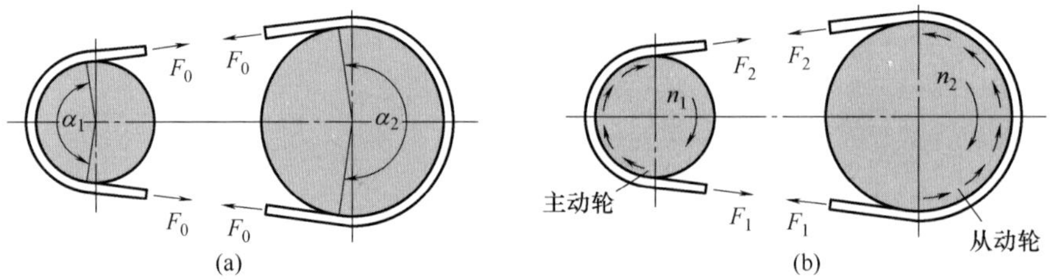

图 2-7-2　带传动的受力情况

当初拉力 F_0 一定时，带与带轮间摩擦力的总和 $\sum F_f$ 有一个极限值。当传递的圆周力超过了极限值时，带将在带轮上发生全面的滑动，这种现象称之为打滑。打滑将使带的磨损加剧，传动效率降低，以致传动失效，所以在正常传动过程中应避免出现打滑。

当带传动即将出现打滑时，其能传递的最大圆周力 F_{max} 等于极限摩擦力，紧边的与松边的拉力差达到最大，此时 F_1 与 F_2 有如下关系

$$\frac{F_1}{F_2}=e^{f\alpha} \tag{2-7-2}$$

由式（2-7-1）和式（2-7-2），可得紧边拉力、松边拉力和有效圆周力之间的关系为

$$F=2F_0\left(\frac{e^{f\alpha}-1}{e^{f\alpha}+1}\right) \tag{2-7-3}$$

式中　F_0——初拉力；

　　e——为自然对数的底，$e\approx2.718$；

f——带与带轮间的摩擦因数；

α——带轮包角，它是指带与带轮接触弧长所对应的中心角，如图 2-7-2（a）所示，α_1、α_2 分别为小带轮包角和大带轮包角。

由此可知带传动的传动能力与初拉力 F_0、带轮包角 α 和摩擦因数 f 等有关，不过在应用中，F_0 和 f 不能太大，否则会降低传动带的寿命。

二、带传动的设计准则

由带的工作情况分析，带传动的主要失效形式是打滑和带的疲劳破坏（拉断、撕裂等）。因此，带传动的设计准则是：在保证不打滑的前提下，使带具有一定的疲劳强度和寿命。

三、普通 V 带传动的设计计算

设计的主要内容有：确定带的型号、长度、根数、带传动中心距、带轮的基准直径及结构尺寸等。另外为了轴和轴承的设计计算，还需计算作用在轴上的压轴力。

下面结合设计计算的一般步骤，叙述普通 V 带传动参数的选择原则和方法。

（1）确定计算功率 P_c。计算功率是根据传递的额定功率，并考虑载荷的性质和每天工作时间的长短来确定，即

$$P_c = K_A P \tag{2-7-4}$$

式中 P——传递的额定功率，kW；

K_A——工况系数，见表 2-7-1。

表 2-7-1　　工况系数 K_A

工作机		原动机					
		空、轻载启动			重载启动		
		每天工作时间/h					
		≤10	10～16	>16	≤10	10～16	>16
载荷平稳	液体搅拌机；离心式水泵；通风机和鼓风机（≤7.5kW）；离心式压缩机；轻型运输机	1.0	1.1	1.2	1.1	1.2	1.3
载荷变动小	带式运输机（运送砂石、谷物）；通风机（>7.5kW）；发电机；旋转式水泵；金属切削机床；剪床；压力机；印刷机；振动筛	1.1	1.2	1.3	1.2	1.3	1.4
载荷变动较大	螺旋式运输机；斗式提升机；往复式水泵和压缩机；锻锤；磨粉机；锯木机和木工机械；纺织机械	1.2	1.3	1.4	1.4	1.5	1.6
载荷变动很大	破碎机（旋转式、颚式等）；球磨机；棒磨机；起重机；挖掘机；橡胶辊压机	1.3	1.4	1.5	1.5	1.6	1.8

注：1. 空、轻载启动——电动机（交流启动、三角启动、直流并励），四缸以上的内燃机。

2. 重载启动——电动机（联机交流启动、直流复励或串励），四缸以下的内燃机。

（2）选择V带的型号。普通V带的型号根据计算功率 P_c 和小带轮的转速 n_1，查图2-7-3选取。

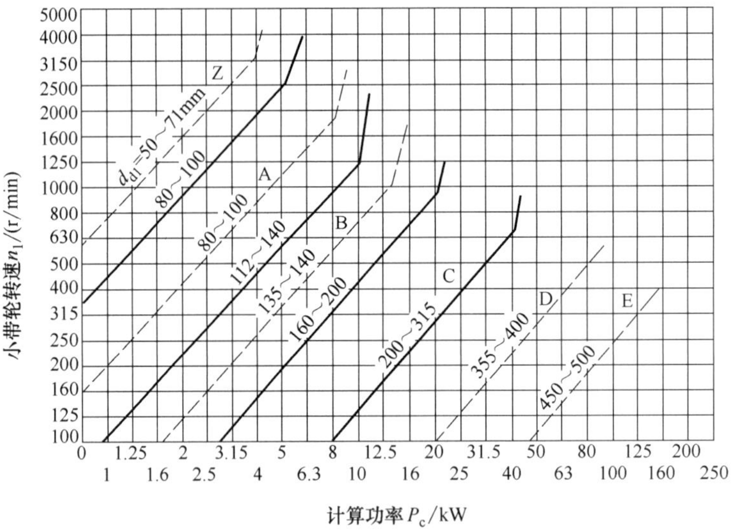

图2-7-3 普通V带选型图

（3）确定带轮的基准直径 d_{d1} 和 d_{d2}。带轮直径小可使传动结构紧凑，但带轮直径越小，带在带轮上的弯曲会加剧，弯曲应力也越大，会使带的奉命降低。因此，小带轮基准直径 d_{d1} 应满足：$d_{d1} \geqslant d_{dmin}$，即不能小于标准规定的带轮最小基准直径 d_{dmin}，d_{dmin} 的值见表2-7-2。

大带轮基准直径 d_{d2} 可根据传动比计算，即

$$d_{d2} = i \times d_{d1} = \frac{n_1}{n_2} d_{d1} \tag{2-7-5}$$

式中 n_1——小带轮转速，r/min；

n_2——大带轮转速，r/min。

带轮的基准直径 d_{d1}、d_{d2} 均应符合带轮基准直径系列，如表2-7-3所示。

表2-7-2 带轮最小基准直径

V带型号	Y	Z	A	B	C	D	E
d_{dmin}/mm	20	50	75	125	200	355	500
推荐直径	⩾28	⩾71	⩾100	⩾140	⩾200	⩾355	⩾500

表2-7-3 常用V带轮基准直径系列

带型	基准直径系列/mm
Z	50 56 63 71 75 80 90 100 112 125 140 150 160 180 200 224 250 280 315 355 400 500 560 630
A	75 80 (85) 90 (95) 100 (106) 112 (118) 125 (132) 140 150 160 180 200 224 250 280 315 355 400 450 500 560 630 710 800
B	125 (132) 140 150 160 (170) 180 200 210 224 236 250 280 315 355 400 500 560 (600) 630 710 (750) 800 (900) 1000 1120
C	200 210 224 236 250 280 300 355 400 450 500 560 600 630 710 750 800 900 1000 1120 1250 1400 1600 2000

(4) 验算带速 v。根据小带轮的基准直径 d_{d1} 和转速 n_1，便可计算带速

$$v=\frac{\pi d_{d1} n_1}{60\times1000} \tag{2-7-6}$$

带速太高则离心力增大，使带与带轮的摩擦力减小，容易打滑；带速太低，传递功率一定时所需的有效拉力过大，也易打滑。一般普通 V 带的速度应保证在 $5\text{m/s}\leqslant v\leqslant 25\text{m/s}$ 范围内，最适宜的带速为 $v=20\sim25\text{m/s}$。如果带速超过上述范围，应重选小带轮直径。

(5) 确定中心距 a 和带的基准长度 L_{d0}。带传动的中心距不宜过大，否则在带速较高时容易引起带的颤动。但中心距也不宜过小，因为中心距越小，带长也越短，在一定带速下单位时间内绕过带轮的次数增加，会降低带的传动能力和使用寿命；同时还会导致小带轮的包角过小，从而降低传动能力。

因此对于 V 带传动，可结合传动面布局的要求，按下式初选中心距 a_0：

$$0.7(d_{d1}+d_{d2})\leqslant a_0\leqslant 2(d_{d1}+d_{d2}) \tag{2-7-7}$$

根据给定带轮的基准直径和传动中心距，按下式计算带所需的基准长度

$$L_{d0}=2a_0+\frac{\pi}{2}(d_{d1}+d_{d2})+\frac{(d_{d2}-d_{d1})^2}{4a_0} \tag{2-7-8}$$

根据基准长度的计算值 L_{d0}，由表 1-3-2（P28）选取与之相近的基准长度 L_d。

带传动的实际中心距可按下式近似计算，即

$$a\approx a_0+\frac{L_d-L_{d0}}{2} \tag{2-7-9}$$

(6) 验算小带轮包角 α_1。小带轮包角 α_1 可按下式计算。

$$\alpha_1=180°-\frac{d_{d2}-d_{d1}}{a}\times57.3° \tag{2-7-10}$$

为保证带传动的传动能力，通常要求 $\alpha_1\geqslant120°$。若 α_1 过小，需增大中心距 a，或增设张紧轮。

(7) 确定带的根数 z。带的根数 z 可根据计算功率 P_c，按下式计算。

$$z\geqslant\frac{P_c}{(P_1+\Delta P_1)K_\alpha K_L} \tag{2-7-11}$$

式中　P_1——单根带基本额定功率，kW。是指特定带长，工作平衡的条件下单根普通 V 带所能传递的功率，其值见表 2-7-4；

ΔP_1——功率增量，kW。考虑传动比 $i\neq1$ 时，带在大带轮上的弯曲应力较小，带在寿命相同条件下，其传递的功率会增大，见表 2-7-4；

K_a——包角修正系数，考虑 $\alpha_1\neq180°$时对传动能力的影响，见表 2-7-5；

K_L——带长修正系数，考虑带长不为特定长度时对传动能力的影响，见表 2-7-6。

带的根数应取整数。为使各根带受力均匀，带的根数不宜过多，一般取 $z\leqslant8$。如果算得的根数过多，可改选 V 带型号重新计算。

表 2-7-4 单根 V 带基本额定功率 P_1 和功率增量 ΔP_1

型号	小带轮转速 n /(r/min)	P_1					ΔP_1									
		小带轮基准直径 d_1/mm					i									
							1.00～1.01	1.02～1.04	1.05～1.08	1.09～1.12	1.13～1.18	1.19～1.24	1.25～1.34	1.35～1.50	1.51～1.99	≥2.00
Z		50	56	63	71	80										
	950	0.12	0.14	0.18	0.23	0.26	0.00	0.00	0.00	0.01	0.01	0.01	0.01	0.02	0.02	0.02
	1200	0.14	0.17	0.22	0.27	0.30	0.00	0.00	0.01	0.01	0.01	0.01	0.02	0.02	0.02	0.03
	1450	0.16	0.19	0.25	0.30	0.35	0.00	0.00	0.01	0.01	0.01	0.02	0.02	0.02	0.02	0.03
	1600	0.17	0.20	0.27	0.33	0.39	0.00	0.01	0.01	0.01	0.01	0.02	0.02	0.03	0.03	0.04
	2000	0.20	0.25	0.32	0.39	0.44	0.00	0.01	0.01	0.02	0.02	0.03	0.03	0.03	0.04	0.04
A		75	90	100	112	125										
	950	0.51	0.77	0.95	1.15	1.37	0.00	0.01	0.03	0.04	0.05	0.06	0.07	0.08	0.10	0.11
	1200	0.60	0.93	1.14	1.39	1.66	0.00	0.02	0.03	0.05	0.07	0.08	0.10	0.11	0.13	0.15
	1450	0.68	1.07	1.32	1.61	1.92	0.00	0.02	0.04	0.06	0.08	0.09	0.11	0.13	0.15	0.17
	1600	0.73	1.15	1.42	1.74	2.07	0.00	0.02	0.04	0.06	0.09	0.11	0.13	0.15	0.17	0.19
	2000	0.84	1.34	1.66	2.04	2.44	0.00	0.03	0.06	0.08	0.11	0.13	0.16	0.19	0.22	0.24
B		125	140	160	180	200										
	950	1.64	2.08	2.66	3.22	3.77	0.00	0.03	0.07	0.10	0.13	0.17	0.20	0.23	0.26	0.30
	1200	1.93	2.47	3.17	3.85	4.50	0.00	0.04	0.08	0.13	0.17	0.21	0.25	0.30	0.34	0.38
	1450	2.19	2.82	3.62	4.39	5.13	0.00	0.05	0.10	0.15	0.20	0.25	0.31	0.36	0.40	0.46
	1600	2.33	3.00	3.86	4.68	5.46	0.00	0.06	0.11	0.17	0.23	0.28	0.34	0.39	0.45	0.51
	1800	2.50	3.23	4.15	5.02	5.83	0.00	0.06	0.13	0.19	0.25	0.32	0.38	0.44	0.51	0.57
C		200	224	250	280	315										
	950	4.58	5.78	7.04	8.49	10.05	0.00	0.09	0.19	0.27	0.37	0.47	0.56	0.65	0.74	0.83
	1200	5.29	6.71	8.21	9.81	11.53	0.00	0.12	0.24	0.35	0.47	0.59	0.70	0.82	0.94	1.06
	1450	5.84	7.45	9.04	10.72	12.46	0.00	0.14	0.28	0.42	0.58	0.71	0.85	0.99	1.14	1.27
	1600	6.07	7.75	9.38	11.06	12.72	0.00	0.16	0.31	0.47	0.63	0.78	0.94	1.10	1.25	1.41
	1800	6.28	8.00	9.63	11.22	12.67	0.00	0.18	0.35	0.53	0.71	0.88	1.06	1.23	1.41	1.59
D		355	400	450	500	560										
	950	16.15	20.06	24.01	27.50	31.04	0.00	0.33	0.66	0.99	1.32	1.60	1.92	2.31	2.64	2.97
	1100	16.98	20.99	24.84	28.02	30.85	0.00	0.38	0.77	1.15	1.53	1.91	2.29	2.68	3.06	3.44
	1200	17.25	21.20	24.84	26.71	29.67	0.00	0.42	0.84	1.25	1.67	2.09	2.50	2.92	3.34	3.75
	1300	17.26	21.06	24.35	26.54	27.58	0.00	0.45	0.91	1.35	1.81	2.26	2.71	3.16	3.61	4.05
	1450	16.77	20.15	22.02	23.59	22.58	0.00	0.51	1.01	1.51	2.02	2.52	3.02	3.52	4.03	4.53

表 2-7-5 包角修正系数 K_α

α_1	180°	170°	160°	150°	140°	130°	120°	110°	100°	90°
K_α	1.00	0.98	0.95	0.92	0.89	0.86	0.82	0.78	0.74	0.69

表 2-7-6　　　　**带长修正系数 K_L**

基准长度 L_d/mm	K_L				基准长度 L_d/mm	K_L					
	Y	Z	A	B		Z	A	B	C	D	E
200	0.81				1600	1.16	0.99	0.92	0.83		
224	0.82				1800	1.18	1.01	0.95	0.86		
250	0.84				2000		1.03	0.98	0.88		
280	0.87				2240		1.06	1.00	0.91		
315	0.89				2500		1.09	1.03	0.93		
355	0.92				2800		1.11	1.05	0.95	0.83	
400	0.96	0.87			3150		1.13	1.07	0.97	0.86	
450	1.00	0.89			3550		1.17	1.09	0.99	0.89	
500	1.02	0.91			4000		1.19	1.13	1.02	0.91	
560		0.94			4500			1.15	1.04	0.93	0.90
630		0.96	0.81		5000			1.18	1.07	0.96	0.92
710		0.99	0.83		5600				1.09	0.98	0.95
800		1.00	0.85		6300				1.12	1.00	0.97
900		1.03	0.87	0.82	7100				1.15	1.03	1.00
1000		1.06	0.89	0.84	8000				1.18	1.06	1.02
1120		1.08	0.91	0.86	9000				1.21	1.08	1.05
1250		1.11	0.93	0.88	10000				1.23	1.11	1.07
1400		1.14	0.96	0.90	11200					1.14	1.10

（8）确定单根 V 带的初拉力 F_0。适当的初拉力是保证带传动正常工作的重要条件。初拉力过小，传动能力不足，易出现打滑；但初拉力过大不仅会增大轴和轴承上的压力，并会加剧带的磨损，降低带的寿命。

单根普通 V 带适宜的初拉力按下式计算

$$F_0=\frac{500P_c}{Zv}\left(\frac{2.5}{K_\alpha}-1\right)+mv^2 \tag{2-7-12}$$

式中　m——V 带单位长度质量，kg/m，见表 2-7-7。

表 2-7-7　　　　**普通 V 带单位长度质量**

带型	Y	Z	A	B	C	D	E
m/kg · m^{-1}	0.02	0.06	0.10	0.17	0.30	0.62	0.90

（9）带传动作用在带轮轴上的压力 F_Q。为了设计支承带轮的轴和轴承，需要确定轴上的外载荷，需计算带作用在轴上的压力 F_Q。F_Q 可按图 2-7-4 用下式近似计算：

$$F_Q=2zF_0\sin\frac{\alpha_1}{2} \tag{2-7-13}$$

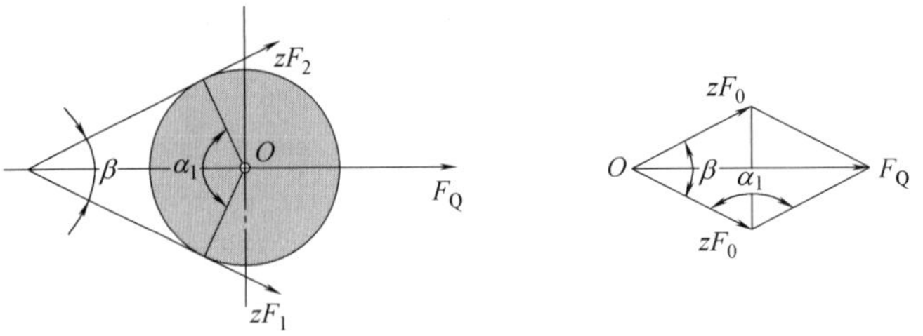

图 2-7-4 作用在带轮轴上的压力

(10) 带轮的结构设计。带轮的结构设计可参考相关设计手册。设计内容主要包括：选择带轮的结构形式；确定轮槽尺寸；确定轮毂、辐板等结构尺寸；绘制带轮零件图等。

步骤二：应用实例

【例 2-7-1】 设计一带式运输机中的 V 带传动。已知输入功率 $P=11\text{kW}$，输入转速 $n_1=1460\text{r/min}$，传动比 $i=2.1$，一般用途使用时间 10 年（每年工作 250 天），双班制连续工作，单向运转。

解：(1) 确定计算功率 P_c。

由表 2-7-1 查得工况系数 $K_A=1.2$，则

$$P_c=K_AP=1.2\times11=13.2\ (\text{kW})$$

(2) 选择 V 带型号。

根据 $P_c=13.2\text{kW}$，$n_1=1460\text{r/min}$，由图 2-7-3 选取 B 型。

(3) 确定带轮基准直径 d_{d1}、d_{d2}。

由表 2-7-2，B 型 V 带带轮最小直径 $d_{dmin}=125\text{mm}$，又根据图 2-7-3 中 B 型带推荐的 d_{d1} 的范围及表 2-7-3，取 $d_{d1}=140\text{mm}$；

从动轮基准直径 $d_{d2}=id_{d1}=2.1\times140=294$（mm），由表 2-7-3 基准直径系列，取 $d_{d2}=280\text{mm}$。

(4) 验算带的速度。

$$v=\frac{\pi d_{d1}n_1}{60\times1000}=\frac{3.14\times140\times1460}{60\times1000}\approx10.70\ (\text{m/s})$$

$5\text{m/s}\leqslant v\leqslant25\text{m/s}$，带速合适。

(5) 确定中心距 a 和 V 带基准长度 L_d。

由
$$0.7(d_{d1}+d_{d2})\leqslant a_0\leqslant2(d_{d1}+d_{d2})$$

即
$$294(\text{mm})=0.7\times(140+280)\leqslant a_0\leqslant2\times(140+280)=840\ (\text{mm})$$

初取中心距 $a_0=560\text{mm}$。

初算 V 带的基准长度 L_{d0}：

$$L_{d0}=2a_0+\frac{\pi}{2}(d_{d1}+d_{d2})+\frac{(d_{d2}-d_{d1})^2}{4a_0}$$

$$L_{d0}=2\times560+\frac{\pi}{2}(140+280)+\frac{(280-140)^2}{4\times560}\approx1788.15\ (\text{mm})$$

由表 1-3-2（P28）选取标准基准长度 $L_d=1800\text{mm}$。

实际中心距

$$a \approx a_0 + \frac{L_d - L_{d0}}{2} = 560 + \frac{1800 - 1788.15}{2} \approx 565.93\ (\text{mm})$$

（6）验算小带轮上包角 α_1。

$$\alpha_1 = 180° - \frac{d_{d2} - d_{d1}}{a} \times 57.3° = 180° - \frac{280 - 140}{565.93} \times 57.3° \approx 165.83° > 120°$$

$\alpha_1 > 120°$，包角合适。

（7）确定 V 带根数 z。

由 $d_{d1} = 140\text{mm}$，$n_1 = 1460\text{r/min}$，$i = 2.1$，用插值法查表 2-7-4，B 型单根 V 带所能传递的基本额定功率 $P_1 = 2.83\text{kW}$，功率增量 $\Delta P_1 = 0.46\text{kW}$；

由表 2-7-5 查得包角系数 $K_\alpha = 0.97$；

由表 2-7-6 查得长度修正系数 $K_L = 0.95$。

所需 V 带的根数 z

$$z \geqslant \frac{P_c}{(P_1 + \Delta P_1) K_\alpha K_L} = \frac{13.2}{(2.83 + 0.46) \times 0.97 \times 0.95} \approx 4.35$$

取 $z = 5$ 根。

（8）确定初拉力 F_0。

$$F_0 = \frac{500 P_c}{Zv} \left(\frac{2.5}{K_\alpha} - 1 \right) + mv^2$$

由表 2-7-7，B 型带 $m = 0.17\text{kg/m}$

$$F_0 = \frac{500 \times 13.2}{5 \times 10.70} \left(\frac{2.5}{0.97} - 1 \right) + 0.17 \times 10.70^2 \approx 217.36\text{(N)}$$

（9）确定作用在轴上的压轴力 F_Q。

$$F_Q = 2zF_0 \sin \frac{\alpha_1}{2} = 2 \times 5 \times 217.36 \times \sin \frac{165.83}{2} \approx 2157.00\text{(N)}$$

（10）带轮设计（略）。

步骤三：设计台式钻床的 V 带传动

实施步骤如下：

（1）结合所学知识，设计带传动：选择带的型号、确定长度、根数、传动中心距、带的基准直径及结构尺寸等。

（2）以表格的形式整理出设计结果。

带的型号	带长	带根数	中心距	带轮基准直径	压轴力

（3）整理设计计算说明书，并打印在 A4 纸上。

任务小结

（1）V 带传动设计的内容包括确定带的根数、型号、带轮直径、传动中心距等。

（2）V 带带轮的直径已标准化，在设计计算中，两个带轮直径须取标准值。

(3) V带传动的速度不能过高或过低，否则都可能产生打滑。如果参数不满足要求，需重新选择带轮直径进行设计。

(4) V带的根数过多，带的受载会不均匀，因此V带的根数一般在3～6根为宜，最多不超过8根。

【思考与练习】

(1) V带传动设计中，中心距和带轮直径怎样确定？

(2) 单根V带所能传递的功率与哪些因素有关？

(3) 设计V带传动时，如果根数过多，应如何处理？如果小带轮包角太小，又该如何处理？

(4) 试设计一液体搅拌机用的V带传动。已知电动机功率 $P=1.5$kW，小带轮转速 $n_1=950$r/min，大带轮转速 $n_2=300$r/min，两班制工作，要求中心距不超过600mm。

项目八

减速器低速轴轴系零部件的设计

项目概述

齿轮减速器是一种由封闭在刚性壳体内的齿轮传动所组成的独立部件，常用作原动件与工作机之间的减速传动装置，在现代机械中应用极为广泛。它主要由轴系零部件和箱体等通用零件组成，轴系结构也是机械系统的重要组成部分，熟悉轴系结构的组成、装配工艺、设计过程和设计规范显得非常重要。

学习导航

知识点	（1）减速器低速轴的结构设计 （2）圆轴扭转强度和弯曲强度计算 （3）滚动轴承工作能力计算及组合设计
学习目标	（1）掌握阶梯轴的结构设计的方法和步骤 （2）理解截面法求内力的方法，掌握圆轴的扭转强度和弯曲强度计算的方法 （3）掌握滚动轴承的寿命计算 （4）熟悉滚动轴承的固定、拆装、调整、润滑和密封等组合设计及其要求
重点	（1）圆轴的结构设计，扭矩和弯矩的计算 （2）滚动轴承的寿命计算和组合设计

任务一　减速器低速轴的结构设计

任务描述

如图 2-8-1（a）所示为带式输送机传动装置传动简图，试根据传递运动和动力要求设计其齿轮减速器［图 2-8-1（b）］中的低速轴的结构。已知齿轮减速器 3 低速轴的转速 $n=1400\text{r/min}$，传递功率 $P=5\text{kW}$。轴上齿轮的参数为：$z=58$，$m=3\text{mm}$，$\beta=11°17'13''$，左旋，齿宽 $b=70\text{mm}$。

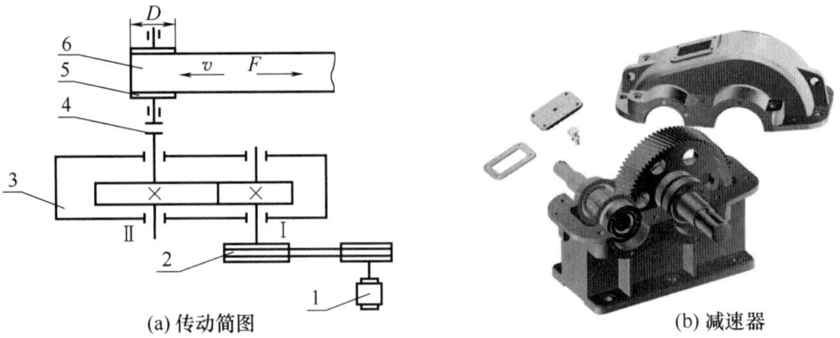

图 2-8-1　输送机传动装置

1—电动机　2—V 带传动　3—齿轮减速器　4—联轴器　5—滚筒　6—输送带

任务分析

轴是机器设备中的重要零件之一，凡是做回转运动的零件都要装在轴上才能实现传递运动和动力。轴是非标准件，其结构形状和尺寸大小需自行设计。

根据工作条件对减速器的低速轴进行结构设计，使它具有合理的形状、尺寸和良好的工艺性。在进行轴的结构设计时，主要考虑以下几个方面：轴上零件要有可靠的定位、轴向固定和周向固定；便于轴上零件的装拆和调整，轴的结构形式取决于轴上零件的装配方案；轴要具有良好的加工工艺性；有利于提高轴的强度和刚度，节约材料、减轻重量等。

任务实施

步骤一：知识准备

轴的结构设计

轴的结构设计就是使轴具有合理的形状和尺寸，轴的结构和形状取决于下面几个因素：

（1）轴的毛坯种类。

（2）轴上作用力的大小及其分布情况。

（3）轴上零件的位置、配合性质以及连接固定的方法。

（4）轴承的类型、尺寸和位置。

（5）轴的加工方法、装配方法及其他特殊要求。可见影响轴的结构与尺寸的因素很多，设计轴时要全面综合地考虑各种因素。

如图 2-8-2 所示为减速器输入轴系的典型结构，可作为轴的结构设计的图例参考。轴上安装有齿轮和带轮两个传动零件，传动零件我们统称为轮毂。轴系是由两个滚动轴承支承以支持轴的旋转。

1. 估算轴的最小直径

轴的最小直径一般位于轴端，可先根据轴所承受扭转载荷的强度条件计算轴的最小直径，最小轴径的估算公式为：

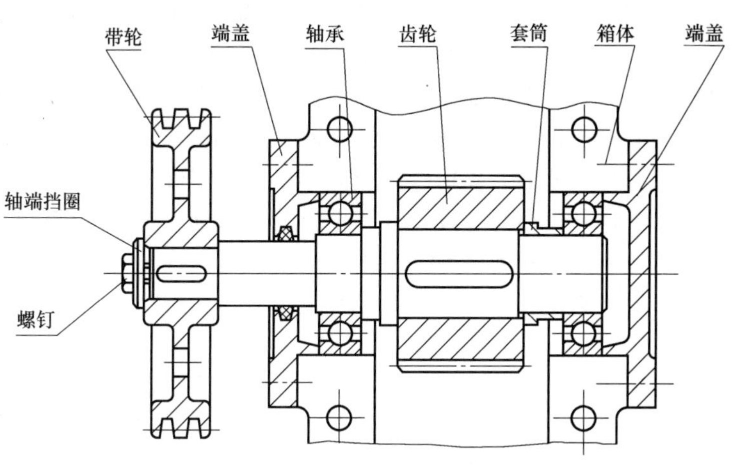

图 2-8-2　减速器输入轴系

$$d \geqslant C\sqrt[3]{\frac{P}{n}} \tag{2-8-1}$$

式中　d——轴的估算直径，mm；

P——轴所传递的功率，kW；

n——轴的转速，r/min。

常用材料的 C 值可查表 2-8-1，C 值的大小与材料及受载情况关。当作用在轴上的弯矩比转矩小，或轴只受转矩时，C 值取较小值，否则相反。

表 2-8-1　　常用材料的 *C* 值

轴的材料	Q235A，20	35	45	40Cr，35SiMn
C	135～160	118～135	107～118	98～107

由式（2-8-1）求出的直径值，需圆整成标准直径，并作为轴的最小直径。如轴上有一个键槽，可将算得的最小直径增大 3%～5%，如有两个键槽可增大 7%～10%。

2. 设计轴的结构形状

在轴的结构设计时，主要考虑以下几个方面：轴上零件的定位和固定方法，包括轴向和周向两个方向；轴上零件的装拆；轴的加工工艺性。

图 2-8-2 中，齿轮是考虑采用轴环和轴套作轴向固定，平键连接作周向固定，从右侧装拆；带轮是采用轴肩和轴端挡圈作轴向固定，平键连接作周向固定，从左侧装拆。

3. 各轴段直径和长度的确定

（1）各轴段直径的确定。各轴段所需的直径与轴上的载荷大小有关，一般先按照轴上所传递的转矩由式 2-8-1 初步估算阶梯轴的最小直径，然后按照轴上零件的安装与固定等因素，逐一确定各轴段直径，确定各轴段直径时，应满足以下要求：

① 有配合段的轴段应取标准值。

② 与标准件相配合的轴段应采用相应的标准值，如与滚动轴承配合的轴径，应按照滚动轴承标准规定的内孔直径选取；与密封装置相接触的轴径，应按照密封装置的标准内径选取。

③ 非标准轴段的确定。由于轴肩分定位轴肩和非定位轴肩，定位轴肩的高度一般为 $h=(0.07\sim0.1)d$，d 为与零件相配处的轴的直径，轴环宽度 b 一般取为 $(1\sim1.5)h$。轴上零件为滚动轴承时，轴承的定位轴肩高度必须低于轴承内圈端面的高度。

非定位轴肩是为了加工和装配方便而设置，取 1～2mm。

轴上零件安装时，所经过轴上各轴段直径应小于安装零件轮毂的孔径。

（2）各轴段长度的确定。轴的各段长度，主要是根据轴上零件的轴向尺寸、相邻零件之间的距离、轴上零件的装拆和轴向固定等因素确定，为确保传动件轴向固定可靠，轴与传动件轮毂相配合部分应比轮毂短 2～3mm，如图 2-8-3 所示。

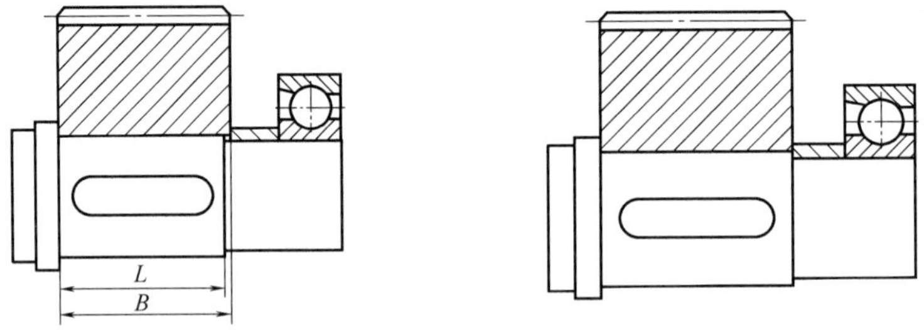

(a) 正确结构 (b) 错误结构

图 2-8-3 轴与传动件轮毂相配合

步骤二：完成减速器低速轴的结构设计

根据图 2-8-1 及提供相关数据，根据轴上装配零部件要求，按照轴系结构分析要点，绘制轴系结构草图，如图 2-8-4 所示。

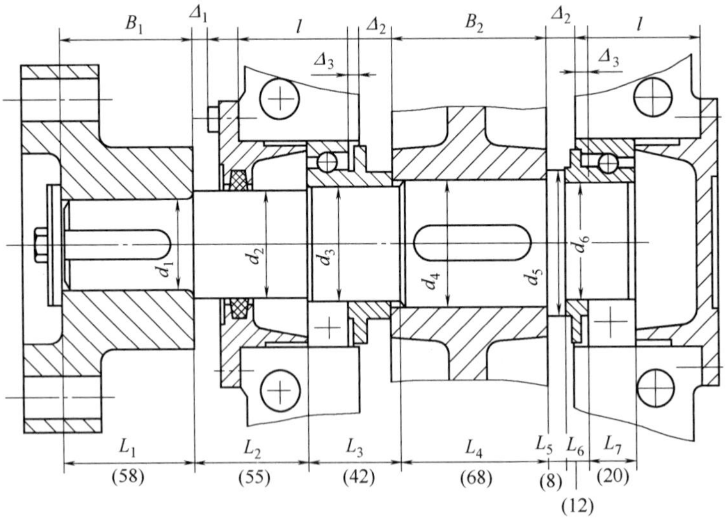

图 2-8-4 轴系的结构草图

分析：（1）斜齿轮传动有轴向力，采用角接触球轴承。采用凸缘式轴承盖实现轴系两端单向固定。半联轴器右端用轴肩定位和固定，左端用轴端挡圈固定，依靠 C 型普通平键连接实现周向固定。齿轮右端由轴环定位固定，左端由套筒固定，用 A 型普通平键连接实现周向固定。为防止润滑脂流失，采用挡油板内部密封。

（2）绘图时，结合尺寸的确定，首先画出齿轮轮毂位置。然后考虑齿轮端面到箱体内壁的距离 Δ，确定箱体内壁的位置，选择轴承并确定轴承位置。根据分箱面螺栓连接的布置，设计轴的外伸部分。

（3）轴的结构尺寸的确定主要有三项内容：各轴段径向尺寸的确定、各轴段轴向长度的确定和其余尺寸（如键槽、圆角、倒角、退刀槽等）的确定。

① 径向尺寸确定。根据公式 2-8-1，计算选取轴段 $d_1=38\text{mm}$ 开始，根据定位轴肩和非定位轴肩的高度的确定方法，逐段选取相邻轴段的直径：如图 2-8-4 所示，d_2 起定位固定作用，定位轴肩高度 h 可在（0.07～0.1）d 范围内经验选取，该直径处将安装密封毡圈，故 $d_2=d_1+2h=38\times(1+2\times0.07)=43.32$（mm），标准直径应取 $d_2=45\text{mm}$，d_3 与轴承内径相配合，为便于轴承安装，故取 $d_3=50\text{mm}$，选定轴承型号为 7210C；d_4 与齿轮孔径相配合，为便于装配，取标准尺寸 $d_4=53\text{mm}$；d_5 起定位作用，由 $h=(0.07\sim0.1)d=(0.07\sim0.1)\times53=3.71\sim5.3$（mm），取 $h=4\text{mm}$，$d_5=61\text{mm}$；d_6 与轴承配合，取 $d_6=d_3=50\text{mm}$。

② 轴向尺寸的确定。与传动零件（如齿轮、带轮、联轴器等）相配合的轴段长度，一般略小于传动零件的轮毂宽度。锻造齿轮轮毂宽度为 $B_2=(1.2\sim1.5)d_4=(1.2\sim1.5)\times53=63.6\sim79.5$（mm），取 $B_2=70\text{mm}$，取轴段 $L_4=68\text{mm}$；联轴器轴孔 $B_1=60\text{mm}$，取轴段长 $L_1=58\text{mm}$。取挡油板宽 L_6 为 12mm，查轴承宽度 L_2 为 20mm，与轴承相配合的轴段长度 $L_6+L_7=32\text{mm}$。

③ 其他轴段的长度与箱体等设计有关，根据减速器箱体尺寸，可由齿轮开始向两侧逐步确定。一般情况，齿轮端面与箱壁的距离 Δ_2 取 10～15mm；轴承端面与箱体内壁的距离 Δ_3 与轴承的润滑有关，油润滑时 $\Delta_3=3\sim5\text{mm}$，脂润滑时 $\Delta_3=5\sim10\text{mm}$，本题取 $\Delta_3=5\text{mm}$；分箱面宽度与分箱面的连接螺栓的装拆空间有关，对于常用的 M16 普通螺栓，分箱面宽 $L=55\sim65\text{mm}$。考虑轴承盖螺钉至联轴器距离 $\Delta_1=10\sim15\text{mm}$，初步取 $L_2=55\text{mm}$。由图可见 $L_3=2+\Delta_2+\Delta_3+20=42$（mm）。轴环宽度 $L_5=55\text{mm}$。两轴承中心间的跨距 $L=130\text{mm}$。

任务小结

轴的结构设计步骤：

（1）按扭转强度估算轴的直径。应注意的是：

① 估算的轴径作为轴的最小直径。

② 若该轴段要安装标准件，应将计算值圆整成相应标准值。

③ 对于设有键槽的轴，应增大直径以补偿键槽对轴的影响：单键时轴径增大 3%～5%，双键（同一截面）时轴径增大 7%～10%。

（2）设计轴的结构，画出轴的结构草图。

（3）确定各轴段的直径。应注意的是：

① 若轴径的变化是为了固定零件或承受轴向力，则直径变化应大些，对于 $\phi30\sim\phi60$ 轴，可取 6～8mm。

② 若轴径的变化是为了装配方便或区别加工表面，则直径变化可小些，一般可取1～3mm。

③ 当轴段装有滚动轴承、联轴器等标准件时，轴径应取相应的标准值。

(4) 确定各轴段长度。各轴段的长度是由所装零件的轮毂的位置和宽度决定的。注意：采用轴套、圆螺母、轴端挡圈固定时，轴的端面与零件端面应留有距离 L，一般可取 $L=(1\sim3)$ mm。

任务二　校核减速器低速轴的强度

（一）　圆轴扭转时的强度计算

任务描述

如图 2-8-5 所示，圆轴 AC 段直径 $d_1=40$mm，CB 段直径 $d_2=70$mm。主动轮 3 输入功率 $P_3=30$kW，轮 1 的输出功率为 $P_1=13$kW，轴工作时候的转速 $n=200$r/min，轴材料的许用剪应力 $[\tau]=60$MPa，试校核轴的强度。

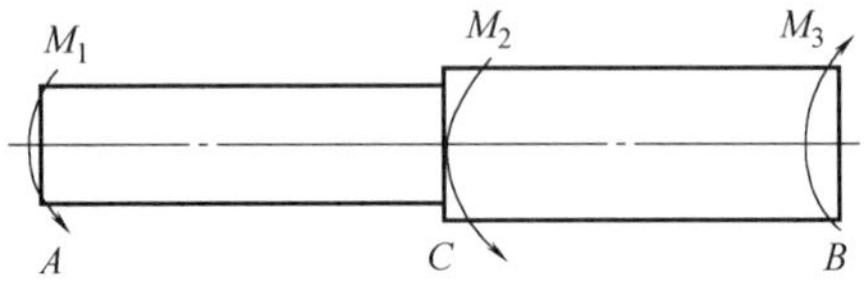

图 2-8-5　圆轴

任务分析

受力特点是在杆件两端垂直于杆轴线的平面内作用一对大小相等，方向相反的外力偶；变形特点是横截面绕轴线发生相对转动，出现扭转变形；输入力偶矩是主动力偶矩，其方向与轴的转向相同；输出力偶矩是阻力偶矩，其方向与轴的转向相反。该任务主要涉及圆轴扭转时的内力计算，圆轴扭转变形时的强度校核方法。

任务实施

步骤一：知识准备

一、圆轴扭转时的内力

1. 圆轴扭转的概念

驾驶汽车时，司机加在方向盘上两个大小相等、方向相反的切向力，它们在垂直于操纵杆轴线的平面内组成一力偶，如图 2-8-6 所示。同时，操纵杆下端则受到一转向相反的阻力偶的作用。在这两个力偶作用下，操纵杆产生扭转变形。

工程中等直圆杆的扭转变形是很常见的，例如汽车转向轴，油田钻井的钻杆等，工作时都承受扭转变形。

扭转变形的受力特点为：杆件两端分别受到大小相等，转向相反，且在垂直于轴线平面内的两个力偶作用，如图 2-8-7 所示，其变形为杆的各横截面绕轴线做相对转动。任意两横截面之间产生相对角位移 φ，称为扭转角。同时，杆的纵向线发生微小倾斜，变成螺旋线。

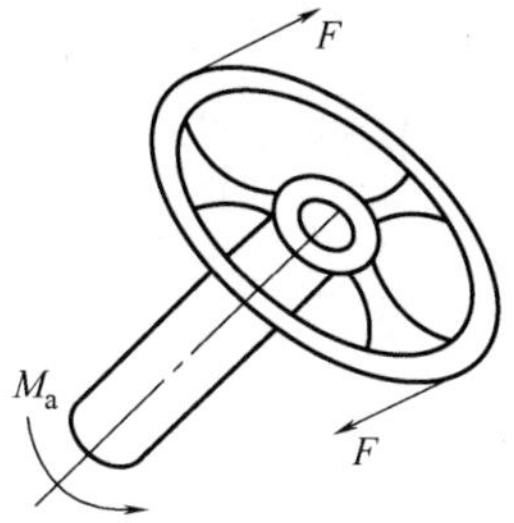

图 2-8-6　汽车方向盘的受载

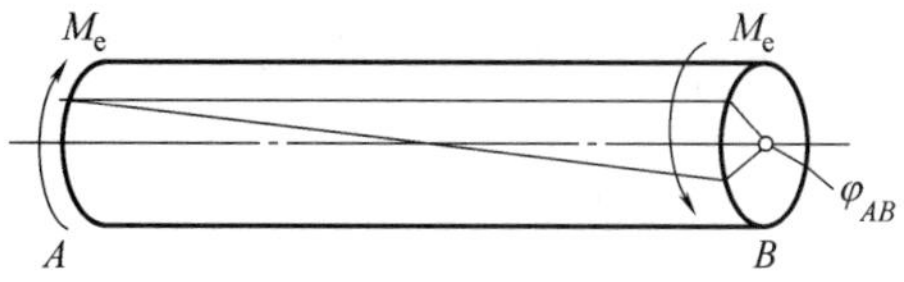

图 2-8-7　圆轴的扭转变形

2. 外力偶矩的计算

工程中，对于作用于轴的外力偶矩一般不直接给出，通常是根据轴传递的功率和轴的转速算出。功率、转速和外力偶矩之间的换算关系为：

$$M_e = 9550\frac{P}{n} \tag{2-8-2}$$

式中　n——为轴的转速，r/min；

P——轴所传递的功率，kW；

M_e——外力偶矩的大小，N·m。

3. 转矩与转矩图

为了确定扭转时横截面上的内力，仍采用截面法。图 2-8-8（a）为处于平衡状态下的两端垂直于轴线平面内受一对等值、反向的外力偶作用的圆轴。

若求任意横截面 n-n 上的内力，假想沿截面将轴切开，分为左右两段，任取左段或右段为研究对象，现取左段为研究对象［图 2-8-8（b）］，由于左端有外力偶作用，在 n-n 截面上必有一个内力偶 T 与之相平衡。

由平衡方程　$\Sigma M=0\quad T-M_e=0$

有　$T=M_e$

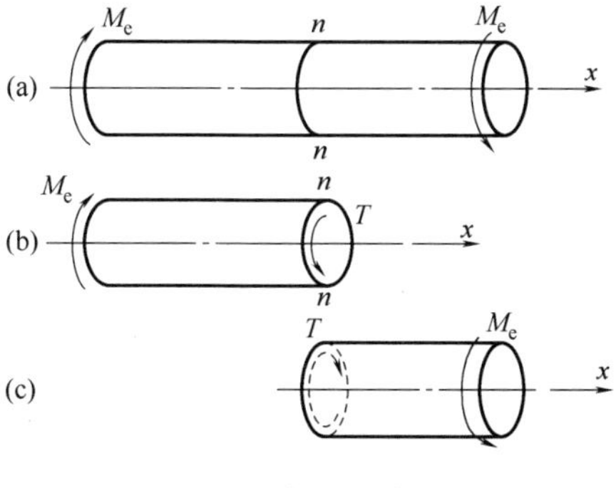

图 2-8-8　截面法求扭矩

因此，圆轴扭转时，其任意横截面上的内力为一个作用在该截面上的力偶，称为转矩，用 T 表示。

若取右段为研究对象，结果相同。

为了使截面两侧求出的转矩具有相同的正负号，采用右手螺旋定则：

四指转向为圆轴转向，以右手拇指表示为转矩矢量，背离该截面时（所求扭矩的截面）为正，指向该截面时为负，如图 2-8-9 所示。这样无论取左段或右段，其横截面上的转矩正负号均相同。

用截面法计算转矩时，可将转矩设为正值，计算结果为负说明该转矩转向与所设的转向相反。

当轴上同时有几个外力偶矩作用时，一般来说，各段截面上的扭矩并不相同，必须分段求出。可用截面法的步骤计算，也可用简便方法计算，而不用画出分离体的受力图。简便方法为：受扭转杆件某截面上的扭矩等于截面任一侧所有外力偶矩的代数和，外力偶矩的正负号仍用右手螺旋法则确定。

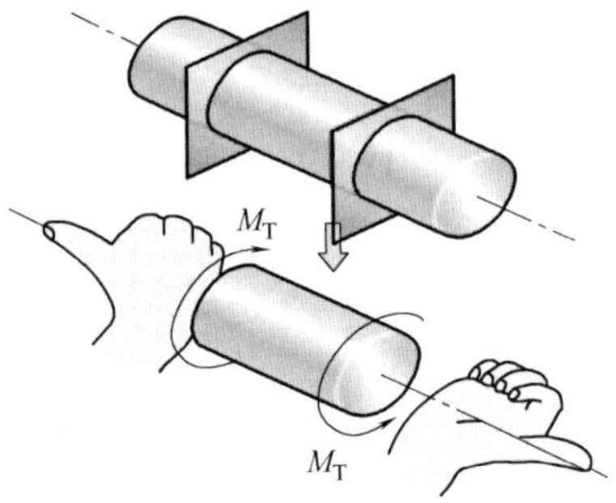

图 2-8-9 扭矩的确定

为了直观地表示沿轴线各横截面上扭矩的变化规律，取平行于轴线的横坐标表示横截面的位置（x），用纵坐标表示扭矩的大小和正负（T），画出各截面扭矩的变化图，称为扭矩图。

二、圆轴扭转时横截面上的切应力及强度计算

1. 扭转时横截面上切应力分布规律

当轴上作用有外力偶 T 时，观察圆轴扭转时的变形，可以得到其横截面上应力的性质和分布规律，如图 2-8-10 所示。

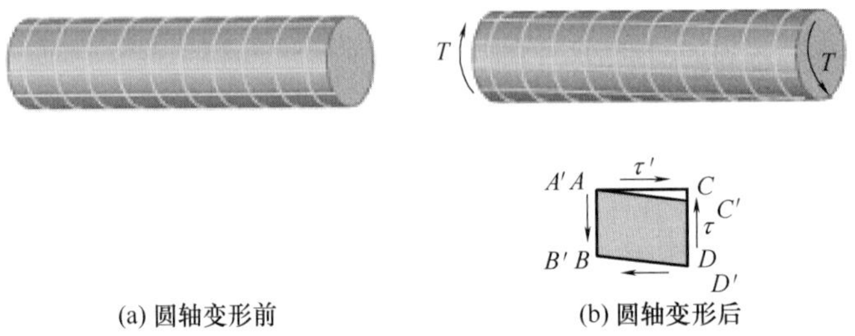

(a) 圆轴变形前 (b) 圆轴变形后

图 2-8-10 圆轴的扭转变形

扭转变形特点：圆轴表面用互相平行的圆周线和纵向线划分成许多小矩形格［图 2-8-10（b）］，受扭后矩形格（$ABCD$）变成了平行四边形（$A'B'C'D'$），即发生了剪切变形；但纵向线段（AC，BD）不发生伸长或缩短，圆周线也保持不变。

根据以上现象可以作如下推断：扭转轴的横截面变形前为平面，变形后仍然保持平面，只是绕轴线转过一角度，这就是扭转时的平面假定。由此可以得出，扭转圆轴横截面上没有正应力，而存在切应力（图 2-8-11），但切应力并非均匀分布，故切应力的计算公式不能直接写出，可通过几何关系、物理关系和静力平衡关系导出，圆轴扭转横截面上任意点的切应力计算公式为：

$$\tau_{\rho}=\frac{T\times\rho}{I_{P}} \tag{2-8-3}$$

式中 τ——横截面上任意点的切应力，MPa；

T——横截面上的扭矩，N·m；

ρ——截面任意点到圆心的距离，mm；

I_P——横截面对圆心的极惯性，m^4，它取决于整个截面的大小和形状。

由此可以得出切应力分布：

（1）横截面上各点的切应力与该点到轴线的距离成正比，即切应力沿半径方向线性分布，横截面外沿处切应力最大，中心处切应力为零。

（2）横截面各点的切应力垂直于该点所在的半径方向。

（3）同一半径圆上各点的切应力相等，并且沿着圆周的切线方向。

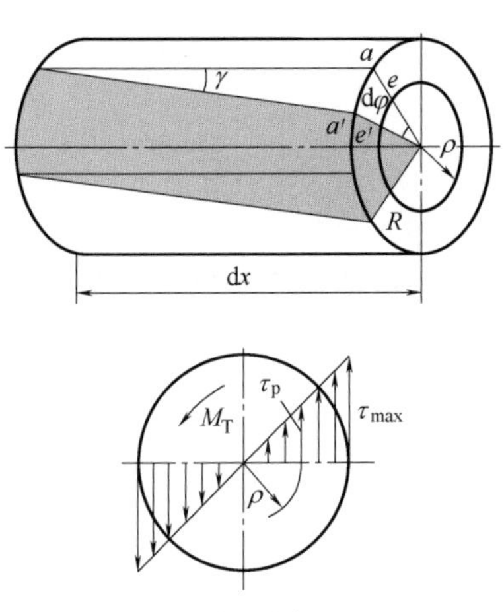

切应力分布

图 2-8-11　横截面上切应力分布

2. 圆轴扭转时的强度计算

如前所述，最大切应力发生在截面圆周处，即 $\rho=R$，令 $W_P=I_P/R$，此时：

$$\tau_{max}=\frac{T}{W_P} \quad (2\text{-}8\text{-}4)$$

式中　W_P——抗扭截面模量，m^3，显然，W_P 也取决于整个截面的大小和形状。

为了使受扭圆轴能正常工作，必须使最大切应力在材料的许用切应力范围之内，因此得到圆轴扭转时的强度条件为：

$$\tau_{max}=\frac{T_{max}}{W_P}\leqslant[\tau] \quad (2\text{-}8\text{-}5)$$

对于阶梯轴，由于各段的 W_P 不同，τ_{max} 不一定发生在 $|T_{max}|$ 所在的平面内，因此需综合考虑 T 和 W_P 两个因素。式中，许用应力 $[\tau]$ 值是由试验测定的，可查相关手册。

工程上有实心截面圆轴［图 2-8-12（a）］和空心截面圆轴［图 2-8-12（b）］，它们的极惯性矩 I_P 及抗扭截面模量 W_P 分别是：

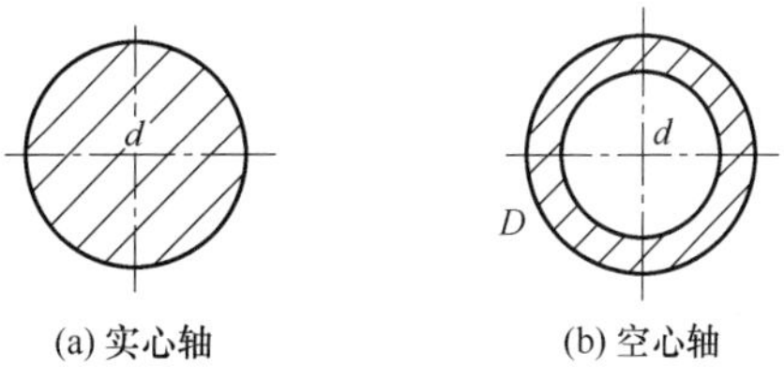

图 2-8-12　实心轴和空心轴

对于实心轴，圆形截面（直径为 d）的极惯性矩为：

$$I_P=\frac{\pi d^4}{32} \quad (2\text{-}8\text{-}6)$$

扭转截面系数为：

$$W_P=\frac{\pi d^3}{16} \quad (2\text{-}8\text{-}7)$$

对于空心轴，圆截面（内、外径分别为 d、D，$a=d/D$）的极惯性矩为：

$$I_P=\frac{\pi D^4}{32}(1-a^4) \quad (2\text{-}8\text{-}8)$$

扭转截面系数为：

$$W_P=\frac{\pi D^3}{16}(1-a^4) \quad (2\text{-}8\text{-}9)$$

步骤二：圆轴扭转时的内力计算实例应用

【例 2-8-1】 如图 2-8-13 所示圆截面杆各截面处的外力偶矩大小分别为 $M_{e1}=6M$，$M_{e2}=M$，$M_{e3}=2M$，$M_{e4}=3M$，求杆在横截面 1-1、2-2、3-3 处的转矩。

解： 由截面法，沿各所求截面将杆件切开，取左段为研究对象，并以 T_1、T_2、T_3 表示相应截面上的转矩。

取坐标轴如图［2-8-13(e)］所示，列平衡方程

$$\sum M_x=0, T_1+M_{e2}-M_{e1}=0$$

$$T_1 = M_{e1} - M_{e2} = 6M - M = 5M \tag{a}$$

$$T_2 - M_{e1} = 0$$

$$T_2 = M_{e1} = 6M \tag{b}$$

$$T_3 + M_{e2} + M_{e3} - M_{e1} = 0$$

$$T_3 = M_{e1} - M_{e2} - M_{e3} = 6M - M - 2M = 3M \tag{c}$$

由以上（a）（b）（c）三式可总结出以下结论：扭转时各横截面上的转矩在数值上等于该截面一侧所有外力偶矩的代数和。外力偶矩矢之方向离开该截面时取为正，指向该截面取为负，即

$$T = \sum M_{ei} \tag{2-8-10}$$

【例 2-8-2】 如图 2-8-14 所示为一传动轴，主动轮 B 输入功率 $P_B = 60\text{kW}$，从动轮 A、C、D 输出功率分别为 $P_A = 28\text{kW}$，$P_C = 20\text{kW}$，$P_D = 12\text{kW}$。轴的转速 $n = 500\text{r/min}$，试绘制轴的转矩图。

解：（1）计算外力偶矩。

由式（2-8-2）得

$$M_{eB} = 9550\frac{P_B}{n} = 9550\frac{60}{500} = 1146\ (\text{N}\cdot\text{m})$$

$$M_{eA} = 9550\frac{P_A}{n} = 9550\frac{28}{500} = 534.8\ (\text{N}\cdot\text{m})$$

$$M_{eC} = 9550\frac{P_C}{n} = 9550\frac{20}{500} = 382\ (\text{N}\cdot\text{m})$$

$$M_{eD} = 9550\frac{P_D}{n} = 9550\frac{12}{500} = 229.2\ (\text{N}\cdot\text{m})$$

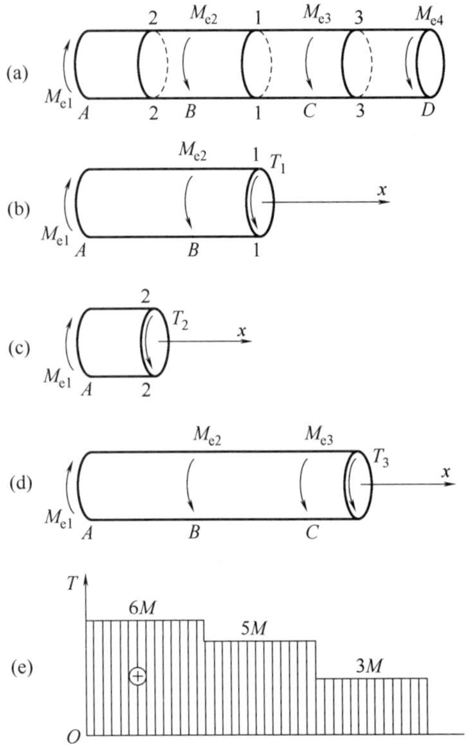

图 2-8-13 【例 2-8-1】图

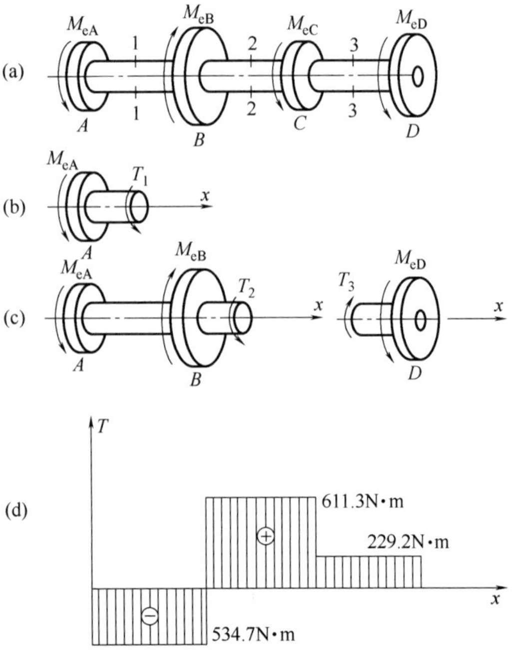

图 2-8-14 转矩图

（2）计算转矩。应用截面法求出各截面上的转矩。

由结论式（2-8-10）得

AB 段　　$T_1=\sum M_{ei}=-M_{eA}=-534.8$（N·m）

BC 段　　$T_2=\sum M_{ei}=M_{eB}-M_{eA}=1146-534.8=611.2$（N·m）

CD 段　　$T_3=\sum M_{ei}=-M_{eD}=-229.2$（N·m）

（3）画转矩图。根据以上计算结果，按比例画转矩图（图 2-8-14），由图可知，最大转矩在 *BC* 段内的横截面上，其值为 611.2N·m。

步骤三：完成图 2-8-15 轴的强度校核

解：（1）计算各轴的外力偶矩。

$$M_1=9550\times P_1/n=9550\times 13/200\approx 621\text{（N·m）}$$

$$M_3=9550\times P_3/n=9550\times 30/200\approx 1433\text{（N·m）}$$

（2）计算扭矩，画扭矩图。

为便于计算，计算 *AC* 和 *CB* 两段的扭矩时，分别取左段和右段为研究对象进行计算。通过计算，画出扭矩图［图 2-8-15（b）］所示。（计算过程略）。

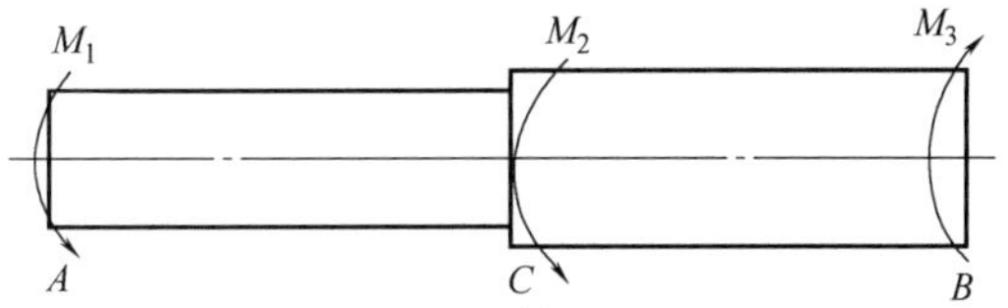

(a)

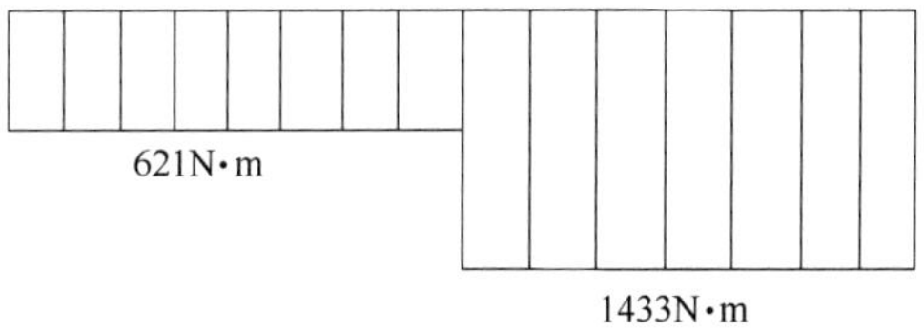

(b)

图 2-8-15　轴的强度校核

（3）分析危险截面。

AC 段与 *CB* 段相比，*AC* 段细，扭矩也小，*CB* 段粗，扭矩也大，不通过计算，很难确定哪段更危险，不妨都看作危险截面进行校核。

（4）强度校核。

AC 段　　$\tau_{1max}=T_1/\pi d_1^{\ 3}/16\approx 49.4\text{MPa}<[\tau]$

CB 段　　$\tau_{2max}=T_2/\pi d_2^{\ 3}/16\approx 21.34\text{MPa}<[\tau]$

故该阶梯轴的强度足够。

任务小结

1. 扭矩计算

可用截面法计算：

（1）一截为二，即在欲求内力处，假想用一截面将零件一分为二。

（2）弃一留一，即选其中一部分为研究对象并画受力图（包括外力和内力）。

（3）列式求解，即列研究对象的静力平衡方程，并求解内力。

也可用扭矩计算法则计算：扭矩＝截面一侧所有外力偶矩的代数和。外力偶矩正负可用右手定则来判定。

2. 圆轴扭转强度计算思路

（1）正确计算外力偶矩，绘制扭矩图，确定最大扭矩所在截面位置。

（2）计算危险点的应力。

（3）选择强度条件进行判定。

（二） 梁弯曲时的强度计算

任务描述

如图 2-8-16 所示，矩形截面的悬臂梁，$L=1\text{m}$，在自由端有一载荷 $P=20\text{kN}$，$[\sigma]=140\text{MPa}$，设计截面尺寸 a 的最小值。

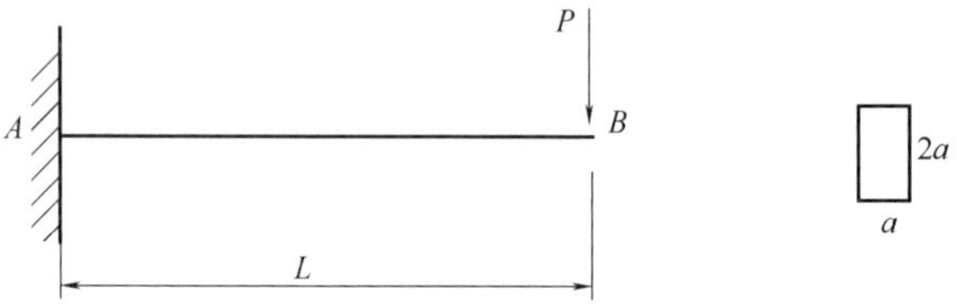

图 2-8-16 矩形截面的悬臂梁

任务分析

该任务的重点是圆轴弯曲变形时的内力计算及圆轴弯曲变形时的强度校核方法。

任务实施

步骤一：知识准备

一、梁弯曲时的内力

1. 对称弯曲的概念

承受设备及起吊重量的桥式起重机的大梁（图 2-8-17）、承受转子重量的电机轴（图 2-8-18）等，在工作时最容易发生的变形是弯曲。其受力特点是：杆件都是受到与杆轴线相垂直的外力（横向力）或外力偶的作用。其变形为杆轴线由直线变成曲线，这种变形称为弯曲变形。

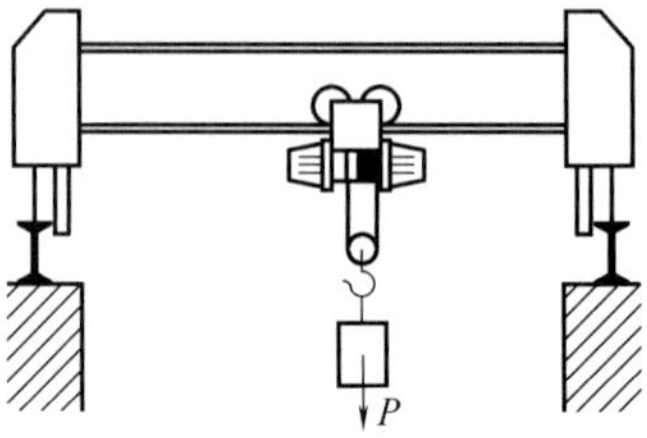

图 2-8-17 起重机的大梁

工程中的梁，其横截面通常都有一纵向对称轴。该对称轴与梁的轴线组成梁的纵向对称面（图 2-8-19）。外力或外力偶作用在梁的纵向对称平面内，则梁变形后的

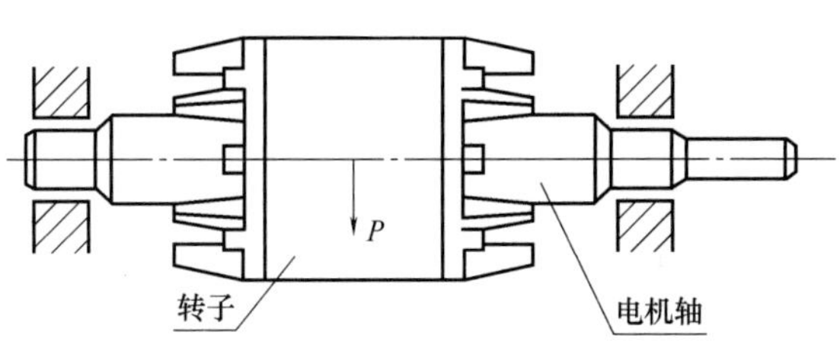

图 2-8-18　电机轴

轴线在此平面内弯曲成一平面曲线，这种弯曲称为对称弯曲。这里我们主要讨论对称弯曲问题。

2. 梁的基本形式

根据梁的支承情况，一般可简化为下列三种形式：

（1）简支梁。梁的一端为固定铰支座，另一端为可动铰支座，如图 2-8-20（a）所示。

（2）外伸梁。带有外伸端的简支梁，如图 2-8-20（b）所示。

（3）悬臂梁。梁的一端为固定端，另一端为自由端，如图 2-8-20（c）所示。

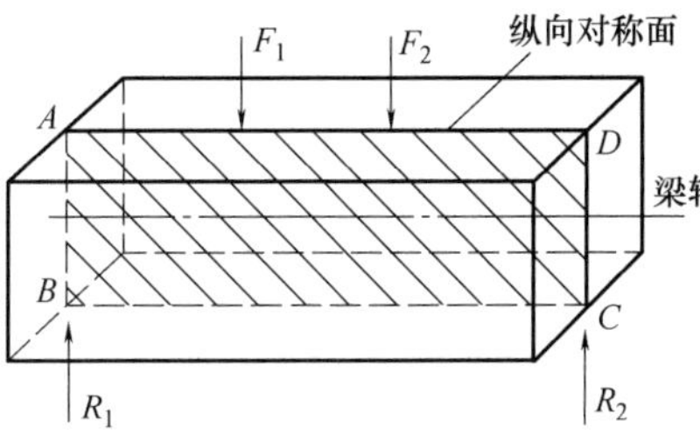

图 2-8-19　梁的纵向对称面

图 2-8-20　梁的支承形式

在对称弯曲的情况下，梁的主动力与约束反力构成平面力系。上述简支梁、外伸梁和悬臂梁的约束反力，都能由静力平衡方程确定，因此，又称为静定梁。

在工程实际中，有时为了提高梁的强度和刚度，采取增加梁的支承的办法，此时静力平衡方程就不足以确定梁的全部约束反力，这种梁称为静不定梁或超静定梁。

3. 梁弯曲时的内力——剪力和弯矩

梁在载荷作用下，根据平衡条件可求得支座反力。当作用在梁上的所有外力（载荷和支座反力）都已知时，用截面法可求出任一横截面上的内力。

设梁 AB 受横向力 F_1、F_2、F_3 作用［图 2-8-21（a）］，相应的支反力为 F_{Ax}，F_{By}，现求距 A 端 x 处横截面上的内力。由截面法将梁切开，任取其中一段作为研究对象［图 2-8-21（b）］。因原来梁处于平衡状态，故左段梁在外力及截面处内力的共同作用下也应保持平衡。由于外力均垂直于梁的轴线，故截面上必有一与截面相切的内力即 F_s 和

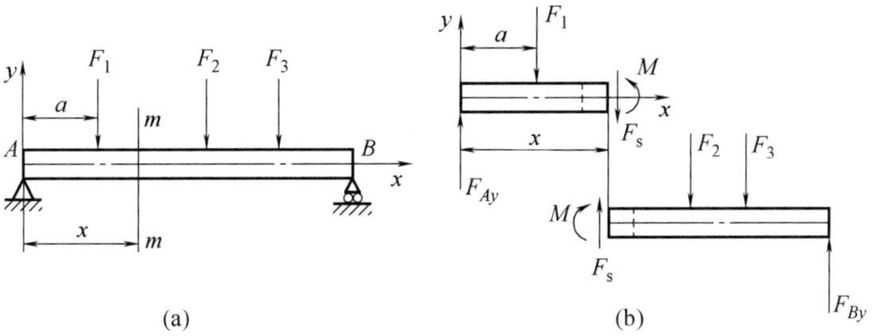

图 2-8-21　梁弯曲时的内力

一个在外力作用面内的内力偶即 M 与之平衡，F_s 和 M 分别称为剪力和弯矩。

对左段列平衡方程有

$$\sum F_y=0,\quad F_{Ay}-F_1-F_s=0$$

得

$$F_s=F_{Ay}-F_1$$

即剪力在数值上等于左段上所有外力的代数和，故有

$$F_s=\sum F_i \tag{2-8-11}$$

由

$$\sum M_C=0\quad -F_{Ay}x+F_1(x-a)+M=0$$

得

$$M=F_{Ay}x-F_1(x-a)$$

矩心 C 为截面的形心，故弯矩在数值上等于左段梁上所有外力对截面形心 C 的力矩的代数和，即有

$$M=\sum(F_i\cdot x_i+M_{ei}) \tag{2-8-12}$$

式中 x_i——外力距截面形心的距离。如果以右段梁为研究对象，求得的截面上的剪力和弯矩数值相同，但方向相反。

为使以上两种情况所得同一横截面上的内力具有相同的正负号，对剪力与弯矩的正负作如下规定：研究对象的横截面左上右下的剪力为正，反之为负［图 2-8-22（a）］；使弯曲变形为凹向上的弯矩为正，反之为负［图 2-8-22（b）］。

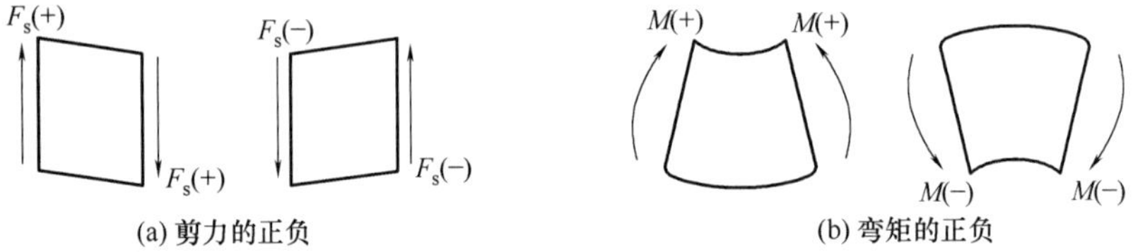

图 2-8-22　剪力和弯矩的正负

综上所述，可得如下结论：

弯曲时梁横截面上的剪力在数值上等于该截面一侧外力的代数和；横截面上的弯矩在数值上等于该截面一侧外力对该截面形心的力矩的代数和。

应用上述结论时，横截面上的外力的正负号规定如下：计算剪力时，截面左上右下的外力取正，反之为负。计算弯矩时，向上的外力（不论在截面的左侧或右侧）对形心之矩为正，反之为负；或截面左侧的顺时针力偶及截面右侧的逆时针力偶取正，反之为负。

利用上述规则，可直接根据截面左侧或右侧梁上的外力求横截面上的剪力和弯矩。

4. 剪力图和弯矩图

在一般情况下，梁横截面上的剪力和弯矩是随截面的位置不同而变化的。如果沿梁轴线方向选取坐标 x 表示横截面的位置，则梁的各截面上的剪力和弯矩都可表示为 x 的函数，即

$$F_S=F_S(x) \tag{2-8-13}$$

$$M=M(x) \tag{2-8-14}$$

上两式分别称为梁的剪力方程和弯矩方程。

如果以 x 为横坐标轴，以 F_S 或 M 为纵坐标轴，分别绘制 $F_S=F_S(x)$，$M=M(x)$ 的函数曲线，则分别称为剪力图和弯矩图。

从剪力图和弯矩图上可以很容易地确定梁的最大剪力和最大弯矩，以及梁的危险截面

的位置。在梁的强度计算和刚度计算中，一般弯矩起主要的作用，因此我们主要研究弯矩方程的建立和弯矩图的绘制。

二、梁纯弯曲时横截面上的正应力及其强度计算

1. 纯弯曲的概念

当某段梁上的剪力为 0 而弯矩不为 0，该段梁称为纯弯曲变形梁，如图 2-8-23 所示。

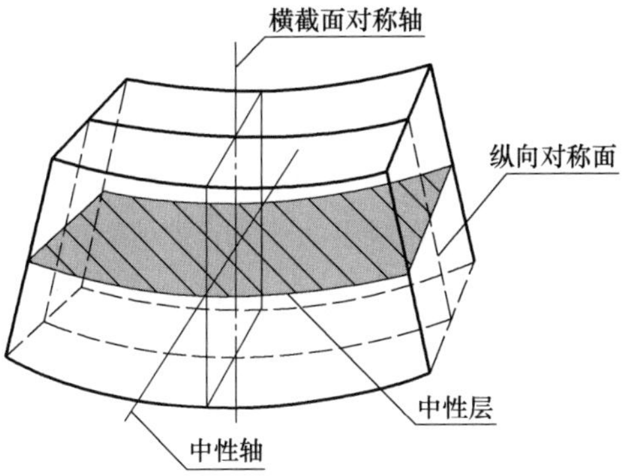

图 2-8-23　梁的弯曲变形

梁受纯弯曲时，其横截面上只有正应力，没有切应力。所受正应力与离开中性层的距离成正比，即：横截面上的正应力沿截面高度呈线性分布，中性层上的正应力等于 0。

2. 最大正应力计算公式

对梁进行强度计算，必须计算梁的最大正应力。对于等截面梁，最大正应力发生在弯矩最大截面的上、下边缘处，弯矩最大的截面称为危险截面，危险截面上弯曲应力最大的点称为危险点。

对于中性轴是梁截面对称轴的梁，其最大拉伸应力和最大压应力值是相等的，最大整应力值为：

$$\sigma_{\max}=\frac{M}{Wz} \tag{2-8-15}$$

式中　Wz——截面对中性轴 z 的抗弯截面系数，mm^3，取决于整个横截面的大小和形状，其参考值见表 2-8-2。

表 2-8-2　　常用截面的 W_z 计算公式

截面形状	抗弯截面模量
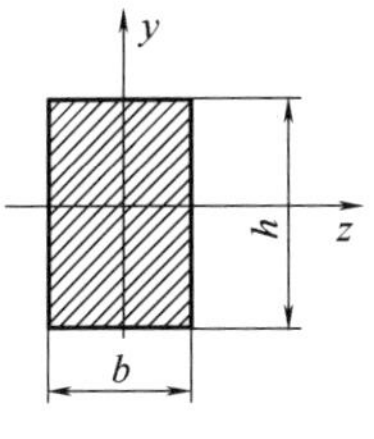	$W_z=\frac{bh^2}{6}$
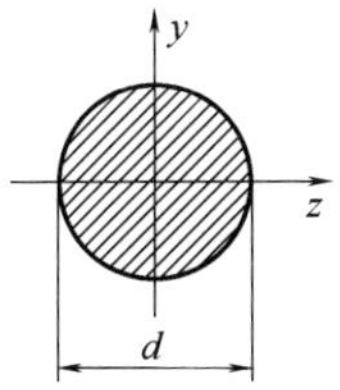	$W_z=\frac{\pi d^3}{32}$

续表

截面形状	抗弯截面模量
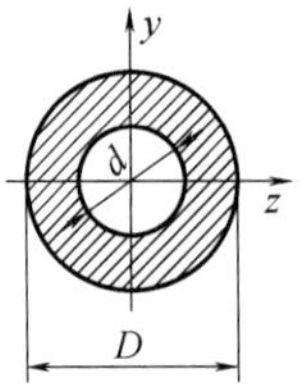	$W_z=\frac{\pi D^3}{32}(1-\alpha^4)$ 其中：$a=\frac{d}{D}$

3. 强度条件

为了保证梁安全地工作，危险点处的正应力必须小于梁的弯曲许用应力 $[\sigma]$，这就是梁的弯曲正应力强度条件。

对于塑性材料，其抗拉和抗压强度相同，宜选用中性轴为截面对称轴的梁（如圆截面、矩形截面和工字形截面），其正应力强度条件为：

$$\sigma_{\max}=\frac{M_{\max}}{W_z}\leqslant[\sigma] \tag{2-8-16}$$

梁的弯曲许用应力可以近似以拉压许用应力代替，或从相关机械设计手册中查得。

梁的弯曲正应力强度条件可以解决以下三个问题：强度校核、截面设计和确定载荷。

步骤二：梁弯曲时的内力计算实例应用

【例 2-8-3】 如图 2-8-24（a）所示简支梁，在 C 点处受集中载荷 F 作用。试做出弯矩图。

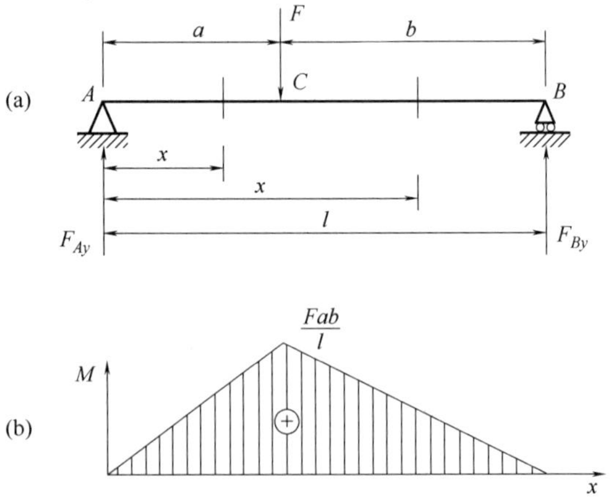

图 2-8-24 简支梁

解：（1）求支反力。

由 $\sum M_A=0$ 及 $\sum M_B=0$，得

$$F_{Ay}=\frac{Fb}{l},\quad F_{By}=\frac{Fa}{l}$$

（2）列弯矩方程。

因梁在 C 点处有集中力偶，故应分段考虑。

AC 段

$$M(x)=F_{Ay}x=\frac{Fbx}{l}\quad(0\leqslant x\leqslant a)。$$

CB 段

$$M(x)=F_{By}(l-x)=\frac{Fa}{l}(l-x)\quad(a\leqslant x\leqslant l)。$$

（3）画弯矩图。

由弯矩方程知，C 截面左右段均为斜直线。

AC 段 $x=0$，$M=0$；$x=a$，$M=\frac{Fab}{l}$。

BC 段　$x=a$，$M=\dfrac{Fab}{l}$；$x=l$，$M=0$。

弯矩图如图 2-8-24（b）所示。最大弯矩在集中力作用处横截面 C，$M_{max}=\dfrac{Fab}{l}$。

【例 2-8-4】 图 2-8-25（a）所示为简支梁，在 C 点处作用有一集中力偶 M_e。试作其弯矩图。

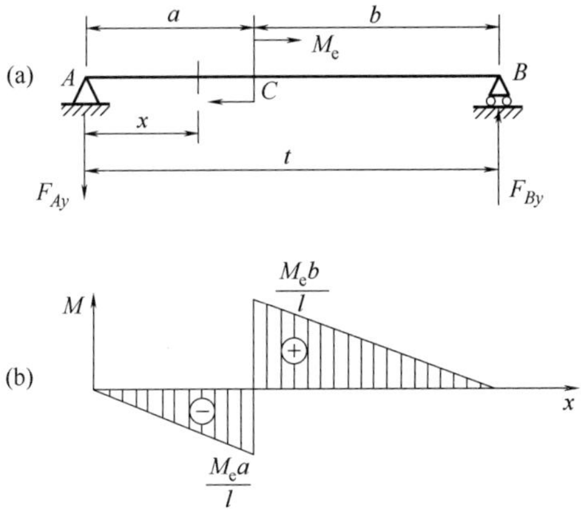

图 2-8-25　弯矩图

解：（1）求支反力。

由于梁上仅有一外力偶作用，所以支座两端反力必构成一力偶与之平衡，故有

$$F_{Ay}=F_{By}=\frac{M_e}{l}$$

（2）列弯矩方程。

因梁在 C 点处有集中力偶，故弯矩应分段考虑。

AC 段，$C^{左}$

$$M(x)=-F_{Ay}x=-\frac{M_e}{l}x \quad (0\leqslant x\leqslant a)$$

BC 段，$C^{右}$

$$M(x)=F_{By}(l-x)=-\frac{M_e}{l}(l-x) \quad (a\leqslant x\leqslant l)$$

（3）画弯矩图。

由弯矩方程可知，C 截面左右均为斜直线。

AC 段　$x=0$，$M=0$；$x=a$，$M=-\dfrac{M_e a}{l}$。

BC 段　$x=a$，$M=\dfrac{M_e b}{l}$；$x=l$，$M=0$。

弯矩图如图 2-8-25（b）所示，如 $b>a$，则最大弯矩发生在集中力偶作用处右侧横截面上，$M_{max}=\dfrac{M_e b}{l}$。

步骤三：设计悬臂梁截面尺寸

解：根据强度条件抗弯截面系数

$$W_z\geqslant M_{max}/[\sigma]=20\times1000\times1/140\times10^6=143\ (cm^3)$$

由矩形截面　$W_z=\dfrac{bh^2}{6}=\dfrac{4a^3}{6}$

可得：$a=60mm$。

任务小结

1. 剪力、弯矩与梁上所作用的外力的关系

剪力＝截面一侧所有外力的代数和（截面左侧梁段向上的外力为正，向下的外力为

负；右侧两端外力符号与左侧相反）

弯矩＝截面一侧所有外力对截面形心力矩的代数和（截面左侧梁段顺时针的外力矩为正，逆时针的外力矩为负；右侧梁段外力矩符号与左侧相反）

2. 作剪力图、弯矩图步骤

（1）求支座反力。

（2）对梁进行分段（以载荷变化点为分界点）。

（3）列剪力和弯矩方程。

（4）作剪力图和弯矩图。

（5）确定图中最大剪力、弯矩位置处。

3. 弯矩图的规律

梁上无均布载荷作用，剪力图为水平直线，在集中力处剪力图突变，突变量等于该集中力之值；弯矩图为斜直线，在集中力偶处弯矩图突变，突变的值即为该处集中力偶的力偶矩。

4. 弯矩图特点

（1）梁上没有均布载荷作用的部分，弯矩图为倾斜直线。

（2）梁上有均布载荷作用的一段，弯矩图为抛物线，均布载荷向下时抛物线开口向下（⌒）。

（3）在集中力作用处，弯矩图上在此出现折角（即两侧斜率不同）。

（4）梁上集中力偶作用处，弯矩图有突变，突变的值即为该处集中力偶的力偶矩。从左至右，若力偶为顺时针转向，弯矩图向上突变，反之若力偶为逆时针转向，则弯矩图向下突变。

（5）绝对值最大的弯矩总是出现在：剪力为零的截面上、集中力作用处、集中力偶作用处。

利用上述特点，可以不列梁的内力方程而简捷地画出梁的弯矩图。其方法是：以梁上的界点将梁分为若干段，求出各界点处的内力值，最后根据上面归纳的特点画出各段弯矩图。

（6）所有的内力图都是封闭的。

（三） 校核减速器低速轴的强度

任务描述

设计图 2-8-26 所示的斜齿圆柱齿轮减速器的从动轴（Ⅱ轴），已知传递功率 $P=8\text{kW}$，从动齿轮的转速 $n=280\text{r/min}$，分度圆直径 $d=265\text{mm}$，圆周力 $F_{t2}=2059\text{N}$，径向力 $F_{r2}=763.8\text{N}$，轴向力 $F_{a2}=405.7\text{N}$。齿轮轮毂宽度为 60mm，做单向运转，轴承采用深沟球轴承。

任务分析

轴是组成机器的重要零件，轴需要具有合理的外形，以满足轴上零件的定位、固定、拆装和调整要求，以及加工工艺性，同时需要有足够的强度。因此在完成轴的结构设计

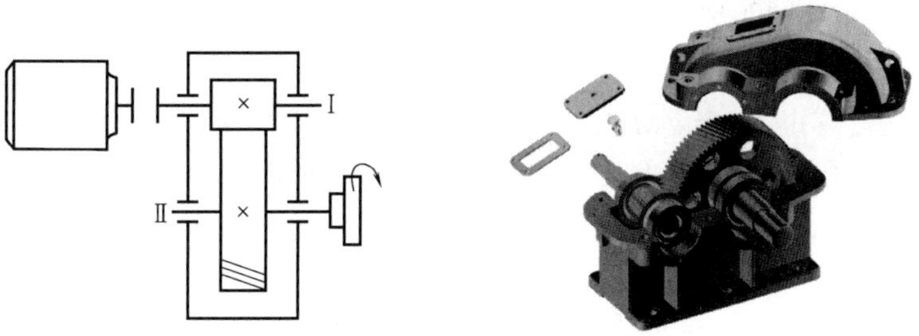

图 2-8-26　斜齿圆柱齿轮减速器

后，应根据轴的受载情况和设计要求对轴进行相应的强度计算。

轴的强度计算的方法很多，进行轴的强度计算时，应根据轴的具体受载及应力情况，采取相应的计算方法。减速器的低速轴是一种转轴，既要承受弯矩也要承受扭矩，应在轴的结构设计完成，确定外载荷和支点位置后，计算弯扭合成强度。

任务实施

步骤一：知识准备

一、轴设计的一般步骤

用设计计算法设计轴的一般步骤为：

（1）根据轴的工作条件选择材料，确定许用应力。

（2）按扭转强度估算出轴的最小直径。

（3）设计轴的结构，绘制出轴的结构草图。

（4）按弯扭合成进行轴的强度校核。

完成轴的结构设计后，作用在轴上外载荷（转矩和弯矩）的大小、方向、作用点、载荷种类及支点反力等就已确定，可按弯扭合成的理论进行轴危险截面的强度校核。

一般在轴上选取 2～3 个危险截面进行强度校核。若危险截面强度不够或强度太大，则必须重新修改轴的结构。

（5）修改轴的结构后再进行校核计算。这样反复交替地进行校核和修改，直至设计出较为合理的轴的结构。

（6）绘制轴的零件图。

二、轴的弯扭合成强度计算

进行强度计算时通常把轴当作置于铰链支座上的梁，作用于轴上零件的力作为集中力，其作用点取为零件轮毂宽度的中点。支点反的作用点一般可近似地取在轴承宽度的中点上。具体的计算步骤如下：

（1）画出轴的空间力系图：将轴上作用力分解为水平面和垂直面分力，并求出水平面和垂直面上的支点反力。

（2）分别作出水平面上的弯矩（M_H）图和垂直面上的弯矩（M_V）图。

（3）计算出合成弯矩 $M=\sqrt{M_H^2+M_V^2}$，绘出合成弯矩图。

（4）作出转矩（T）图。

（5）计算当量弯矩 $M_e=\sqrt{M^2+(\alpha T)^2}$，绘出当量弯矩图。

式中 α 为考虑弯曲应力与扭转剪力循环特性的不同而引入的修正系数。通常弯曲应力为对称循环变化应力，而扭转剪应力随工作情况的变化而变化。对于不变转矩取 $\alpha=[\sigma_{-1}]_b/[\sigma_{+1}]_b\approx0.3$；对于脉动循环转矩取 $\alpha=[\sigma_{-1}]_b/[\sigma_0]_b\approx0.6$；对于对称循环转矩取 $\alpha=1$。其中 $[\sigma_{-1}]_b$、$[\sigma_0]_b$、$[\sigma_{+1}]_b$ 分别为对称循环、脉动循环及静应力状态下的许用弯曲应力，其值列于表 2-8-3 中。

对正反转频繁的轴，可将转矩 T 看成是对称循环变化。当不能确切知道载荷的性质时，一般轴的转矩可按脉动循环处理。

（6）校核危险截面的强度。根据当量弯矩图找出危险截面，进行轴的强度校核，其公式如下：

$$\sigma_e=\frac{M_e}{W}=\frac{\sqrt{M^2+(\alpha T)^2}}{0.1d^3}\leqslant[\sigma_{-1}]_b \tag{2-8-17}$$

式中 W——轴的抗弯截面系数，mm^3；

$[\sigma_{-1}]_b$——许用弯曲应力，MPa，其值见表 2-8-3。

表 2-8-3　**轴的许用弯曲应力**　单位：MPa

材料	σ_b	$[\sigma_{+1}]_b$	$[\sigma_0]_b$	$[\sigma_{-1}]_b$
碳素钢	400	130	70	40
	500	170	75	45
	600	200	95	55
	700	230	110	65
合金钢	800	270	130	75
	900	300	140	80
	1000	330	150	90
铸钢	400	100	50	30
	500	120	70	40

步骤二：斜齿圆柱齿轮减速器的从动轴设计

解：（1）选择轴的材料，确定许用应力。

由已知条件知减速器传递的功率属中小功率，对材料无特殊要求，故选用 45 钢并经调质处理。

查表得强度极限 $\sigma_b=650$MPa，再由表 2-8-3 得许用弯曲应力 $[\sigma_{-1}]_b=60$MPa。

（2）按扭转强度估算轴径。

根据表 2-8-1 得 $C=118\sim107$，取 $C=110$。又由式（2-8-1）得：

$$d\geqslant C\sqrt[3]{\frac{P}{n}}=110\times\sqrt[3]{\frac{8}{280}}\approx33.6\text{（mm）}$$

考虑到轴的最小直径要安装联轴器，会有键槽存在，故将估算直径加大 3%～5%，取为 34.61～35.28mm。由相关设计手册取标准直径 $d_1=35$mm。

（3）设计轴的结构并绘制结构草图。

由于设计的是单级减速器，可将齿轮布置在箱体内部中央，将轴承对称安装在齿轮两侧，轴的外伸端安装半联轴器。

1）确定轴上零件的位置和固定方式。要确定轴的结构形状，必须先确定轴上零件的装配顺序和固定方式。这样齿轮在轴上的轴向位置被完全确定。齿轮的周围固定采用平键连接。轴承对称安装于齿轮的两侧，其轴向用轴肩固定，周向采用过盈配合固定。

2）确定各轴段的直径。轴的结构草图如图 2-8-27（a）所示，轴段①（外伸端）直径最小，$d_1=35$mm；考虑到要对安装在轴段①上的联轴器进行定位，轴段②上应有轴肩，同时为能顺利地在轴段②上安装轴承，轴段②必须满足轴承内径的标准，故取轴段②的直径 $d_2=40$mm；用相同的方法确定轴段③、④的直径为 $d_3=45$mm，$d_4=55$mm；为了便于拆卸左轴承，可查出 6208 型滚动轴承的安装高度为 3.5mm，取 $d_5=47$mm。

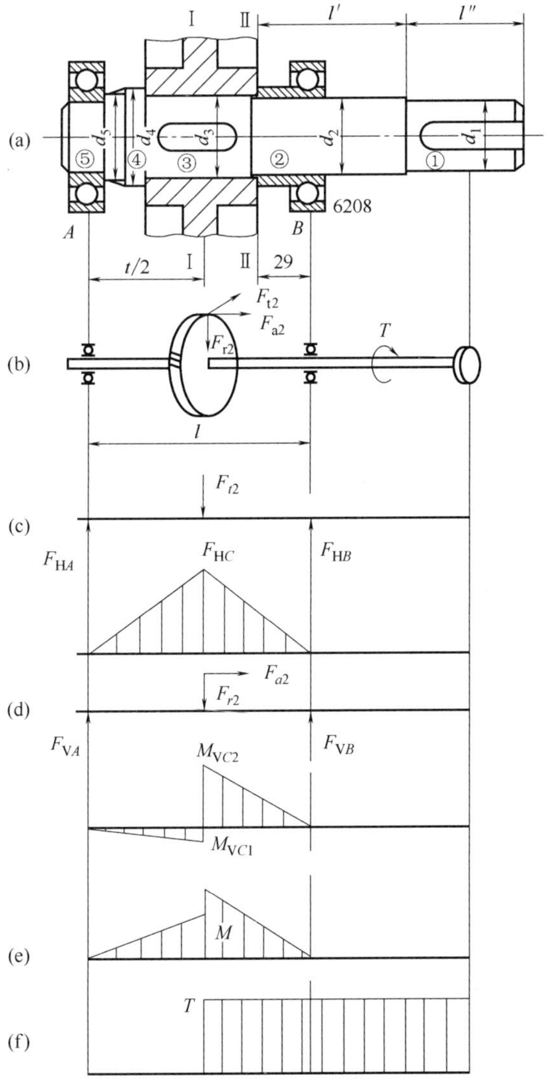

图 2-8-27　减速器低速轴设计

3）确定各轴段的长度。齿轮轮毂宽度为 60mm，为保证齿轮固定可靠，轴段③的长度应略短于齿轮轮毂宽度，取为 58mm；为保证齿轮端面与箱体内壁不相碰，齿轮端面与箱体内壁间应留有一定间距，取该间距为 15mm；为保证轴承安装在箱体轴承座孔中（轴承宽度为 18mm），并考虑轴承的润滑，取轴承端面距箱体内壁的距离为 5mm，所以轴段④的长度取为 20mm，轴承支点距离 $l=118$mm；根据箱体结构及联轴器距轴承盖要有一定距离的要求，取 $l'=75$mm；查阅相关的联轴器手册取 l'' 为 70mm；在轴段①、③上分别加工出键槽，使两键槽处于轴的同一圆柱母线上，键槽长度比相应的轮毂宽度小 5～10mm，键槽的宽度按轴段直径查阅相关手册得到。

（4）校核轴的强度。

① 画出轴的受力图［图 2-8-27（b）］。

② 作水平面内的弯矩图［图 2-8-30（c）］。支点反力为

$$F_{HA}=F_{HB}=\frac{F_{t2}}{2}=\frac{2059}{2}\approx 1030\ (N)$$

Ⅰ-Ⅰ截面处的弯矩为

$$M_{HI}=1030\times\frac{118}{2}=60770(N\cdot mm)$$

Ⅱ-Ⅱ截面处的弯矩为

$$M_{HC}=1030\times 29=29870\ (N\cdot mm)$$

③ 作垂直面内的弯矩图［图 2-8-27（d）］。支点反力为

$$F_{VA}=\frac{F_{r2}}{2}-\frac{F_{a2}\cdot d}{2l}=\frac{763.8}{2}-\frac{405.7\times 265}{2\times 118}\approx -73.65\ (N)$$

$$F_{VB}=F_{r2}-F_{VA}=763.8-(-73.65)\approx 837.5\ (N)$$

Ⅰ-Ⅰ截面左侧弯矩为

$$M_{VI}=F_{VA}\times\frac{l}{2}=-73.65\times\frac{118}{2}\approx -4345\ (N\cdot mm)$$

Ⅰ-Ⅰ截面右侧弯矩为

$$M_{VI}=F_{VB}\times\frac{l}{2}=837.5\times\frac{118}{2}\approx 49413\ (N\cdot mm)$$

Ⅱ-Ⅱ截面处弯矩为

$$M_{VII}=F_{VB}\times 29=837.5\times 29=24287.5\ (N\cdot mm)$$

④ 作合成弯矩图［图 2-8-28（e）］。

$$M=\sqrt{M_H^2+M_V^2}$$

Ⅰ-Ⅰ截面左侧弯矩为

$$M_{I左}=\sqrt{M_{VI左}^2+M_{HI}^2}=\sqrt{(-4345)^2+(60770)^2}\approx 60925\ (N\cdot mm)$$

$$M_{I右}=\sqrt{M_{VI右}^2+M_{HI}^2}=\sqrt{(49413)^2+(60770)^2}\approx 78320\ (N\cdot mm)$$

Ⅱ-Ⅱ截面处弯矩为

$$M_{II}=\sqrt{M_{VII}^2+M_{HII}^2}=\sqrt{(24287.5)^2+(29870)^2}\approx 39776\ (N\cdot mm)$$

⑤ 作转矩图［图 2-8-28(f)］。

$$T=9.55\times 10^6\frac{P}{n}=9.55\times 10^6\times\frac{8}{280}\approx 272900\ (N\cdot mm)$$

⑥ 求当量弯矩。

因减速器单向运转，可认为转矩为脉动循环，修正系统 α 为 0.6。

Ⅰ-Ⅰ截面

$$M_{eI}=\sqrt{M_{I右}{}^2+(\alpha T)^2}=\sqrt{78320^2+(0.6\times 272900)^2}\approx 181500\ (N\cdot mm)$$

Ⅱ-Ⅱ截面

$$M_{eII}=\sqrt{M_{II}^2+(\alpha T)^2}=\sqrt{39776^2+(0.6\times 272900)^2}\approx 168502\ (N\cdot mm)$$

⑦ 确定危险截面及校核强度。

由图 2-8-27 可以看出截面Ⅰ-Ⅰ、Ⅱ-Ⅱ所受转矩相同，弯矩 $M_{eI}>M_{eII}$，且轴上还有键槽，截面Ⅰ-Ⅰ可能为危险截面，但由于轴径 $d_3>d_2$，故也应对截面Ⅱ-Ⅱ进行校核。

Ⅰ-Ⅰ截面

$$\sigma_{e\,I}=\frac{M_{eI}}{W}=\frac{181500}{0.1d^3}=\frac{181500}{0.1\times45^3}\approx19.9\ (\text{MPa})$$

Ⅱ-Ⅱ截面

$$\sigma_{e\,II}=\frac{M_{eII}}{W}=\frac{168502}{0.1d^3}=\frac{168502}{0.1\times40^3}\approx26.3\ (\text{MPa})$$

查表 2-8-3 得 $[\sigma_{-1}]_b=60\text{MPa}$，满足 $\sigma\leqslant[\sigma_{-1}]_b$ 的条件，故设计的轴有足够的强度。

(5) 绘制轴的零件图（略）。

任务三　滚动轴承的工作能力计算

任务描述

减速器主动轴用两个角接触球轴承 7309AC 支承，如图 2-8-28 所示，若轴的转速 $n=300\text{r/min}$，轴承所受径向载荷分别为 $F_{r1}=2500\text{N}$，$F_{r2}=1000\text{N}$，轴上的轴向载荷 $F_x=1200\text{N}$，方向指向轴承 1。工作时有较大冲击，环境温度 125℃。要求轴承的使用寿命大于 10000h，脂润滑，分析确定轴系的支承轴承是否合用。

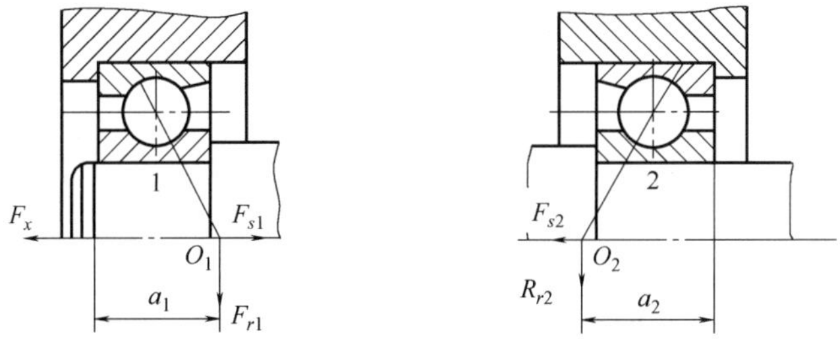

图 2-8-28　轴系的支承轴承

任务分析

该任务的重点是滚动轴承工作能力的设计、滚动轴承组合设计支承方式、配合要求及调整方式等，要学会查找《机械设计手册》，确定轴承工作参数。

任务实施

步骤一：知识准备

一、滚动轴承的失效形式和设计准则

1. 失效形式

滚动轴承的失效形式包括疲劳点蚀、塑性变形和磨损。

疲劳点蚀：轴承长期承受交变接触应力作用，元件表面会出现金属剥落，使轴承运转过程中产生振动和噪声，旋转精度下降，并逐渐失去工作能力。疲劳点蚀是滚动轴承的主

要失效形式。

塑性变形：对转速较低的轴承，在很大的冲击或静载荷作用下，滚道和滚动体出现塑性变形的凹坑，当变形量过大便不能正常工作。

磨损：磨损产生的原因复杂，无法量化计算，密封、润滑不良时，滚动体和套圈表面易产生磨粒磨损，故一般只能采用良好的密封降低磨损。

2. 设计准则

对一般转速轴承，其主要失效形式是疲劳点蚀，按基本额定动载荷进行轴承的寿命计算；对于低速或载荷较大轴承，主要失效形式是塑性变形，应进行静强度计算；对于高速轴承，其工作表面易过热，除了需要进行寿命计算外，还应验算极限转速。

二、轴承的寿命计算

轴承任一元件出现疲劳点蚀前工作总转数或在一定转速下总工作小时数称为轴承寿命。

1. 基本额定寿命

由于材料、热处理、工艺等因素的影响，一批相同型号的轴承在相同条件下，其寿命并不相同，有的相差几十倍。一批相同型号的轴承在相同条件下运转，其中 90%的轴承未出现疲劳点蚀前所运转的总转数或总工作时数——基本额定寿命用 L_{10} （10^6r） 或 L_h 表示。

2. 基本额定动载荷

轴承的基本额定寿命为 10^6r（即：$L_{10}=1$）时所能承受的最大载荷，以 C 表示。即：在基本额定动载荷 C 作用下，这些轴承中的 90%可以工作 10^6r，而不发生疲劳点蚀。

基本额定动载荷：对向心轴承指纯径向载荷，用 C_r 表示；对推力轴承指的是纯轴向载荷，用 C_a 表示。轴承基本额定动载荷可查阅相关设计手册或轴承生产厂家的产品样本。

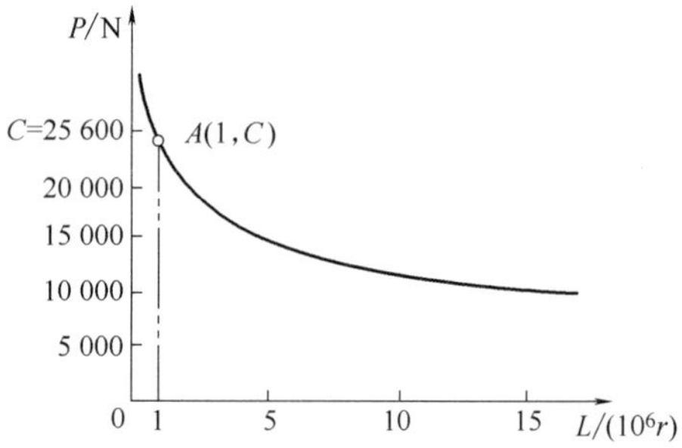

图 2-8-29　载荷 P 与寿命 L_{10} 的关系

3. 滚动轴承的寿命计算

试验证明滚动轴承的载荷 P 与寿命 L_{10} 的关系如图 2-8-29 所示，其方程为：

$$L_{10}=\left(\frac{C}{P}\right)^{\varepsilon} \tag{2-8-18}$$

式中　P——轴当量动载荷，N；

L_{10}——滚动轴承的基本额定寿命，10^6r；

ε——轴寿命系数：对于球轴承 $\varepsilon=3$，对于滚子轴承 $\varepsilon=10/3$。

在实际应用中，习惯用工作小时数 L_h 描述轴承的寿命，若轴承的转速为 n，$L_{10}=60nL_h$，则有：

$$L_h=\frac{10^6}{60n}\left(\frac{f_T C}{f_P P}\right)^{\varepsilon} \tag{2-8-19}$$

式中　f_T——温度系数，考虑到在工作温度高于120℃时，轴承材料的硬度下降，导致轴承的基本额定动载荷 C 下降，其值查表2-8-4；

f_P——载荷系数，考虑冲击和振动载荷对轴承当量动载荷的影响，其值查表2-8-5。

所选轴承必须满足：

$$L_h > L_h' \tag{2-8-20}$$

式中　L_h'——轴承的预期寿命，h。

还可根据载荷大小计算轴承应具备的基本额定动载荷 C'：

$$C' = \frac{f_P P}{f_t} \sqrt[\varepsilon]{\frac{60nL_h}{10^6}} \tag{2-8-21}$$

在选择轴承型号时，应满足：$C > C'$。

表2-8-4　　温度系数

工作温度/℃	<120	125	150	175	200	225	250	300
f_T	1.0	0.95	0.9	0.85	0.8	0.75	0.7	0.6

表2-8-5　　载荷系数

载荷性质	f_P	举例
无冲击或轻微冲击	1.0～1.2	电机、汽轮机、通风机、水泵
中等冲击	1.2～1.8	车辆、机床、起重机、内燃机
剧烈冲击	1.8～3.0	破碎机、轧钢机、振动筛

4. 滚动轴承的当量动载荷确定

轴承在既承受轴向载荷又承受径向载荷时，为了便于研究，将实际的轴向和径向载荷等效为一假想的当量动载荷 P 来处理。在当量动载荷作用下，轴承的工作寿命与在实际工作载荷下的寿命相等。

$$P = XF_r + YF_a \tag{2-8-22}$$

式中　P——当量动载荷，N；

F_r——轴承所承受的径向载荷，N；

F_a——轴承所承受的轴向载荷，N；

X，Y——径向载荷系数和轴向载荷系数，查表2-8-6。

三、角接触轴承的内部轴向力计算

1. 角接触轴承的附加轴向力

角接触轴承（3类、7类）承受径向载荷时，作用在滚动体上的法向力可分解为径向分力和轴向分力。各个滚动体上所受轴向分力的合力即为轴承的附加派生轴向力 F_S。派生轴向力迫使轴承内外圈有分离的趋势，为保证轴承能正常工作，这类轴承通常成对使用（即：由于结构的原因，角接触轴承在承受径向载荷时，会产生内部轴向力 F_S）。附加派生轴向力的方向为从外圈的宽边指向窄边，派生轴向力的大小的计算公式见表2-8-7。

表 2-8-6　　径向载荷系数和轴向载荷系数

轴承类型	相对轴向载荷 F_a/C_{or}	e	单列轴承				双列轴承			
			$F_a/F_r \leq e$		$F_a/F_r > e$		$F_a/F_r \leq e$		$F_a/F_r > e$	
			X	Y	X	Y	X	Y	X	Y
角接触球轴承（70000C）	0.015 0.029 0.058 0.087 0.120 0.250 0.290 0.440 0.580	0.38 0.40 0.43 0.46 0.47 0.50 0.55 0.56 0.56	1	0	0.44	1.47 1.40 1.30 1.23 1.19 1.12 1.02 1.00 1.00	1	1.65 1.57 1.46 1.38 1.34 1.26 1.14 1.12 1.12	0.72	2.39 2.28 2.11 2.00 1.93 1.82 1.66 1.63 1.63
角接触球轴承（70000AC）	—	0.68	1	0	0.41	0.87	1	0.92	0.67	1.41
角接触球轴承（70000B）	—	1.14	1	0	0.35	0.57	1	0.55	0.57	0.93
圆锥滚子轴承（30000）	—	$1.5\tan\alpha$	1	0	0.4	$0.4\cot\alpha$	1	$0.45\cot\alpha$	0.67	$0.67\cot\alpha$
深沟球轴承（60000）	0.014 0.028 0.056 0.084 0.110 0.250 0.280 0.420 0.560	0.19 0.22 0.26 0.28 0.30 0.34 0.38 0.42 0.44	1	0	0.56	2.30 1.99 1.71 1.55 1.45 1.31 1.15 1.04 1.00	1	0	0.56	2.30 1.99 1.71 1.55 1.45 1.31 1.15 1.04 1.00
调心球轴承（10000）	—	$1.5\tan\alpha$	1	0	0.40	$0.4\cot\alpha$	1	$0.42\cot\alpha$	0.65	$0.65\cot\alpha$
调心滚子轴承（20000）	—	$1.5\tan\alpha$	—	—	—	—	1	$0.45\cot\alpha$	0.67	$0.67\cot\alpha$

注：1. 相对轴向载荷中的轴承的径向基本额定静载荷，由相关手册查取，与中间值相应的值可用线性插值法求得。
2. 由接触角确定的各项值也可根据轴承型号在相关手册中直接查取。

表 2-8-7　　派生轴向力的计算公式

圆锥滚子轴承	角接触球轴承		
$F_s=F_r/2Y$	7000C($\alpha=15°$)	7000AC($\alpha=25°$)	7000B($\alpha=40°$)
	$F_s=eF_r$	$F_s=0.68F_r$	$F_s=1.14F_r$

2. 角接触轴承轴向载荷 F_{a1} 与 F_{a2} 的计算

为了保证轴承正常工作，向心角接触球轴承（图 2-8-30）通常成对使用，对称安装。

安装的方式有两种：正装（图 2-8-31），外圈窄边相对，即“面对面”；反装，外圈宽边相对，即“背对背”。

计算角接触轴承的轴向载荷 F_a 时，需将轴承的派生轴向力 F_{s1}、F_{s2} 考虑进去。

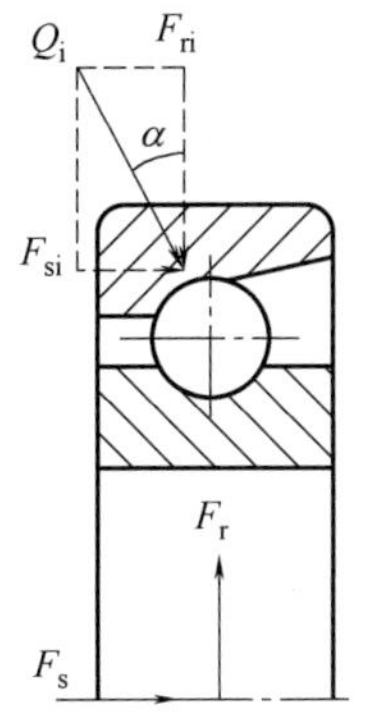

图 2-8-30　角接触轴承

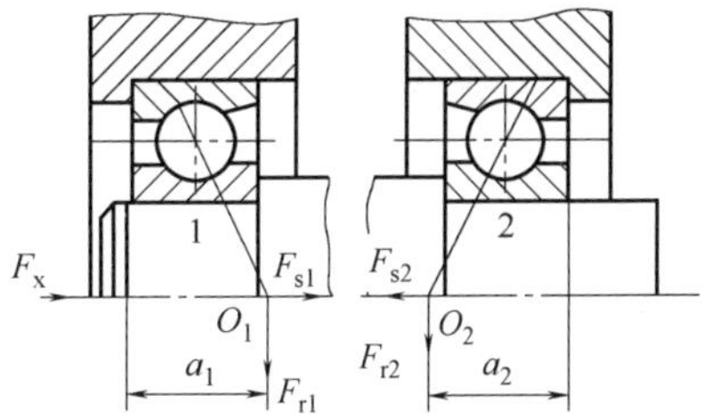

图 2-8-31　角接触球轴承正装

（1）当 $F_x+F_{s1}>F_{s2}$ 时：轴有向右移动的趋势，轴承 2 被端盖顶住而压紧，故还将受到平衡力 F'_{s2}作用，由平衡条件：$F_{a2}=F_{s2}+F'_{s2}=F_x+F_{s1}$。

轴承 1 处于放松状态，只受派生轴向力，即 $F_{a1}=F_{s1}$。

（2）当 $F_x+F_{s1}<F_{s2}$ 时：轴有向左移动的趋势，轴承 1 被端盖顶住而压紧，故还将受到平衡力 F_{s1}'作用，由平衡条件：$F_{a1}=F_{s1}+F'_{s1}=F_{s2}-F_x$。

轴承 2 处于放松状态，只受派生轴向力，即：$F_{a2}=F_{s2}$。

计算角接触球轴承和圆锥滚子轴承轴向力的方法可归纳如下：

① 确定轴承派生轴向力：F_{s1}、F_{s2} 的方向由外圈宽边指向窄边，大小按表 2-8-7 所列公式计算。

② 确定轴承的压紧端和放松端：根据 F_x、F_{s1}、F_{s2} 判断轴的移动趋势，判定压紧端和放松端。

③ 计算各轴承的轴向载荷：被压紧的轴承的轴向载荷等于除其本身派生轴向力外的其他所有轴向力的代数和；放松状态轴承的轴向载荷等于其本身的派生轴向力。

步骤二：实例应用

【例 2-8-5】 已知一齿轮轴的转速 $n=2800\text{r/min}$，轴承上的径向载荷 $F_r=5000\text{N}$，轴向载荷 $F_a=2600\text{N}$，工作平稳无冲击。要求轴承寿命 $L_h=5000\text{h}$。选用轴承型号为 6413，试判断所选轴承是否合适。

解：（1）由相关轴承手册查得，轴承 6413：$C=118000\text{N}$，$C_{or}=78500\text{N}$。

（2）$F_a/C_{or}=2600/78500=0.033$，查表 2-8-6，利用插值法查得：

$$e=0.22+\frac{0.26-0.22}{0.056-0.028}\times(0.033-0.028)\approx 0.23$$

（3）$F_a/F_r=2600/5000=0.52>e$。

根据 e 值查表 2-8-6 得：$x=0.56$，$y=1.94$（插值法）。

（4）当量动载荷 $P=xF_r+yF_a=0.56\times5000+1.94\times2600=7844$（N）。

（5）查表 2-8-4 得：$f_T=1.0$；查表 2-8-5 得：$f_p=1.0$。

（6）计算额定动载荷。

$$C'=P\cdot\frac{f_P}{f_T}\sqrt[3]{\frac{L'_h n}{16667}}=78.44\times\frac{1}{1}\times\sqrt[3]{\frac{5000\times2800}{16667}}\approx74011\ (N)$$

6413 轴承的 $C=118000N$ 大于计算所需的 $C'=74011N$，故所选轴承合用。

步骤三：验算轴系支承的寿命

解：（1）计算内部轴向力。

对 7309AC 型轴承，查表 2-8-7 得：

$$F_{S1}=0.68F_{r1}=0.68\times2500=1700(N)$$

$$F_{S2}=0.68F_{r2}=0.68\times1000=680(N)$$

（2）计算轴承所受的轴向载荷。

$$F_x+F_S2=1200+680=1880(N)>F_{S_1}=1700N$$

故轴承 1 有被“压紧”趋势，轴承 2 有被“放松”趋势，于是有：

$$F_{a1}=F_x+F_{S2}=1880(N)$$

$$F_{a2}=F_{S2}=680N$$

（3）计算轴承当量动载荷。

查表 2-8-6，知 70000AC 轴承的判别系数 $e=0.68$，故

$$\frac{F_{a1}}{F_{r1}}=\frac{1880}{2500}\approx0.75>e\quad\frac{F_{a2}}{F_{r2}}=\frac{680}{1000}=0.68=e$$

再由表 2-8-6，查得 $x_1=0.41$，$y_1=0.87$，$x_2=1$，$y_2=0$。

则轴承的当量动载荷为：

$$P_1=x_1F_{r1}+y_1F_{a1}=0.41\times2500+0.87\times1880=2660.6\ (N)$$

$$P_2=x_2F_{r2}+y_2F_{a2}=1\times1000=1000\ (N)$$

（4）计算轴承寿命。

查表 2-8-4，得 $f_T=0.95$；查表 2-8-5，得 $f_P=1.8\sim3.0$，取中间值 $f_P=2.4$。

查相关手册得 7309AC 的 $C=47500N$。

$$L_{h1}=\frac{10^6}{60n}\left(\frac{f_tC}{f_PP_1}\right)^{\varepsilon}=\frac{10^6}{60\times300}\left(\frac{0.95\times47500}{2.4\times2660.6}\right)^3\approx19606.8(h)$$

$$L_{h2}=\frac{10^6}{60n}\left(\frac{f_tC}{f_PP_2}\right)^{\varepsilon}=\frac{10^6}{60\times300}\left(\frac{0.95\times47500}{2.4\times1000}\right)^3\approx369271.2(h)$$

故轴承 1 的寿命约为 19606.8h，轴承 2 的寿命约为 369271.2h。这对轴承的工作寿命为 19606.8h。

故该轴系支承轴承合用。

【知识拓展】——滚动轴承的组合设计

为了保证轴承的正常工作，除了合理选择轴承的类型和尺寸之外，还必须进行轴承的组合设计，妥善解决滚动轴承的固定、轴系的固定，轴承组合结构的调整，轴承的配合、装拆、润滑和密封等问题。

1. 滚动轴承内、外圈的轴向固定

为了防止轴承在承受轴向载荷时，相对于轴或座孔产生轴向移动，轴承内圈与轴、外圈与座孔必须进行轴向固定，滚动轴承常用内、外圈轴向固定方式见表 2-8-8。

表 2-8-8　　滚动轴承常用内、外圈轴向固定方式

轴承内圈的轴向固定方式		简图	轴承外圈的轴向固定方式	
名称	特点与应用		名称	特点与应用
轴肩	结构简单，外廓尺寸小，可承受大的轴向负荷	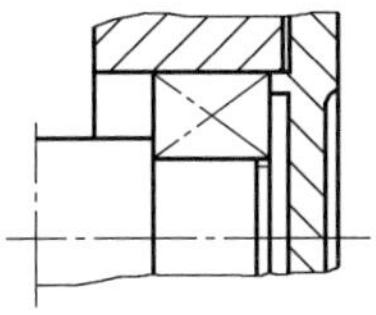	端盖	端盖可为通孔，以通过轴的伸出端，适于高速及轴向负荷较大的场合
弹性挡圈	由轴肩和弹性挡圈实现轴向固定，弹性挡圈可承受不大的轴向负荷，结构尺寸小	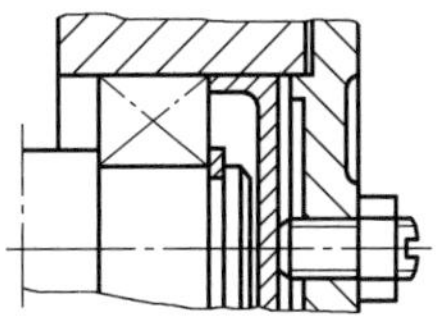	螺钉压盖	类似于端盖式，但便于在箱体外调节轴承的轴向游隙，螺母为防松措施
轴端挡板	由轴肩和轴端挡板实现轴向固定，销和弹簧垫圈为防松措施，适于轴端不宜切制螺纹或空间受限制的场合	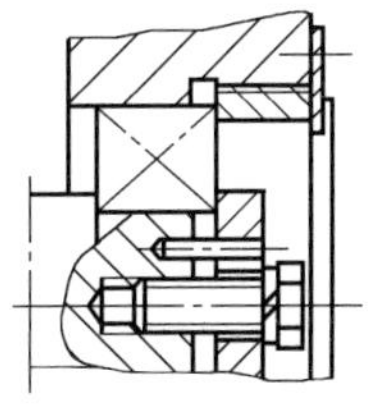	螺纹环	便于调节轴承的轴向游隙，应有防松措施，适于高转速，较大轴向负荷的场合
锁紧螺母	由轴肩和锁紧螺母实现轴向固定，有止动垫圈防松，安全可靠，适于高速重载	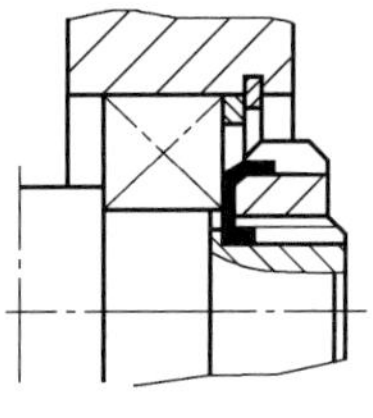	弹性挡圈	结构简单，拆装方便，轴向尺寸小，适于转速不高，轴向负荷不大的场合，弹性挡圈与轴承间的调整环可调整轴承的轴向游隙

2. 轴系的固定

轴系固定的目的是防止轴工作时发生轴向窜动，保证轴上零件有确定的工作位置。常用的固定方式有以下两种。

(1) 两端单向固定。如图 2-8-32 所示，两端的轴承都靠轴肩和轴承盖做单向固定，两个轴承的联合作用就能限制轴的双向移动。为了补偿轴的受热伸长，对于深沟球轴承，可在轴承外圈与轴承端盖之间留有补偿间隙 C，一般 $C=0.25\sim0.4$mm；对于向心角接触轴承，应在安装时将间隙留在轴承内部。间隙的大小可通过调整垫片组的厚度实现。这种固定方式结构简单、便于安装、调整容易，适用于工作温度变化不大的短轴。

(2) 一端固定、一端游动支承。如图 2-8-33 (a) 所示，一端轴承的内、外圈均做双向固定，限制了轴的双向移动。另一端轴承外圈两侧都不固定。当轴伸长或缩短时，外圈可在座孔内做轴向游动。一般将载荷小的一端做成游动，游动支承与轴承盖之间应留用足够大的间隙，$C=3\sim8$mm。对角接触球轴承和圆锥滚子轴承，不可能留有很大的内部间隙，应将两个同类轴承装在一端做双向固定，另一端采用深沟球轴承或圆柱滚子轴承作游动支承［图 2-8-33（b）］。这种结构比较复杂，但工作稳定性好，适用于工作温度变化较大的长轴。

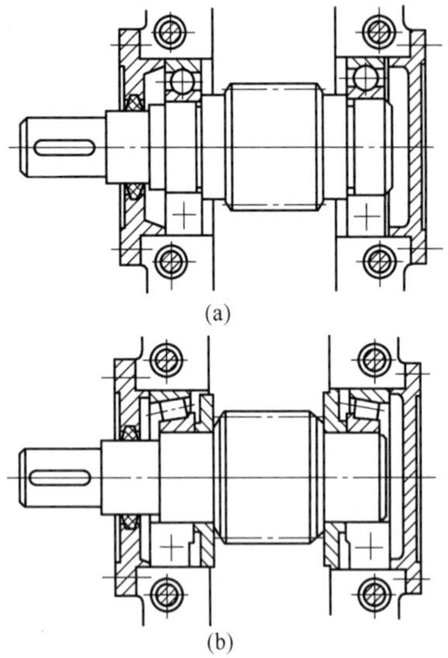

(a)

(b)

图 2-8-32 两端单向固定支承

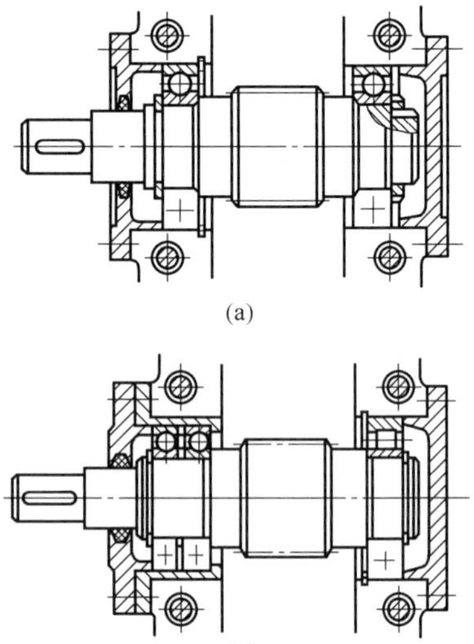

(a)

(b)

图 2-8-33 一端固定、一端游动

3. 滚动轴承组合结构的调整

滚动轴承组合结构的调整包括轴承间隙的调整和轴系轴向位置的调整。

（1）轴承间隙的调整。轴承间隙的大小将影响轴承的旋转精度、轴承寿命和传动零件工作的平稳性。

轴承间隙调整的方法有：

如图 2-8-34（a）所示，靠加减轴承端盖与箱体间垫片的厚度进行调整。

如图 2-8-34（b）所示，利用调整环进行调整，调整环的厚度在装配时确定。

如图 2-8-34（c）所示，利用调整螺钉推动压盖移动滚动轴承外圈进行调整，调整后用螺母锁紧。

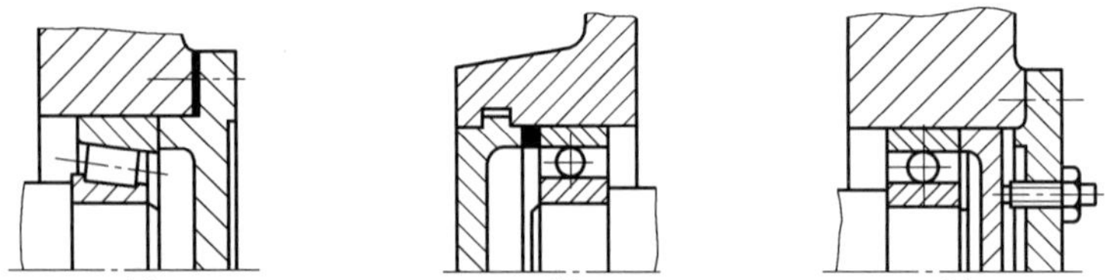

(a) (b) (c)

图 2-8-34 轴承间隙的调整

（2）轴系轴向位置的调整。轴系轴向位置调整的目的是使轴上零件有准确的工作位置。如蜗杆传动，要求蜗轮的中间平面必须通过蜗杆轴线［图 2-8-35（a）］；直齿锥齿轮传动，要求两锥齿轮的锥顶必须重合［图 2-8-35（b）］。图 2-8-36 为锥齿轮轴的轴承组合结构，轴承装在套杯内，通过加减第 1 组垫片的厚度来调整轴承套杯的轴向位置，即可

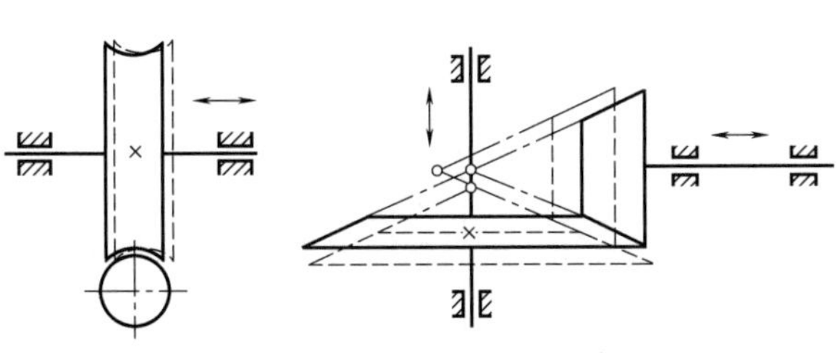

图 2-8-35　轴向位置要求

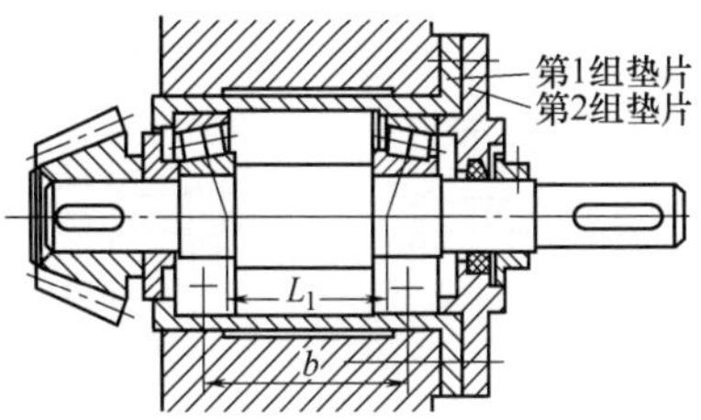

图 2-8-36　锥齿轮轴系位置调整

调整锥齿轮的轴向位置；通过加减第 2 组垫片的厚度，则可以实现轴承间隙的调整。

4. 滚动轴承的配合

滚动轴承的配合是指轴承内圈与轴颈、轴承外圈与轴承座孔的配合。由于滚动轴承是标准件，故内圈与轴颈的配合采用基孔制，外圈与轴承座孔的配合采用基轴制。配合的松紧程度根据轴承工作载荷的大小、性质、转速高低等确定。转速高、载荷大、冲击振动比较严重时应选用较紧的配合，旋转精度要求高的轴承配合也要紧一些；游动支承和需经常拆卸的轴承，则应配合松一些。

对于一般机械，轴与内圈的配合常选用 m6、k6、js6 等，外圈与轴承座孔的配合常选用 J7、H7、G7 等。由于滚动轴承内径的公差带在零线以下，因此，内圈与轴的配合比圆柱公差标准中规定的基孔制同类配合要紧些。如圆柱公差标准中 H7/k6、H7/m6 均为过渡配合，而在轴承内圈与轴的配合中就成了过盈配合。

5. 滚动轴承的装拆

安装和拆卸轴承的力应直接加在紧配合的套圈端面，不能通过滚动体传递。由于内圈与轴的配合较紧，在安装轴承时应注意如下方面：

（1）轴承的安装。对中、小型轴承，可在内圈端面加垫后，用手锤轻轻打入（图 2-8-37）。

对尺寸较大的轴承，可在压力机上压入或把轴承放在油里加热至 80～100℃，然后取出套装在轴颈上。同时安装轴承的内、外圈时，须用特制的安装工具（图 2-8-38）。

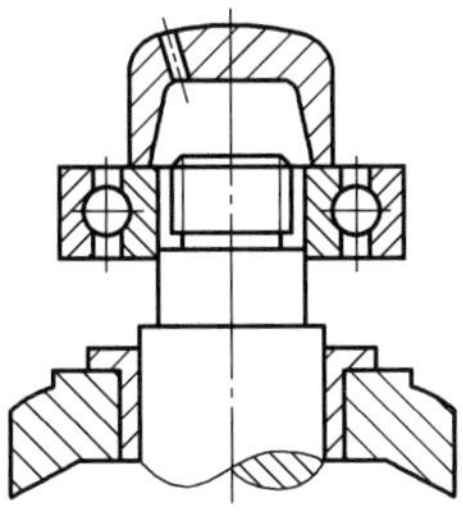

图 2-8-37　安装轴承内圈

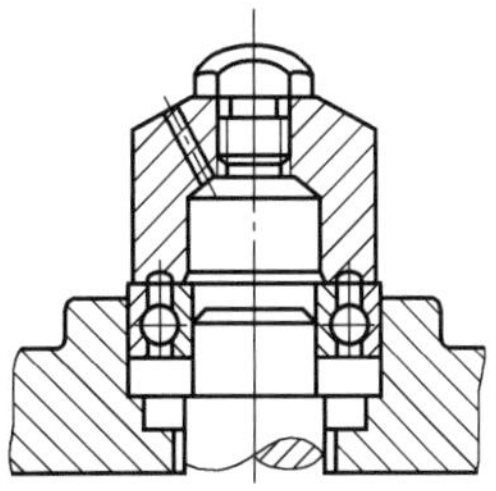

图 2-8-38　同时安装轴承的内、外圈

（2）轴承的拆卸。轴承的拆卸可根据实际情况按图 2-8-39 实施。为使拆卸工具的钩头钩住内圈，应限制轴肩高度。轴肩高度可查相关设计手册。

内、外圈可分离的轴承，其外圈的拆卸可用压力机、套筒或螺钉顶出，也可以用专用设备拉出。为了便于拆卸，座孔的结构一般采用图 2-8-40 的形式。

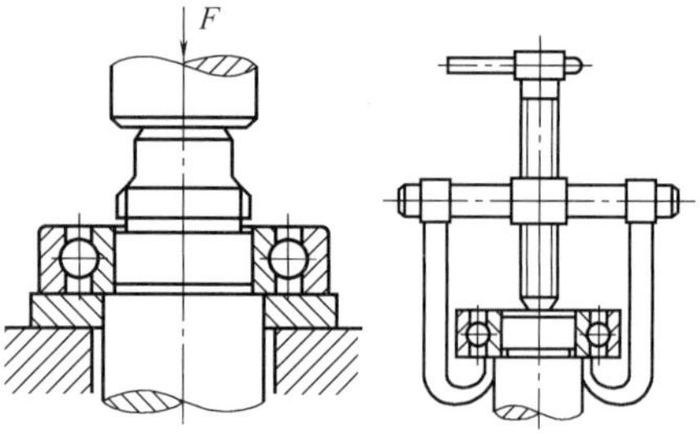

图 2-8-39 轴承的拆卸

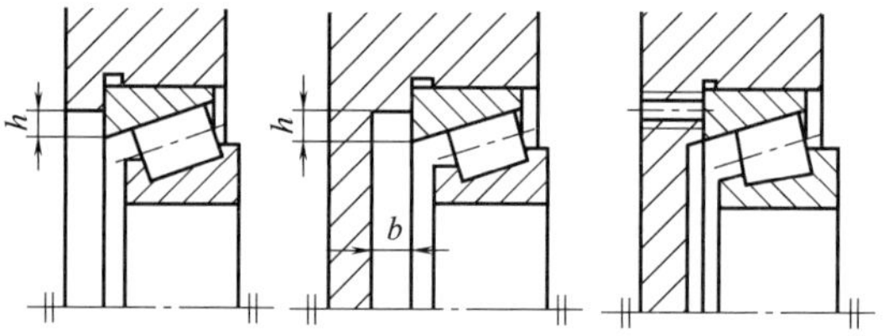

图 2-8-40 便于外圈拆卸的座孔结构

6. 角接触球轴承和圆锥滚子轴承的排列方式

角接触球轴承和圆锥滚子轴承一般成对使用，根据调整、安装以及使用场合的不同，有如下两种排列方式。

(1) 正装（外圈窄端面相对）。两角接触球轴承或圆锥滚子轴承的压力中心距离 $\overline{O_1O_2}$ 小于两个轴承中点跨距时，称为正装［图 2-8-41 (a)、(c)］。该方式的轴系结构简单，拆装、调整方便，但是，轴的受热伸长会减小轴承的轴向游隙，甚至会卡死。

(2) 反装（外圈宽端面相对）。两角接触球轴承或圆锥滚子轴承的压力中心距离 $\overline{O_1O_2}$ 大于两个轴承中点的跨距时，称为反装［图 2-8-41 (b)、(d)］。显然，轴的热膨胀会增大轴承的轴向游隙。另外，反装的结构较复杂，装拆、调整不便。

(3) 正、反装的刚度分析。当传动零件悬臂安装时，反装的轴系刚度比正装的轴系高，这是因为反装的轴承压力中心距离较大，使轴承的反力、变形及轴的最大弯矩和变形均小于正装。

当传动零件介于两轴承中间时，正装使轴承压力中心距离减小而有助于提高轴的刚度，反装则相反。

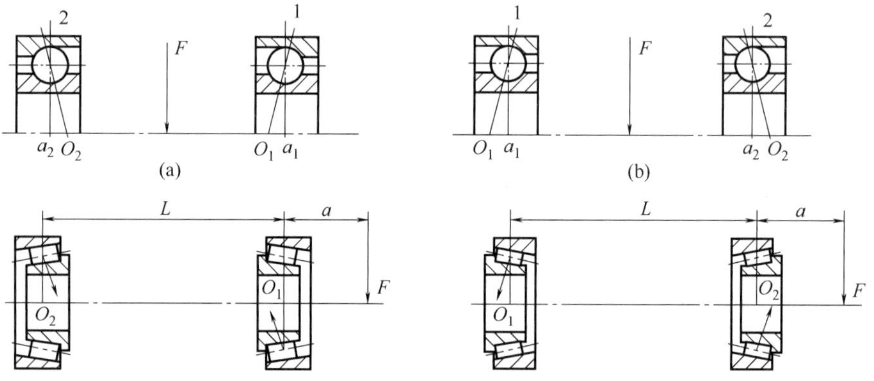

图 2-8-41 正反装的轴系

7. 滚动轴承的润滑

轴承润滑的主要目的是减小摩擦与磨损、缓蚀、吸振和散热。一般采用脂润滑或者油润滑。

多数滚动轴承采用脂润滑，润滑脂黏性大，不易流失，便于密封和维护，且不需经常添加；但转速较高时，功率损失较大。润滑脂的填充量不能超过轴承空间的 1/3～1/2。油润滑的摩擦阻力小，润滑可靠，但需要供油设备和较复杂的密封装置。当采用油润滑时，油面高度不能超出轴承中最低滚动体的中心。高速轴承宜采用喷油或油雾润滑。

轴承内径与转速的乘积 dn 值可作为选择润滑方式的依据。

8. 滚动轴承的密封

密封的目的是为了防止外部的灰尘、水分及其他杂物进入轴承，并阻止轴承内润滑剂的流失。密封分接触式密封和非接触式密封。

(1) 接触式密封。接触式密封是在轴承盖内放毡圈、皮碗，使其直接与轴接触，起到密封作用。由于工作时，轴与毛毡等相互摩擦，故这种密封适用于低速。

① 毡圈密封［图 2-8-42 (a)］。矩形毡圈压在梯形槽中与轴接触，适用于脂润滑，环境清洁，轴颈圆周速度 $v<4\sim5\text{m/s}$，工作温度＜90℃的场合。

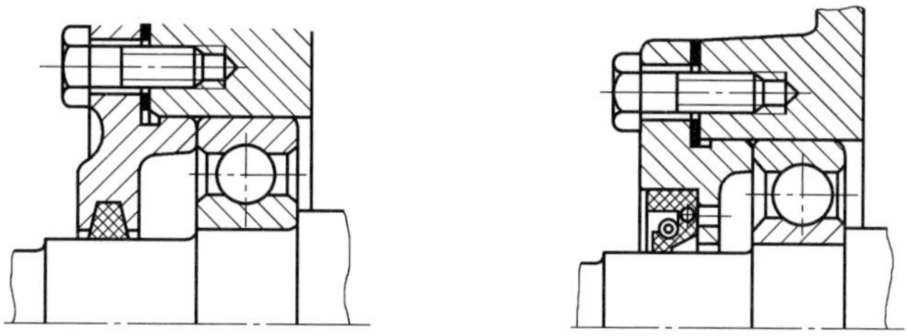

(a) 毡圈密封　　(b) 密封圈密封

图 2-8-42　接触式密封

② 密封圈密封［图 2-8-42 (b)］。密封圈由皮革或橡胶制成，有或无骨架，利用环形螺旋弹簧，将密封圈的唇部压在轴上，图中唇部向外，可防止尘土入内；如唇部向内，可防止油泄漏。密封圈密封适用于油润滑或脂润滑，轴颈圆周速度 $v<7\text{m/s}$，工作温度在 −40～100℃的场合，密封圈为标准件。

(2) 非接触式密封。非接触式密封是利用狭小和曲折的间隙密封，不直接与轴接触，故可用在高速场合。

① 间隙密封［图 2-8-43 (a)］。在轴与轴承盖间，留有细小的环形间隙，半径间隙为 0.1～0.3mm，中间填以润滑脂。它用于工作环境清洁、干燥的场合。

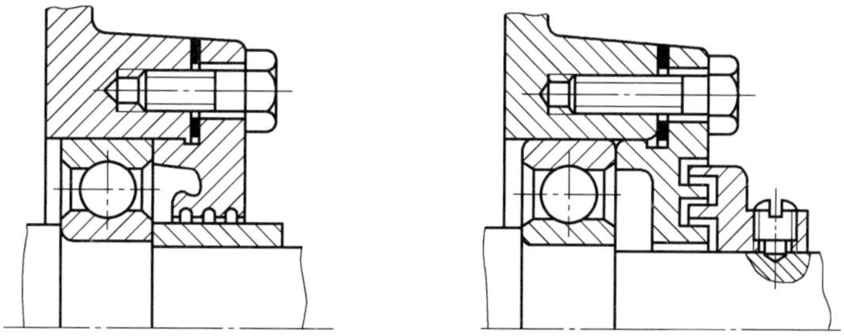

(a) 间隙密封　　(b) 迷宫密封

图 2-8-43　非接触式密封

② 迷宫密封［图 2-8-43 (b)］。在轴与轴承盖间有曲折的间隙，纵向间隙要求 1.5～2mm，以防轴受热膨胀。迷宫密封适用于脂润滑或油润滑，工作环境要求不高，密封可

靠的场合。也可将毡圈和迷宫组合使用，其密封效果更好。

任务小结

计算角接触球轴承和圆锥滚子轴承轴向力的方法可归纳如下：

（1）确定轴承派生轴向力：F_{s1}、F_{s2} 的方向由外圈宽边指向窄边，大小按表 2-8-7 所列公式计算。

（2）确定轴承的压紧端和放松端：根据 F_x、F_{s1}、F_{s2} 判断轴的移动趋势，判定压紧端和放松端。

（3）计算各轴承的轴向载荷：被压紧的轴承的轴向载荷等于除其本身派生轴向力外的其他所有轴向力的代数和；放松状态轴承的轴向载荷等于其本身的派生轴向力。

【思考与练习】

（1）直圆柱齿轮减速器，低速轴上零件的布置如图所示。已知传递功率 $P=7.5\text{kW}$，齿轮转速 $n=300\text{r/min}$，齿轮和联轴器的宽度均为 60mm，轴承拟采用轻系列深沟球轴承。试设计从动轴的结构和尺寸，画轴的结构草图。

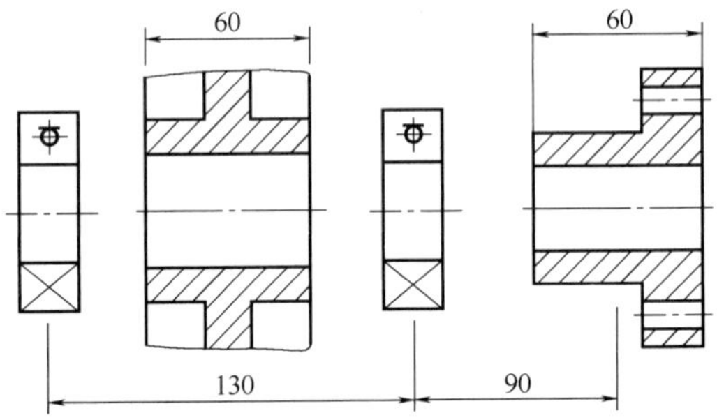

题（1）图

（2）画出如图所示轴的扭矩图。

（3）计算如图所示轴的剪力和弯矩，画出剪力图和弯矩图。

（4）某建筑工地上，用长为 $l=3\text{m}$ 的矩形截面木板做跳板，木板横截面尺寸 $b=500\text{mm}$，$h=50\text{mm}$，木板材料的许用应力 $[\sigma]=6\text{MPa}$，试问：一体重为 700N 的工人走过是否安全？

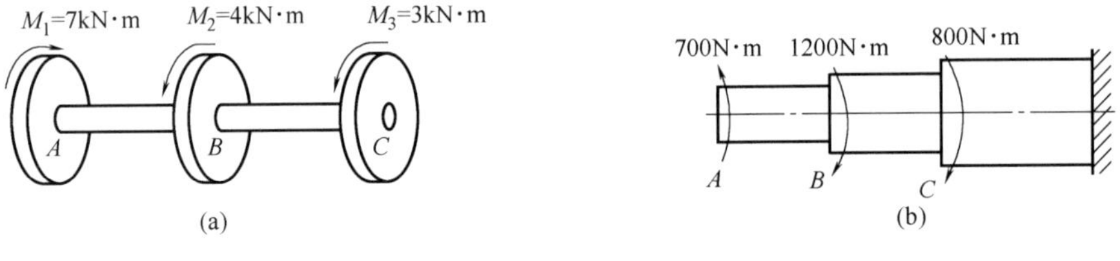

题（2）图

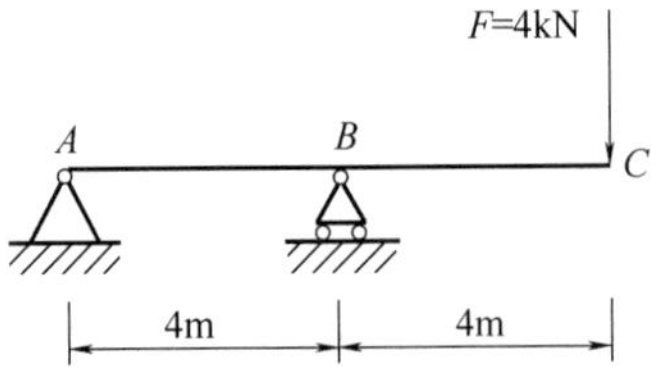

题（3）图

（5）一阶梯圆轴如图所示，轴上受到外力偶矩 $M_1=4\text{kN}\cdot\text{m}$，$M_2=2.5\text{kN}\cdot\text{m}$，轴材料的许用切应力 $[\tau]=80\text{MPa}$，试校核此轴的强度。

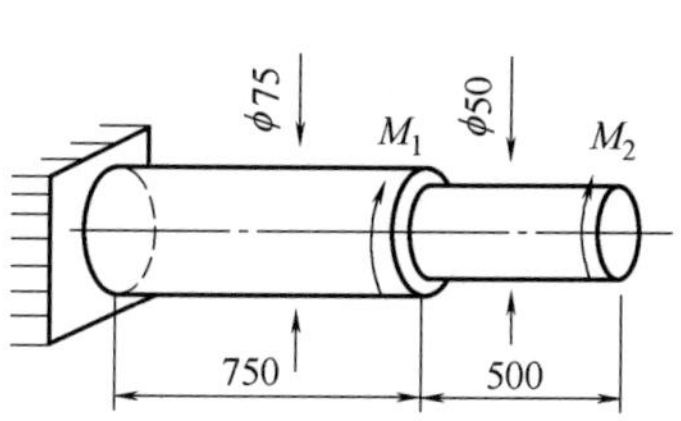

题（5）图

（6）结合图所示为减速器低速轴的实际结构，完成以下内容：① 指出下图的错误（作出标示并加以说明）；② 绘出正确的结构图。

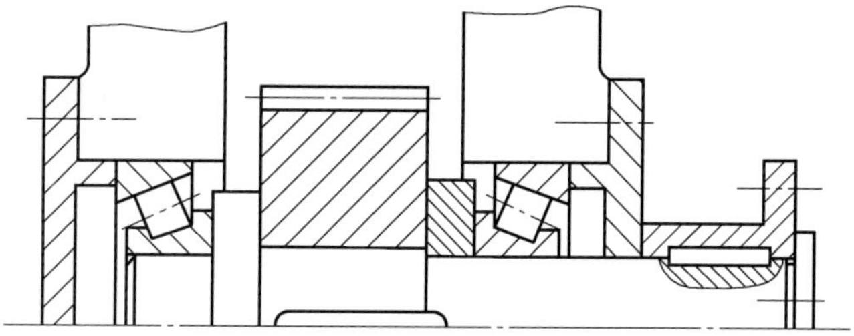

题（6）图

参 考 文 献

[1] 柴鹏飞. 工程力学与机械设计基础 [M]. 北京：机械工业出版社，2019.

[2] 胡家秀. 机械设计基础 [M]. 北京：机械工业出版社，2017.

[3] 陈海魁. 机械基础 [M]. 北京：中国劳动社会保障出版社，2004.

[4] 唐昌松. 机械设计基础 [M]. 北京：机械工业出版社，2018.

[5] 李锋. 机械设计基础 [M]. 北京：化学工业出版社，2009.

[6] 李海萍. 机械设计基础 [M]. 北京：机械工业出版社，2015.

[7] 胥宏. 机械设计基础 [M]. 北京：科学出版社，2007.